초등 인문학 필독서 45

필독서 시리즈 | 08

초등학교 선생님이
먼저 읽고 추천하는 **초등**

인문학 필독서
45

김철홍 지음

센시오

아이들의 그릇을
더 깊고 단단하게 만들어 줄,
좋은 책들을 골라 담다

어렸을 때 부모님이 머리맡에 두고 읽어 주었던 《이솝 우화》 중에 '토끼와 거북이'가 있습니다. 글자를 아직 떠듬떠듬 읽는 대여섯 살 아이들에게 이 책을 읽어 주면 곧이곧대로 받아들이지요. 작가가 의도한 대로, 객관적인 시선을 따라와 줍니다.

"맞아. 토끼는 게으름 피우고 자랑만 하다가 졌어. 나는 거북이처럼 열심히 노력할 거야."

그런데 초등학교 3~4학년만 돼도 아이들은 있는 그대로 받아들이지 않습니다. 조금은 엉뚱한 질문을 던지지요.

"그런데요, 선생님. 시합 중에 낮잠 자는 게 말이 돼요? 심판도 없어요?"

"에이, 토끼라고 다 똑같지 않을걸요? 제가 저번에 TV에서 봤는데 토끼 엄청 부지런해요."

 들어 보면 일리 있는 말입니다. 초등 3~4학년쯤만 돼도, 아이들은 자신이 경험하는 이 세계가 그렇게 단순하지 않다는 것을 압니다. 스스로 겪으면서 터득한 생각을 책에 대입해, 주관적으로 바라보기 시작합니다.

 5~6학년 정도가 되면 조금 더 비판적인 시간을 드러냅니다. 어떤 친구는 '토끼와 거북이의 시합이 애초에 불공정하다'고 날카롭게 지적하기도 합니다. 토끼는 육지 짐승이고 거북이는 물에서 사는 동물인데, 땅에서 달리기 시합을 하는 것 자체가 토끼에게 유리한 편파적인 조건이라는 얘기지요. 이쯤 되면 선생님도 동의할 수밖에 없습니다.

 나이가 들수록 아이들이 배우는 교과의 내용이 복잡해지고, 아이들은 한층 성숙한 비판적인 시각으로 세상을 보게 됩니다. 내가 알게 된 사실과 내 눈으로 경험한 현실이 서로 들어맞지 않을 경우, 그 문제에 개입하고 해결하고자 합니다.

 아이들 말처럼, 토끼와 거북이가 땅과 물속에서 동시에 달려야 정당한 게임입니다. 이렇게 이솝 우화를 이리저리 비틀어서 생각해 보고, 내가 작가가 되어 새로 구성도 해보고, 책 내용을 완전히 해체하여 다른 시선으로 읽는 독서가 필요합니다. 이를 비판적 읽기라고 합니다. 비판적 읽기는 '내가 세상을 어떻게 바라보느냐'의 문제입니다.

 초등학교에서 오랫동안 교편을 잡으며 아이들에게 늘 해주는 말이 있습니다. '책 한 권 한 권이 하나의 세계'라고, '책을 읽는다는 것은 세상을 배우고 세상을 해석하여 나의 세계를 만드는 과정'이라고요. 특히 그 책이 고전일수록 위대한 작가의 위대한 세계가 그려져 있겠지요.

독서는 지난 100년, 1,000년의 위대한 인물의 발자취를 따라가는 것과 같습니다. 이것은 인간만이 누리는 엄청난 특권이 아닐 수 없습니다. 그래서 세계 주요 대학에서는 학생들이 읽어야 할 인문학 필독서를 지정해서 고전 읽기 강좌를 열거나 교양필수 과목으로 채택합니다. 시간과 공간을 초월한 진리를 담은 인문학과의 대화를 통해 인류가 영원히 지켜야 할 가치와 인간 지성을 계발하고자 하는 거지요. 마치 거인의 어깨 위에 서서 다른 사람보다 더 멀리 세계를 바라본 뉴턴처럼 말입니다.

비판적 사고가 막 피어나기 시작하는 초등학생 친구들에게, 그런 중요하고 위대한 '인문학'과의 만남을 선물하고자 이 책을 만들었습니다.

철학자 데카르트는 "좋은 책을 읽는다는 것은 과거 몇 세기의 가장 훌륭한 사람들과 이야기를 나누는 것과 같다"고 했지요. 아이들이 앞으로 살아가면서 겪게 될 수많은 시행착오의 순간들, 그리고 이어질 성장의 시간에 그 이야기들이 좋은 자양분이 되기를 바랍니다.

우리 아이들이 읽어야 할 책을 선정하면서 '어떤 기준'을 적용할 것인지 고민이 많았습니다. 유명한 문학 작품뿐 아니라 철학, 역사, 과학, 경제, 문화 등 다양한 분야에서 좋은 책을 고르는 과정이 쉽지는 않았습니다.

인문학의 각 분야에서 초등학생 친구들이 꼭 한번 읽고 넘어가야 할 좋은 책들을 고르기 위해 직접 도서관과 서점, 학년별 교실 곳곳을 돌아다니며 오래 고민했습니다. 그 분야의 명저로 꼽히는 책들을 포함하여 초등학교 선생님들이 추천하는 책, 아이들이 읽은 후 반응이 열렬한 책, 활발히 토론이 이루어지는 책, 견고한 생각거리가 담긴 책들을 포함하기 위해 심사숙고했습니다.

이 책은 크게 문학, 철학, 과학, 역사, 사회·예술 분야로 구성했습니다.

'문학' 파트에서는 자신의 꿈을 이루어 가는 성숙의 시간을 경험하고, 인간과 세계의 불완전한 모습에 대한 비판적 관점들을 고민하게 됩니다. '철학' 책들을 통해서는 일상에서 부딪히는 갈등 상황을 지혜롭게 해결하는 방법과 우리가 사는 세상에 참여하고 연대할 필요성을 배우게 됩니다. '과학'을 통해 '지속 가능한 세계'를 위해 우리가 무엇을 해야 할지를 배우게 되며, '역사' 책을 통해서는 국가의 역할과 변화하는 세계의 힘, 위대한 문화유산의 힘을 알게 됩니다.

이를 통해 아이들이 얻게 될 인문학적 소양, 그리고 다양한 글을 접하면서 자연스럽게 자라날 문해력은 어떤 과목에서든 꼭 필요한 것입니다. 우리 아이들이 중학교와 고등학교로 진학한 후에도, 꾸준히 공부하고 성취하도록 도와주는 든든한 버팀목이 되어 줄 것입니다.

초등학생들을 위한 폭넓은 분야의, 너무 많은 인문 서적들 중에서 어떤 책을 골라야 할지 망설이는 부모님들께 이 책이 조금이나마 도움이 되었으면 합니다.

아이들이 책을 읽을 때는, 이 책에도 포함된 《책 먹는 여우》의 여우 아저씨처럼 읽는다면 좋겠습니다. 주어진 책을 그냥 술술 읽는 것이 아니라, 나만의 양념을 더해서 꿀꺽 소화하는 거지요. 그렇게 한 권 한 권 내 것으로 삼킨 책들은 아이들 안에 차곡차곡 쌓여 나만의 새로운 세계를 만들게 됩니다. 그리고 내가 세상을 바라보는 방식을 더 단단하고 다채롭게 만들어 주겠지요.

독서의 완성은 책을 읽는 독자의 몫입니다. 이 책을 통해서, 우리 아이들이 어떤 이야기를 펼치고 어떤 세상을 만들어 넬지 기대하고, 또 응원합니다.

2023년 봄날에,
김철홍 선생님이

2부 ✿ 철학

3부 ✿ 과학

4부 🌿 역사

5부 🌿 사회·예술

·1부·

문학

• book 01 •

《아낌없이 주는 나무》

언제나 그 자리에서 나를 안아 주는 커다란 사랑에 대하여

셸 실버스타인 | 시공주니어 | 2000. 11.

🌿 아낌없는 사랑이란?

5학년 국어 시간에 독서 토론을 했을 때 이야기입니다. 분량이 짧으면서도 생각거리가 가득 담긴 책《아낌없이 주는 나무》를 선정해서 반 전체가 함께 읽었습니다. 토론 주제는 '나무의 사랑이 진정한 사랑인가?'였습니다. 학생들은 저마다 큰 소리로 주장을 펼쳤습니다.

"아낌없이 준다는데, 그게 최고의 사랑이죠."

"사랑은 조건이 없어야 하는데, 나무의 사랑은 조건이 없습니다."

"모든 것을 준 나무가 불쌍하고, 받기만 한 소년은 너무 이기적이에요."

"나무가 소년을 게으르게 만들었어요. 그럼 안 되는 거였어요."

찬반 의견이 팽팽하게 맞서는 가운데 '나무의 사랑은 진정한 사랑이다'라는 쪽에 점차 무게가 실리자 반대편 학생이 자신만만하게 질문을 던집니다.

"그러면 소년이 늙어서 다시 찾아와서 나무에게 '보증을 서 달라.' 하면 나무는 보증도 서 줄 건가요? 아낌없이 준다면 보증도 서야죠!"

할 말을 잃은 찬성편 학생들의 황당해하는 표정을 보면서 선생님은 웃겨서 배꼽을 잡았던 기억이 납니다. 여러분이라면 이때 어떤 대답을 했을까요?

🌿 "사랑하는 한 소년이 있었습니다."

사과나무가 그려진 녹색의 책 표지를 펼치면 짧은 문장으로 이야기가 시작됩니다.

"옛날에 나무가 한 그루 있었습니다…. 그리고 그 나무에게는 사랑하는 한 소년이 있었습니다(Once there was a tree... and she loved a little boy.)."

'아! 나무와 소년의 아름다운 사랑 이야기구나.' 하는 생각이 바로 듭니다. 소년은 날마다 나무에게 와서 나뭇잎으로 왕관을 만들어 숲속의 왕 노릇도 하고 그네도 타며 놀았습니다. 맛있는 사과도 따 먹으면서 숨바꼭질도 하지요. 그러다 피곤하면 시원한 나무 그늘에서 단잠을 자기도 합니다. 소년은 나무를 무척 사랑했고, 나무는 그런 소년으로 인해 행복했습니다.

아마도 이때가 소년도 나무도 가장 행복한 때인 듯합니다. 자신을 따스하게 지켜봐 주는 나무 앞에서 왕 노릇을 하니, 어깨에 절로 힘이 들어갈 법합니다. 또 나무는 자신에게 온전히 기대는 소년이 얼마나 사랑스러워 보였을까요?

🌿 받기만 하는 소년과 주기만 하는 나무

소년이 성장함에 따라 나무는 혼자 있을 때가 많아집니다. 어느 날, 소년은 오랜만에 나무를 찾아옵니다. 나무는 기뻐하며 나무 위로 올라와 놀자고 하지만 소년은 이렇게 말합니다.

"난 이제 나무에 올라가 놀기에는 너무 커 버렸는걸. 난 물건을 사고 싶고, 신나게 놀고 싶단 말이야."

소년은 돈이 필요하다며, 돈을 좀 줄 수 없겠냐고 나무에게 묻습니다. 청년이 된 소년은 이제 사회를 알게 되었고 친구도 많아졌습니다. 사회적 동물인 인간은 혼자서 살 수 없습니다. 누군가를 만나야 하고, 사회라는 조직에서 사람들과 어울려야만 합니다. 그러다 보니 돈이 필요합니다. 어떤 철학자의 말대로, 자연으로 돌아가지 않는 한 어쩔 수 없는 인간의 운명입니다.

나무는 소년에게 자신의 사과를 따서 팔아 돈을 마련하라고 합니다. 돈을 마련하게 되면 소년이 떠날 것을 나무는 알지만 그래도 소년이 행복하니 나무도 행복합니다.

세월이 지나 소년이 돌아옵니다. 나무는 즐겁게 놀자고 하지만 소년은 나무에 올라갈 만큼 한가롭지 않다고 합니다. 그러고는 아내와 자식을 위해 집이 필요하다고 합니다. 나무는 소년에게 자신의 가지들을 내어 줍니다. '한가롭지 않다'고 말한 것을 보니, 소년은 한창 일할 나이인 것 같습니다.

또다시 세월이 흘러 소년이 돌아오자 나무는 같이 놀자고 하지만 소년은 너무 나이가 들고 비참해서 놀 수가 없다고 합니다. 그러고는 배가 한 척 있으면 좋겠다고, 멀리 떠나고 싶다고 말합니다. 나무에게 배를 마련해 줄 수 없겠냐고 묻네요.

소년은 언제나처럼 나무줄기를 베고서는 배를 만들어 멀리 떠나 버립니다. 소년이 비참한 모습으로 나타났을 때는 삶의 힘든 순간을 맞이했던 모양입니다. 사업에 실패했을 수도 있고, 가족과 헤어졌을 수도 있습니다. 아마 현실로부터 도망가고 싶었을 것입니다.

소년에게 무언가를 줄 수 있다는 것만으로 나무는 여전히 만족했지만, 이때는 나무도 뭔가 아쉬웠던 것 같습니다. 처음으로 행복하지 않음을 나타냅니다.

"그래서 나무는 행복했지만… 정말 그런 것은 아니었습니다."

나무는 왜 진심으로 행복하지 않았을까요? 필요한 것만 가지고 가 버린 소년에게 섭섭했을까요? 아니면 앞으로 소년에게 더 이상 줄 게 없어서 슬펐던 걸까요? 혹시 밑동밖에 남지 않은 자신에게 소년이 더는 돌아오지 않을까 두려웠을까요?

오랜 세월 뒤, 노인이 된 소년이 다시 돌아왔습니다. 나무는 이제 줄 것이 없다고 합니다.

그러자 소년은 이제 자신도 필요한 게 별로 없다고 답합니다. 그저 편안히 앉아서 쉬고 싶다고 말하지요.

나무는 소년에게 자신의 밑동에 앉아서 쉬라고 말합니다. 소년이 밑동에 앉자 나무는 행복했습니다. 이때 나무는 진심으로 행복했을 거라는 생각이 듭니다. 어릴 때 순수했던 그때처럼 소년은 더 이상 바라는 것 없이, 멀리 떠날 마음도 없이 그저 편히 쉬고 싶을 뿐입니다. 소년은 이제 계속 나무와 함께 있을 수 있습니다. 그래서 나무는 더없이 행복할 것입니다.

🌿 사랑해서 외로워지는 시간

소년은 점점 늙어 가지만 나무는 항상 그곳에 서서 소년을 기다립니다. 나무에 대한 소년의 사랑이 점차 줄어들고, 나무 외에 사랑하는 대상이 하나둘씩 늘어나고, 인간 사회를 향해 점차 소년의 세상이 넓어질 때 나무는 조금씩 더 외로워집니다. 소년이 뭔가 필요한 것을 얻을 때만 나무를 찾을지라도 나무는 정말이지 아낌없이 모든 것을 주었습니다.

그 결과 소년은 자립심이 약해졌고 필요할 때마다 나무에게 찾아오는 의존성을 보입니다. 그건 소년을 성장시킬 수 없습니다. 소년은 나무에게 희생만 요구하는 이기주의자가 되어 버립니다. 사랑하기 때문에 누군가를 찾는 것이 아니라, 필요하기 때문에 찾는 사람이 되어 버립니다.

그러면 나무의 입장에서 한번 봅시다. 나무는 소년이 늙어도 "애야

(boy)"라고 부릅니다. 소년이 청년으로 성장하고 중장년으로, 노인으로 늙어 가는 것을 지켜보면서 언제나 '소년'을 그리워하며 그 자리에 있습니다. 그리고 늙어 버린 소년이 쉬는 나무 밑동에는 여전히 하트 모양 속에 새긴 글씨 자국 'Me + T'이 남아있습니다. 이것은 소년에 대한 나무의 사랑은 변하지 않았음을 의미합니다. 잎과 가지와 줄기가 잘린 나무는 정상적인 삶을 살 수 없습니다. 결국 나무가 밑동만 남았다는 것은 나무도 소년처럼 늙어 가며 인생의 마지막을 함께한다는 의미 아닐까요?

🌿 논란만큼이나 큰 사랑을 받은 책

《아낌없이 주는 나무》는 1968년에 출간된 쉘 실버스타인의 대표작으로 사과나무가 한 인간에게 베푸는 아낌없이 주는 사랑을 표현한 책입니다. 처음엔 책 내용이 너무 슬프고 단순해서 출판사에서 거부했다고 합니다.

이 책을 읽고 어떤 사람은 나무를 엄마, 소년을 자식으로 보아서 자식에 대한 엄마의 한없는 희생정신을 아름답게 표현한 작품이라고 해석합니다. 또 어떤 사람은 나무를 대자연으로, 소년을 인류로 보아 환경에 대한 인간의 책임을 묻는 작품이라고도 합니다.

그런데 아름답고 감동적인 이 책이 한때 미국에서 '분열을 조장하는 책'으로 뽑혀 도서관 비치가 금지된 적이 있다고 합니다. 이 책에서는 나무를 She, her, herself 같은 여성형으로 표현합니다. 이 때문에 남성(소년)이 여성(나무)을 착취하는 상황을 묘사하여 여성의 희생을 강요한다고 본 것입니다.

또한 소년이 감사를 표하지 않고 나무의 아픔에 공감하지 못하는 모습을 문제 삼기도 합니다. 자신의 욕망을 위해 나무의 잎, 열매, 가지, 줄기를 자르는 행동, 자연을 끊임없이 착취하고 파괴하는 인간의 행위가 어린이들에게 나쁜 영향을 끼칠 수 있다는 이야기입니다.

물론 이에 대한 반론도 있습니다. 쉘 실버스타인이 나무를 '여성'으로 해석한 것은 나무를 아무렇게나 취급해도 되는 존재가 아닌, '어머니'라는 고귀한 존재로 표현한 것이라고 말합니다.

다시 녹색의 책 표지를 봅니다. 어린 소년이 나무가 주는 사과를 받으려고 두 팔을 벌리고 있습니다. 소년에 대한 나무의 사랑이 느껴집니다. 책을 다 읽었는데 뭔가 쓸쓸함이 남는 이유는 무엇일까요? 나무의 사랑만큼 완전하지 못한 나무와 소년의 관계 때문인 것 같습니다.

여러 의견이 있지만, 나무의 아낌없는 사랑이 순수하고 귀하다는 사실은 분명해 보입니다. 《아낌없이 주는 나무》가 논란만큼 많은 사랑을 받은 것은, 우리도 어쩌면 나무의 그 조건 없는 사랑이 그립기 때문은 아닐까요? 그래서 이 책은 슬프면서도 아름다운 동화입니다.

여러분도 아낌없이 주는 나무와 같은 사랑을 주는 이가 있나요? 주위를 둘러보세요. 여러분의 존재만으로도 행복해하는 나무가 그곳에 있습니다. 아낌없이 주는 그 사랑에 우리가 보답할 방법은 무엇일까요?

문학

book 02

《책 먹는 여우》

마음이 살찌는
여우 아저씨의 신기한 독서법

🌿 프란치스카 비어만 │ 주니어김영사 │ 2001. 10.

🌿 "여우야 여우야 뭐~하니?" "책 읽는~다"

우리나라 전래 동요 중 〈여우야 여우야 뭐하니〉란 노래가 있습니다. 노래를 부르며 아이들끼리 술래잡기 놀이를 하는 거지요. 여우가 얼마나 꾀돌이였으면 전래 동요의 주인공이 되었을까요? 이솝 우화에서도 여우는 영리한 동물로 등장하여 힘센 동물을 골탕 먹이거나 약한 동물을 괴롭히다가 자기 꾀에 넘어가는 캐릭터로 익살스럽게 그려집니다.

이런 꾀돌이 여우가 이번에는 책을 너무너무 좋아하는 주인공으로 등장합니다. 프란치스카 비어만의 《책 먹는 여우》는 접근 방법이 아주 재미있는 책입니다. 꾀가 많기로 소문난 여우가 책을 가려서 읽습니다. 그런데 다 읽은 책에 소금과 후추를 뿌리고서는 꿀꺽 먹어 버린다고 하네요. 정말 기가 막힌 이야기입니다.

2001년 독일에서 처음 이 책이 나왔을 때 제목은 《여우 씨는 책을 좋아해》인데, 우리나라에서 《책 먹는 여우》로 번역되어 엄청난 인기를 얻었습니다. 제목부터 벌써 여러분의 호기심을 끌어당기기 충분합니다.

책을 먹은 여우는 어떻게 될지 궁금하지 않나요? 한번 읽어봅시다.

🌿 도서관은 여우 아저씨의 맛집

책을 좋아하는 여우 아저씨!

책을 너무너무 좋아해서 다 읽고 나면 소금 한 줌 툭툭, 후추 조금 톡톡 뿌려 꿀꺽 먹어 치웁니다. 하루 세 끼 책을 먹어야 하는데 가난한 여우 아저씨는 책을 맘껏 살 수 없습니다. 가구들을 전당포에 팔아 그 돈으로 책을 사 먹지만 허기진 배에서는 계속 새로운 책을 먹고 싶다는 신호를 보냅니다.

너무 배가 고파서 힘이 하나도 없는 여우 아저씨 눈에 길모퉁이 서점보다 1,000배나 많은 책이 있는 건물이 보였습니다. 구수한 종이 냄새가 솔솔 풍기는 곳, 바로 국립중앙도서관입니다.

건물 안에는 운동장만큼이나 넓은 방에 책장이 가득 채워져 있고, 온갖 책들이 가지런히 꽂혀 있습니다. 여우 아저씨는 매일 도서관에 갔습니다. 어떤 책이 입맛을 당기는지 냄새도 맡아 보고, 이것저것 몇 쪽 맛도 보았지요. 입맛에 맞으면 가방에 집어넣고 집으로 가져가 버립니다.

　여러분, 어린이 도서관에 가 본 적 있지요? 어린이 도서관은 일반 도서관과 다르게 우리들의 눈을 사로잡는 것들이 많습니다. 우리 눈높이에 맞는 예쁜 의자와 책상이 놓여 있고, 마루에 신발을 벗고 올라서면 누워서도, 앉아서도, 엎드려서도 책을 볼 수 있습니다. 크게 떠들지만 않으면 친구와 소곤소곤 대화를 나눌 수도 있어요. 때로는 강사 선생님이 재미있는 독서 프로그램을 진행하시기도 합니다. 그래서 어린이 도서관은 놀이터처럼 재미있는 곳입니다.

　여우 아저씨도 그렇습니다. 책을 좋아하는 여우 아저씨에게 도서관은 그야말로 '맛집'입니다. 종류별로, 시대별로 모든 메뉴가 완벽하게 갖춰진 도서관이야말로 세상에서 제일 맛난 곳 아닐까요?

🌿 여우 아저씨에게 배우는 책 맛있게 읽는 법

이렇게 여우 아저씨는 책에서 지식을 얻기도 하고 허기도 채울 수 있었지요. 그렇다고 여우 아저씨가 어떤 책이든 다 먹는 것은 아닙니다.

　예를 들어 지리책은 별로 입맛에 안 맞는지, 냄새만 쿵쿵 맡아 보고 책장에 얼른 다시 꽂아 놓지요. 오늘 여우 아저씨 입맛을 확 당기는 책은 러시아 문학인가 봅니다. 특별히 멋져 보이는 책을 뽑아 들더니 번개처럼 빠르게 소금과 후추를 휘리릭 뿌리네요. 휘파람까지 부는 걸 보니 어지간히도 마음에 드나 봅니다. 이제 숨을 잠시 고르고는 책을 한 입 가득, 덥석 물어 버립니다.

여우 아저씨는 책을 고를 때 아주 신중하게 고릅니다. 아무 책이나 선택하는 게 아니라는 거지요. 재미없거나 관심 있는 분야가 아니면 도로 책을 꽂아 둡니다. 여우 아저씨는 아주 현명하게 독서를 하는군요.

여러분도 책을 고를 때는 내가 좋아하는 책, 알고 싶은 분야를 직접 선택하는 것이 좋은 방법입니다. 그렇게 책과 친해지고 난 다음에는 관심사가 점점 더 넓어질 수 있습니다. 여우 아저씨가 이번에 선택한 책이 러시아 문학이라고 하니, 혹시 톨스토이나 푸시킨의 책 아닐까요?

여우 아저씨가 소금과 후추를 뿌린 책은 도스토예프스키의 소설《카라마조프 가의 형제들》이었습니다. 오호, 대단합니다. 러시아의 대문호 도스토예프스키 책을 읽다니요? 여우 아저씨가 새삼 달라 보입니다.

여우 아저씨는 다 읽은 책을 먹습니다. 그런데 책을 먹을 때 소금과 후추 등 양념을 쳐서 맛있게 먹습니다. 예전부터 책은 마음의 양식이라고 했습니다. 마음을 살찌우는 좋은 식량이라는 거지요. 그런데 여우 아저씨는 책을 읽을 때 책의 내용을 있는 그대로 받아들이는 것이 아니라 자신만의 생각과 느낌을 양념이라는 이름으로 넣어서 먹습니다. 여우 아저씨의 독서는 마음을 살찌우는 양식 독서법입니다.

하지만 여우 아저씨는 책에 침을 묻히거나 물어뜯기도 하고, 또 책을 그냥 가져가 버리기도 해서 결국 도서관에서 쫓겨납니다. 이제 도서관에 갈 수 없는 여우 아저씨는 길거리에서 나눠주는 신문지나 광고지 등을 먹으면서 소화불량에 걸리고 맙니다. 비단결처럼 곱던 털도 점점 윤기를 잃어 갑니다.

🌿 책 도둑은 도둑이 아니다

배고픔을 참지 못한 여우 아저씨는 복면을 쓰고서는 동네 서점에 책을 강탈하러 갑니다.

"손 들엇! …당장 내 가방에 책을 넣어라! 허튼짓을 하면 엉덩이를 물어 줄 테다!"

여우 아저씨는 책 24권을 가방에 넣고는 곧장 집으로 와서 책을 읽기 시작했습니다. 일곱 번째 책을 먹으려는 순간, 경찰이 들이닥치며 책을 훔친 죄로 여우 아저씨를 체포합니다.

예전에 선생님이 아이들과 대형 서점에 나들이를 간 적이 있습니다. 아직도 기억에 남는 것이, 그 서점에 턱 하니 걸려 있는 이런 문구였습니다.

"책 도둑은 도둑이 아니다."

옛날부터 우리나라는 책 도둑에게는 관대한 정서가 있었습니다. 특히 근대화 이전, 왕조 시대에는 책을 읽는 것이 곧 공부였기에 '아이고, 얼마나 공부가 하고 싶고, 책 내용이 알고 싶었으면 그랬을까?' 했다는 거지요.

그래서 옛말에 '책을 빌리러 갈 때 술 한 병, 책을 돌려줄 때 술 한 병'이라는 말도 있습니다. 종이가 귀했던 시절에 책이란 귀족들만이 가질 수 있는 엄청 귀했던 물건입니다. 가난한 평민들은 하루하루 일해서 먹고살기도 힘들었습니다. 귀족 계급이거나 잘 사는 사람들만 책 읽고 공부해서 성공하려 했지요. 책이 그렇게나 소중하고 가치 있는 물건이었다니, '책 좀 읽으라'는 잔소리를 늘 듣는 우리로서는 놀라운 일입니다.

🌿 책을 읽는다는 것은 새로운 세계를 머릿속에 담는 일

감옥에 갇힌 여우 아저씨에게 독서 금지령이 내려집니다. 책을 좋아하는 여우 아저씨에게는 청천벽력 같은 소리입니다. 가장 행복한 취미이자 가장 먹고 싶은 음식을 금지당했으니 여우 아저씨는 이대로 굶어야 할까요?

그런데 책을 많이 읽어서 똑똑해진 걸까요? 여우 아저씨 머릿속에서 아이디어 하나가 번뜩 떠올랐습니다. 책에서 읽은 온갖 좋은 말들로 교도관을 설득한 여우 아저씨! 종이와 펜을 구해 글을 쓰기 시작한 거지요. 얼마나 즐거웠던지 여우 아저씨는 밤낮 없이 글을 썼어요. 생각이 끊임없이 줄줄 나왔기 때문이지요. 그동안 얼마나 많은 책을 먹었는지 그 책의 내용이 머릿속에 가득했나 봅니다.

참 인상 깊은 대목입니다. 여우 아저씨가 읽은 수많은 책들은 한 권 한 권마다 하나의 세계를 가지고 있습니다. 여우 아저씨는 책을 읽은 족족 먹어 버렸기 때문에, 머릿속에 수많은 세계가 들어 있습니다. 그것들이 합쳐지고 다시 나누어지면서 새로운 이야기로 탄생했고 여우 아저씨가 재미있는 글을 쓸 수 있게 된 것입니다.

2주일 동안 923쪽의 책을 쓴 여우 아저씨. 여우 아저씨는 자신이 쓴 원고를 모두 먹어 치웠습니다. 하지만 처음 원고를 본 교도관은 여우 아저씨의 글이 너무나 재미있어 모두 복사해 두었지요.

"여우 선생, 당신 소설을 진짜 책으로 만들면 어떻겠소? 그러니까 서점에서 팔 수 있는 그런 책 말이오!"

교도관 빛나리 씨가 서점이라는 말을 하자 여우 아저씨는 깜짝 놀랍니다. 자신이 쓴 글이 책으로 나온다니 얼마나 좋을까요? 빛나리 씨는 교도관 일을 그만두고 출판사를 차려 여우 아저씨의 책을 출판합니다. 여우 아저씨의 책은 인기 최고의 베스트셀러가 됩니다. 영화로도 만들어져 극장에서 상영되지요. 여우 아저씨는 부자가 되었고 유명한 작가가 되었어요. 대통령도 만나고, 여러 언론에서 여우 아저씨의 기사를 다루고, 수많은 비평가가 여우 아저씨의 작품을 연구했습니다.

🌿 책에서 태어나는 나만의 이야기

여우 아저씨가 쓴 책에는 언제나 소금 한 봉지와 후추 한 봉지가 들어 있었습니다. 여러분이 책을 읽을 때 맛있게 읽고 내 것으로 소화하라는 뜻이겠지요.

여러분, 《책 먹는 여우》는 우리에게 '책을 읽는다는 것'에 대해 많은 생각이 들게 합니다. 우리가 책 속의 이야기를 내 것으로 만들 때 수많은 여러 가지 내용들이 내 안에서 융합되어 나만의 이야기가 탄생하고, 그렇게 새로운 세계를 만들어 낼 수 있습니다.

맞아요, 여러분. 사람이 책을 만들었다면 책은 사람을 다시 새롭게 태어나게 할 수 있습니다. 여우 아저씨는 누구나 그럴 수 있다고 말해 줍니다. 여러분도 독서를 통해 나만의 작은 세계를 만들면 좋겠습니다.

• book 03 •

《어린 왕자》

목적 없이 빛나는
아름다운 나만의 별을 찾아서

🌿 앙투안 드 생텍쥐페리 | 비룡소 | 2000. 05.

🌿 읽고 나면 궁금해지는 책

"얘들아, 너희들 생텍쥐페리의 《어린 왕자》 알지?"

"그럼요, 당연히 알지요"

"그럼, 그 책을 읽어 본 사람 손을 들어 볼까?"

신기하게도 《어린 왕자》 책을 다들 알고는 있는데 막상 읽은 적은 없다는 경우가 많습니다. 애니메이션이나 영화로 본 친구들이 더 많지요. 예쁜 동화책 같지만, 막상 들여다보면 어린이보다는 어른들을 위한 이야기 같아서 그런 듯합니다.

이 책의 작가 생텍쥐페리는 화가의 꿈을 접고 비행기 조종사가 되었습니다. 제2차 세계대전 때 공군 비행사로 전쟁에 참여해서 공도 세웠다고 하니 의외라는 생각이 듭니다. 수많은 사람들이 다치고 죽는 참혹한 전쟁의 현장에서도 인간의 '순수성'을 생각했던, 참 대단한 작가입니다.

여러분, 《어린 왕자》는 결코 쉽게 읽히는 책은 아닙니다. 여러 번 읽어야 이해될 수도 있습니다. 읽고 나면 궁금증이 많이 들 것입니다. 어린 왕자는 지구인이었을까요? 책에 나오는 '길들이다'는 말은 무슨 뜻일까요? 왜 어린 왕자는 자신의 별로 돌아가기 위해 뱀에게 부탁했을까요? 궁금하다면 《어린 왕자》를 함께 펼쳐 봅시다.

🌿 보이지 않는 곳에 무엇이 숨어 있을까?

내가 코끼리를 삼킨 보아뱀 그림을 보여 주자 어른들은 대수롭지 않게 '모자'라고 합니다. 그리고 공부에나 관심을 가지라며 핀잔을 줍니다. 그 이후 난 한 번도 그림을 그리지 않았습니다.

시간이 흘러 비행기 조종사가 된 나는 어느 날 엔진 고장으로 사막에 불시착하여 한 아이를 만납니다. 내가 그림을 보여 주자 아이는 '코끼리를 소화시키고 있는 보아뱀'이라고 정확히 알아봅니다. 아이는 양을 그려 달라고 합니다. 양을 한 번도 그려 본 적이 없었기에 나는 대충 기다란 네모 상자에 구멍이 세 개 뚫린 모양을 그려 주었습니다. 아이는 "그래! 이거야! 내가 갖고 싶었던 거야!"라며 만족해합니다.

'코끼리를 삼킨 보아뱀' 그림을 '모자'라고 이해하는 어른들은, 눈앞에 보이는 현실에서 모든 걸 찾으려고 합니다. 있는 그대로 분석해서 답을 결정짓는 어른들은 아이들의 세계를 이해하기 쉽지 않아 보입니다.

아이들은 '모자' 안이 궁금합니다. 아니, 어쩌면 '모자'가 아닐 수도 있으며 공룡을 삼킨 아나콘다일 수도 있습니다. 보이지 않는 이면을 상상하는 아이들의 능력은 끝이 없으니까요. 그래서 긴 네모 상자 안에는 양이 잠들어 있을 수도 있는 거지요. 하지만 어른들에게 상상이란 '유치한 생각'이나 '미성숙한 생각'일 뿐입니다. 그래서 눈에 보이는 것 너머의 진실을 보지 못합니다.

🌿 어린왕자의 작은 별

나와 아이는 여러 날 동안 많은 이야기를 나누었고 아이가 B612라는 조그마한 별에서 온 어린 왕자라는 것을 알게 됩니다. 어린 왕자가 살던 별은 하루에 마흔세 번이나 해가 지는 걸 볼 수 있으며, 화산이 셋 있고, 바오밥나무가 별을 둘러싸고 있습니다. 그리고 그가 사랑하는 꽃이 하나 있습니다. 허영심으로 가득한 장미꽃은 '물을 달라', '바람막이를 설치해 달라', '유리 덮개를 씌워 달라'며 어린 왕자를 성가시게 합니다. 그 꽃은 향기로 별을 가득 채워 주었지만 어린 왕자는 장미꽃의 오만함과 성가심 때문에 다른 별로 여행을 떠납니다. 떠나는 날 장미꽃은 자존심 때문에 차마 눈물을 보이지 않았고 빨리 떠나라고 합니다.

장미꽃은 자신을 바라봐 주고 물을 주는 어린 왕자를 고마워하면서도 차마 자존심 때문에 마음을 표현하지 못합니다. 어린 왕자는 이런 장미에게 실망했을지도 모릅니다. 우리 주변에도 장미꽃과 같은 사람들이 간혹 있습니다. 너무나 사랑하고 감사하는데도 겉으로는 속마음과 다르게 말하거나 오히려 퉁명스럽게 대해서 상대에게 상처를 주는 사람 말입니다.

❀ 자신만의 세계에 갇힌 어른들

어린 왕자는 여섯 개의 행성에서 여러 어른들을 만납니다. 권위와 명령만 내세우는 왕, 허영심에 차서 잘난 체하는 사람, 술 마시는 게 부끄러우면서도 술을 마시는 술꾼, 부자가 되어 무언가를 소유하기 위해 끊임없이 계산을 해대는 사업가, 책상에 앉아서 세상의 지도를 그리는 지리학자를 만납니다. 마지막 여섯 번째 별에서는 하루 종일 가로등을 켜라는 지시를 받아 충실하게 일만 하는 사람을 만납니다.

어린 왕자로서는 하나같이 낯설고 이해가 안 되는 모습입니다. 저마다 자신만의 세계에 갇혀 무엇이 잘못된 것인지 모르고 살아가는 어른들입니다. 왕은 자신만의 권위와 아집의 세계에 갇혀 살고 있고, 허영꾼은 남들이 모두 자신을 우러러본다는 착각 속에, 알코올 중독자는 자기 연민의 세계에서 헤어나질 못합니다. 사업가는 모든 걸 숫자로 평가하는 탐욕의 세계 속에, 성실한 가로등지기는 맹목적인 명령에 집착하여 자기가 없는 세계 속에, 지리학자는 대자연이 아닌 책상에서 책만 보는 관념의 세계에서 벗어나질 못하고 있습니다.

이들은 모두 자신의 입장에서 세상을 봅니다. 타인이나 대상을 그저 이용해야 하는 하나의 수단으로만 생각할 뿐입니다.

어린 왕자가 도착한 일곱 번째 지구별에는 20억 명이 넘는 사람이 살고 있습니다. 그 안에 지리학자도, 사업가도, 술꾼도, 허영꾼도 수없이 많습니다. 게다가 우연히 도착한 아프리카 어느 사막에서는 5,000송이가 넘는 장미를 발견합니다. 그의 별에는 오직 한 송이의 장미만 있었는데, 어린 왕자는 슬퍼서 웁니다.

어린 왕자에게 있어 지구라는 별은, 여태 자신이 경험했던 모든 이해할 수 없던 존재들이 한곳에 모여 있는 별입니다. 자신의 별에서는 오직 하나뿐인 존재들과 관계를 맺었는데 눈앞에만 5,000송이의 장미가 있다니 얼마나 허탈했을까요? 이곳에서 모든 사람을, 모든 꽃을 알아가기란 불가능한 일 같습니다.

🌿 길들인다는 것, 길든다는 것

이때 여우가 나타납니다. 어린 왕자는 여우와 놀고 싶지만 여우는 자신이 길들지 않아서 놀 수가 없다고 합니다. 어린 왕자는 '길들인다'는 것이 무슨 말인지 궁금했습니다.

"길들인다는 것은 관계를 맺는다는 뜻이야. …만약 네가 나를 길들인다면 우리는 서로를 필요로 하게 되는 거야. 너는 나에게 이 세상에서 단 하나뿐인 존재가 되는 거고, 나도 너에게 세상에서 유일한 존재가 되는 거야."

여우는 자신을 길들여 달라고 어린 왕자에게 말합니다. 그리고 어린 왕자에게 인내심을 가지고 조금 멀리 떨어진 곳에서부터 조금씩 다가

앉는 방법도 가르쳐 줍니다.

　길들인다는 것은 관계를 맺는 것을 말합니다. 서로가 서로에게 의미를 가진 존재가 되는 것이지요. 여우의 말을 듣고 어린 왕자는 자신의 별에 있는 장미꽃의 소중한 의미를 깨닫습니다. 그 꽃에 물을 주고, 유리관을 씌워 주고, 바람막이도 해 준 것은 바로 자신이고 그 장미꽃은 어린 왕자의 꽃이기 때문입니다.

　"가장 중요한 것은 눈에 보이지 않는 법이야. …네 장미를 그토록 소중하게 만든 건 그 꽃에게 네가 바친 그 시간들이야. …네가 길들인 것에 대해 넌 언제까지나 책임이 있어."

　관계를 맺고 인연을 이어가는 것은 쉬운 일이 아닙니다. 때로 우리는 너무 쉽게 만나고 너무 쉽게 인연을 맺습니다. 그렇게 서로에게 길들지 않은 상태에서는 쉽게 상처를 주기도 합니다. 생각과 마음이 다른 인간들이 서로에게 길들기 위해서는 오랜 시간과 더불어 책임이 필요합니다. 관계에서 책임이란 시간과 노력을 들여 너를 이해하고, 때로는 희생도 하며, 그렇게 서로에게 점점 더 의미 있고 소중한 존재가 되어 가는 과정을 말하겠지요.

🌿 우리 모두에게는 나만의 별이 있어

이제 어린 왕자가 지구에 온 지 1년이 다 되어 자신의 별로 돌아가야 할 시간이 다가옵니다. 이별을 슬퍼하는 나에게 어린 왕자는 밤마다 별을 보라고 합니다.

"별들은 정말 아름다워. …그건 여기에서는 보이지 않는 한 송이 꽃 때문일 거야. …아저씨는 세상 그 누구도 갖지 못한 별을 갖게 될 거야."

사람들은 누구나 한 가지씩 별을 가지고 살아갑니다. 모두의 별은 서로 다릅니다. 여행하는 사람에게 별은 길잡이고, 사업하는 사람의 별은 황금으로 만들어집니다. 인간이 가진 별들은 그렇게 목적으로 이루어진 경우가 많습니다. 그런데 어린 왕자는 별들이 침묵을 지킨다고 생각합니다. 어린 왕자의 별은 길든 별, '추억의 별'이 아닐까요?

어린 왕자는 뱀에게 도움을 청해 자신의 별로 돌아가고자 합니다. 자신의 별은 너무 멀리 있기에 껍데기인 몸을 버리지 않고서는 갈 수 없다고 합니다. 독을 가진 뱀에게 부탁했으니 어린 왕자가 죽음을 선택한 것일까요? 몸은 무거워서 버리고 영혼만 자신의 별로 가는 것으로 보아, 아마도 어린 왕자의 영혼은 영원한 듯합니다. 어린 왕자는 지구인이 아니니 단순히 죽는 것이 아니라, 지구별 여행을 끝내고 자신의 별로 돌아가는 것으로 보면 될 것 같습니다.

여러분, 《어린 왕자》의 마지막 부분은 아름답지만 슬프네요. 비행기 조종사에게 이제부터 밤하늘의 별은 의미 없는 별이 아닌 '어린 왕자 별'이 될 것입니다. 중요한 것은 눈으로 볼 수 없는 거니까요.

그래서 어린 왕자는 슬픈 기분이 들 때면 해 지는 모습이 보고 싶다고 한 것이 아닐까요? 밝은 대낮은 모든 존재하는 것들이 훤히 잘 보입니다. 하지만 눈에 보이는 것만이 전부는 아닙니다. 노을이 지고 어스름에 물들 때, 그때부터 비로소 소중한 것들이 어린 왕자의 눈에 보였던 것이 아닐까요.

여러분은 무언가를 길들이거나 길든 경험이 있나요? 그런 경험이 있다면 여러분이 어린 왕자입니다. 마음속에 소중한 별을 하나씩 가지고 있는 거지요. 여러분, 기억하세요. 해가 지면 떠오르는, 목적이 없더라도 그 자체로 빛나는 아름다운 별을요.

book 04

《갈매기의 꿈》

내 날개는 높은 하늘
어디쯤을 날고 있을까?

🌿 리처드 바크 | 나무옆의자 | 2018. 06.

🌿 '꿈에 관한 이야기'로 꿈을 이루다

사람은 누구나 크고 작은 꿈을 가지고 있습니다. 꿈이 없는 사람은 사는 재미가 없을 것 같다는 생각이 듭니다. 꿈이 있어야 목표를 이루기 위해 뭔가를 시도할 수 있으니까요. 그런데 꿈은 자주 바뀝니다. 초등학교 1학년 때는 대통령이 되고 싶다가 2학년 때는 연예인이 되고 싶기도 합니다. 5학년 때는 축구선수나 배구선수, 과학자, 유튜버로 꿈이 바뀔 수도 있습니다.

그러다가 중·고등학생이 되면 그 꿈이 점점 작아지면서 구체화됩니다. 대학에 들어가면 취업을 위해 꿈을 포기하거나, 아니면 아예 취업이 꿈으로 바뀌는 경우도 있습니다. 물론 어른이 되어서도 꿈을 끝까지 포기하지 않고 살아가는 사람도 있고, 현실과 타협하여 일찌감치 꿈을 잊은 채 살아가는 사람도 있습니다.

1970년에 발표된 소설 《갈매기의 꿈》은 꿈을 끝까지 놓지 않았던 어느 작가의 작품입니다. 공군 조종사로 일하던 리처드 바크는 '작가'가 되고 싶다는 꿈을 이루기 위해 틈틈이 신문에 글을 기고했습니다. 그 결과, 자신의 신념을 향해 한계를 뛰어넘고자 노력하는 갈매기 조나단의 이야기를 통해서 작가의 꿈을 이루게 됩니다.

여러분, 이 이야기의 주인공 조나단은 꿈을 위해 어떤 노력을 하고 어떻게 사랑을 실천했을까요?

🌿 먹기 위한 날개? 날기 위한 날개!

갈매기가 날아다니는 바닷가나 뱃머리에서 손에 과자를 들고 서 있어 본 경험이 있나요? 갈매기들이 날아들면서 손에 있는 과자를 낚아채 가는 순간은 정말 짜릿하고 재미있습니다. 갈매기는 작은 물고기를 사냥하며 사는 새입니다. 고깃배가 등장하면 사람들이 던져 주는 생선 조각이나 빵 쪼가리를 먹기 위해 몰려듭니다. 그런데 주인공 조나단은 그 무리와 어울리지 않고 항상 저 먼 곳에서 혼자 비행 연습을 합니다.

"이제 곧 겨울이 올 거야. 고깃배도 점차 줄어들 거고 물고기도 물속 깊이 들어간단다. …네가 날개가 있어 날아다니는 것은 먹기 위해서라는 것을 명심해야 해."

조나단의 부모는 비쩍 마른 채 하루 종일 비행 연습만 하는 아들에게 이렇게 조언합니다. 하지만 조나단에게 비행의 목적은 먹이를 구하기 위해서가 아니라 더 높이, 그리고 더 빨리 나는 것입니다. 날개는 날기 위해서 있다는 것. 참 멋있는 말입니다. 조나단은 날개의 본질에 대해서 말하고 있습니다.

조나단은 수직 낙하 연습을 계속합니다. 공중에서 몸이 뒤집혀 물속에 그대로 곤두박질칠 때의 실패와 죽음에 대한 공포를 물리치고, 앞날개를 몸에 바짝 붙인 채 자신의 한계에 도전합니다. 자신이 정한 목표 속도에 도달하면 여기에 만족하지 않고 곧바로 더 높은 목표를 설정해서 도전에 나섭니다.

목표 의식이 뚜렷한 사람들은 도전에 실패하면 왜 그런지 생각하면서 문제를 스스로 해결하고자 노력합니다. 조나단은 갈매기지만 송골매처럼 날개를 작게 만들어 수직 낙하하는 비행 방법을 생각하게 된 거지요.

🌿 전통과 한계에 도전하다

조나단은 마침내 8,000피트 상공에서 시속 214마일로 수직 낙하하는 데 성공합니다. 계속해서 공중제비, 저속 회전, 분할 회전 등 고도의 비행 기술들을 터득해 나갑니다. 자신이 이룬 성과를 다른 갈매기들이 보게 된다면 그들도 무지의 상태에서 벗어나 스스로 얼마나 뛰어나고 멋진 존재인지 깨닫게 될 것이라고 믿습니다.

그러나 현실은 냉담했습니다. 조나단은 갈매기 집단의 위엄과 전통

문학

에 먹칠을 했다는 이유로 무리에서 쫓겨납니다. 하지만 여기서 좌절하지 않고 더 먼 곳까지 비행 연습을 하면서 더 많은 것을 터득합니다. 유선형으로 급강하를 하여 물속 10피트 깊이에 떼 지어 사는 희귀하고 맛 좋은 물고기도 발견했습니다.

다른 갈매기들도 조나단처럼 노력하여 더 높이, 더 빠르게 비행하는 법을 알게 된다면 물속 깊은 곳의 희귀하고 맛 좋은 먹이를 사냥할 수 있게 될 것입니다. 훨씬 더 윤택한 삶을 살 수 있을 텐데, 갈매기 떼는 일상에 변화를 원하지 않습니다. 오히려 조나단을 추방해 버리지요.

인간 사회도 마찬가지입니다. 우리는 무리 지어 살면서도, 그 속에서 남들과 조금 다른 생각을 하거나 특이한 행동을 하는 사람을 이상한 눈으로 바라보곤 합니다. 한 가지 생각과 한 가지 시스템으로 조직이나 사회를 통일하려 하는 곳일수록 '다름'은 인정받기가 더욱 쉽지 않습니다.

🌿 가장 높이 나는 새가 가장 멀리 본다

어느 날, 두 마리의 갈매기가 조나단을 찾아옵니다. 이들을 따라 간 곳은 한계를 초월하는 세계, 위대한 갈매기들의 천국입니다. 조나단은 설리반과 치앙이라는 스승을 통해 완벽함은 한계가 없다는 것을 배우게 됩니다. 그리고 스승 치앙으로부터 배운 비행법으로 마침내 시공간을 뛰어넘어 비행하는 초월적 경지에 이르게 됩니다.

치앙은 세상을 떠나면서 조나단에게 '언제나 사랑을 실천하라'는 말을 남깁니다. 자신이 터득한 완벽한 비행술을 고향의 친구들에게 가르쳐 주고 싶어 하는 조나단에게 설리반은 이렇게 이야기합니다.

"가장 높이 나는 갈매기가 가장 멀리 본다."

조나단의 옛 친구들은 하늘 높이 날지도 않고 그저 불평불만에 가득 차서 자기들끼리 먹이 싸움만 할 뿐, 조나단의 완벽한 비행술에 관심이 없습니다. 높이 날지 않으니 먼 곳을 보지도 못하고 지금의 조나단을 이해하지 못하는 것입니다. 그러나 조나단은 고향으로 돌아왔고, 조나단의 완벽하고 아름다운 비행에 매료된 플래처와 몇몇 무리가 제자로 들어옵니다. 이들은 모두 비행이라는 미지의 대상에 호기심을 품고 있습니다. 조나단은 비행 기술을 가르칠 뿐만 아니라 수업을 마친 저녁 무렵이면 해변에서 제자들에게 다음과 같은 이야기를 들려줍니다.

"우리를 구속하는 모든 것들을 물리쳐야 한다."

조나단은 제자들과 화려한 비행 기술을 선보이지만 '그들을 무시하라'는 원로 갈매기의 명령으로 무리에게 외면당합니다.

우리 사회에서도 이런 일이 간혹 일어납니다. 늘 해 오던 방법이 아닌 창의적이고 혁신적인 방법으로 성과를 낸 이들이 무시당하고 외면당하는 경우가 있습니다.

1980년대 세계 최고의 반도체 회사 도시바의 연구원이었던 마쓰오카 후지오는 오랜 연구 끝에 '낸드 플래시 메모리' 반도체를 개발합니다. 당시 도시바는 'D램' 반도체로 돈을 벌고 있었기 때문에 후지오가 개발한 혁신 기술을 무시해 버립니다. 심지어 후지오가 돈 안 되는 기술에만 집착한다며 사무실에서 혼자 연구하게 하는 등 고립시킵니다.

하지만 그가 개발한 플래시 메모리 기술은 미국의 인텔과 한국의 삼

문학

성에 기술이전 되어 발전하게 됩니다. 그 후 인텔과 삼성은 세계적 반도체 회사로 성장했지만 도시바는 몰락의 길로 들어섭니다. 2015년 경제잡지 〈포브스〉는 후지오를 '이름 없는 영웅'이라 부릅니다. 후지오는 우리 사회의 조나단과 같은 존재가 아닐까요?

🌿 스스로 생각하지 않으면 휩쓸릴 수밖에

어느 날 조나단에게 왼쪽 날개를 다쳐 날 수 없는 갈매기 메이나드가 찾아옵니다. 조나단은 '그 어떤 것도 너의 자유를 구속할 수 없다'며 당장 나는 법부터 가르칩니다. 다음 날, 수천 마리의 갈매기 떼는 "난 날 수 있다"고 외치며 자유롭게 하늘을 나는 메이나드를 봅니다. 이제 갈매기 떼는 조나단의 이야기에 귀를 기울이기 시작합니다.

하지만 조나단을 '위대한 갈매기의 아들'이라 부르는 무리 반대편에서 '우리를 파괴하러 온 악마'라며 조나단을 적대시하고 죽이려 하는 이들이 목소리를 높입니다.

'군중심리'라는 말이 있습니다. 혼자서는 할 수 없는 일을 집단 속에서 다른 사람과 어울려 하려는 현상을 말합니다. 갈매기 떼는 조나단과 그 제자들의 화려한 비행 기술을 보며 부러워하면서도 감히 따라나서지 못하고 눈치만 봅니다. 처음에는 조나단을 우러러보던 갈매기들도 누군가가 '조나단은 악마'라고 선동하고 나서자 이제는 너도나도 '악마'로 부릅니다. 나의 생각은 없이 그저 다수에 휩쓸리는 어리석은 모습입니다. 결국 조나단은 제자 플래처에게 자신을 따르던 다른 갈매기들을 맡긴 채, 자신을 필요로 하는 또 다른 갈매기들을 찾아 떠납니다. 조나단은 제자들에게 우리는 한계를 뛰어넘을 수 있으며 더 위대한 존재로 나아갈 수 있다고 말한 뒤, 빛과 함께 사라집니다.

🌿 눈앞의 뱃전에서 고개를 들어 봐

우리 인간은 항상 마음속에 동경하는 그 무엇을 가지고 있습니다. 먹고 사는 것에 모든 것을 거는 사람, 자신의 즐거움만 추구하는 사람, 자신과 타인 모두의 행복을 추구하는 사람 등 다양한 삶이 있습니다.

아는 것만큼 보인다는 말이 있습니다. 수천 마리의 갈매기 떼는 항상 그래 왔듯이 매일 뱃전을 기웃거리며 낮게 날 것입니다. 혹시나 누가 생선 조각을 던져 주지 않을까 기다리며 가까운 곳만 바라볼 뿐입니다. 뭔가 큰 변화가 없다면 앞으로도 계속 그렇게 살 것입니다.

조나단은 그런 일상에서 조금만 눈을 들어 자신의 자아를 깨닫는다면, 그리고 열심히 비행 연습을 한다면 얼마든 더 높이 날고 더 멀리 볼 수 있을 거라고 말합니다. 그러면 이전과는 비교할 수 없을 만큼 자유로워질 거라고 말입니다.

여러분, 갈매기 조나단의 이야기는 제한된 목적을 정해 놓고 살면서 한계에 부딪혀 안주하고 마는 우리에게 던지는 교훈 아닐까요?

조나단은 말합니다. 높이 나는 새가 멀리 보며, 멀리 보는 새가 세상을 안다고 말입니다.

• book 05 •

《내 이름은 삐삐 롱스타킹》

세상과 어른들을 놀라게 한 사랑스러운 말괄량이

 아스트리드 린드그렌 | 시공주니어 | 2017. 05.

🌿 삐삐에게는 뭔가 특별한 것이 있다

〈말괄량이 삐삐〉는 여러분의 부모님이 어렸을 때 엄청난 인기를 끌었던 TV 어린이 드라마입니다. 삐삐는 말괄량이, 천방지축, 왈가닥이란 단어가 딱 어울리는 아이입니다.

힘은 천하장사인 데다 알록달록 천으로 기워 만든 옷을 입고, 좌우 색깔이 다른 긴 양말을 멋대로 신었습니다. 당시의 숙녀 같은 '여자아이' 이미지와는 정반대였습니다. 삐삐의 짐작하기 어려울 정도로 기발한 상상력과 이리저리 부딪치는 행동을 보면서 아이들은 '나도 삐삐처럼 해보고 싶다'는 동경심과 대리만족을 느꼈습니다.

그런 〈말괄량이 삐삐〉의 원작이 아스트리드 린드그렌의 《내 이름은 삐삐 롱스타킹》입니다. 이 책은 황당한 주인공 삐삐 때문에 출판사에서 거부당하는 어려움도 겪었지만, 1945년에 초판이 발행된 후로 전 세계 80여 개 나라에 번역되어 사랑을 받고 있습니다. 어린이들의 폭발적인 사랑을 받은 삐삐는 시리즈로 계속 만들어졌으며 저자 린드그렌은 그 공로로 수많은 문학상을 수상하게 됩니다.

여러분, 《내 이름은 삐삐 롱스타킹》에는 분명 뭔가가 있을 것입니다. 그러니까 전 세계 어린이들이 열광하지요. 아이들은 왜 그렇게 이 이야기를 사랑했는지, 그리고 이 책은 무엇을 전달하고자 하는지 살펴볼까요?

🌿 누구나 반하는 '뒤죽박죽' 매력

삐삐는 자신의 엄마는 천사고 아빠는 식인종의 왕이라고 말합니다. 그래서 자신은 식인종의 공주라고 떠벌립니다. 엄마는 삐삐가 어릴 때 돌아가셔서 삐삐는 엄마를 기억하지 못합니다. 선장인 아빠는 어느 폭풍우 치는 날 바닷속으로 사라져 돌아오지 않습니다. 그래서 삐삐는 아빠가 식인종의 왕이 되었을 거라는 기상천외한 생각을 합니다. '기상천외'란 생각이 엉뚱하고 기발하다는 뜻입니다.

삐삐는 정원이 딸린 낡은 집에서 아빠를 기다리기로 합니다. '닐슨 씨'라고 불리는 원숭이와, 금화 한 닢을 주고 산 말과 함께 이제 아홉 살 된 삐삐는 '뒤죽박죽 별장'이라 불리는 집에서 혼자 살아가는 독거 소녀가 된 거지요. 뒤죽박죽 별장 옆집에는 토미와 아니카 남매가 사는

데, 둘 다 부모님 말을 잘 듣는 착한 아이들입니다.

모범생으로 자란 토미와 아니카의 눈에, 힘은 천하장사면서 입은 튀어나오고 주근깨가 덕지덕지 붙은 개성 있는 얼굴, 이상한 옷과 신발에 때론 뒤로 걷기도 하고 이집트, 인도, 중국 등 전 세계 안 가 본 곳이 없다고 우기는 삐삐가 정말 괴상하고 신기했을 것입니다.

"왜 뒤로 걷느냐고? 여긴 자유로운 나라잖아. 자기가 걷고 싶은 대로 걸으면 안 된다는 법 있어? …이집트에선 누구나 이렇게 걷지만 아무도 이상하게 생각하지 않는다고."

삐삐는 아빠와 이집트 여행을 다녀와서 잘 안다고 말하지만 확인할 길은 없습니다. 어쨌든 삐삐의 거침없는 말과 행동, 자유분방한 생각을 보면 다양한 경험을 두루 한 것은 분명해 보입니다. 자신이 태어난 곳을 다른 여러 나라와 비교할 수 있기에 삐삐의 눈에는 모든 게 비판의 대상이 되지요.

토미와 아니카는 부모님이 시키는 대로 하지만 아홉 살 삐삐는 스스로 옷을 기워 입고, 음식을 해 먹을 수 있습니다. 아빠가 남겨 준 금화 덕분에 경제적 독립도 가능합니다. 무엇보다도 삐삐는 세상 곳곳 여러 나라의 신기한 이야기를 지어내 들려주는 재주가 있습니다. 아, 물론 '믿거나 말거나'입니다.

🌿 왜 어른들 말을 잘 들어야 하는데?

아홉 살짜리 여자아이가 혼자 산다고 하니 마을 주민들은 걱정이 되어

45

경찰에 신고를 합니다. 하지만 삐삐는 오히려 경찰들과 술래잡기 놀이를 하면서 경찰을 쫓아내 버립니다. 친구들과 학교에 간 삐삐에게 선생님이 '7 더하기 5'는 얼마인지 묻자 놀란 표정으로 되묻지요.

"글쎄요, 선생님도 모르는 걸 제가 어떻게 알아요?"

아이들은 못 말리는 삐삐를 휘둥그레진 눈으로 쳐다봅니다. 호랑이 같은 선생님을 놀리기라도 하듯 당돌하게 대꾸하는 모습이 얼마나 놀라웠을까요. 심지어 미술 시간에는 말을 그린다며 도화지에 말의 머리를 그리고 몸통과 다리는 교실 바닥에 그립니다. 아이들은 삐삐의 이런 거침없는 행동에 넋을 놓고는, 그림은 그리지 않고 삐삐를 응원합니다. 결국 선생님은 삐삐에게 공부시키는 것을 포기합니다.

토미와 아니카가 삐삐와 함께하는 경험들은 여태 집과 학교에서 배우고 겪은 일과는 비교할 수 없을 만큼 짜릿합니다. 하늘을 날겠다며 절벽에서 뛰어내리고, 머리 감겠다며 연못에 들어가고, 못된 황소의 뿔도 꺾어 버리고, 집에 들어온 도둑들과 춤을 추며 혼쭐을 내는 광경은 어디서도 본 적이 없습니다. 왜 출판사에서 처음에 이 책의 출판을 거절했는지도 이해가 갑니다.

🌿 따뜻한 마음씨를 가진 용감한 아이

삐삐는 친구들에게 물건 찾기 놀이를 하자고 제안합니다. 자기를 '발견자'라고 말하는 삐삐에게 이 세상은 온통 호기심 천국이고, 보물 천국인 곳입니다. 삐삐는 동네를 탐색하면서 보르네오섬의 정글에서 발견했던 나무다리 이야기를 합니다. 삐삐가 여러 나라에 대해 알고 있는 것이 허풍만은 아닌 것 같습니다.

토미가 보물을 찾지 못하자 삐삐는 늙은 나무의 구멍을 찾아 보라고 합니다. 그 속에서 작은 공책과 은으로 된 연필이 나옵니다. 아니카에게는 그루터기 속을 찾아 보라고 하자 아니카의 손에 산호 목걸이가 딸려 나옵니다. 아마도 삐삐가 전날 늙은 나무와 그루터기 속에 선물을 넣어 두었던 모양입니다. 자유분방한 왈가닥이지만 친구들을 위한 마음씨가 따뜻하군요.

어느 날 토미 엄마와 동네 부인들이 삐삐를 다과회에 초대합니다. 초대라는 것을 처음 받은 삐삐는 마치 군인처럼 군령을 붙이며 토미네 집으로 들어갑니다. 가장 좋은 의자에 앉고서는 차를 마실 때도 일등, 과자 먹을 때도 일등, 케이크도 혼자서 다 먹어 버립니다. 부인들이 자기네 집에 일하는 가정부 흉을 보기 시작하자 삐삐는 자기 할머니 댁 가정부인 '말린'을 예로 들면서 참견하며 쉼 없이 재잘거립니다. 예의는 찾아볼 수 없고 어른 무서운 줄도 모르는 삐삐입니다.

하지만 사실 삐삐가 할머니 댁 가정부 말린의 이야기를 꺼낸 것은, 부인들이 열심히 일하는 가정부 험담을 하는 것이 마음에 안 들었기 때문입니다. 아빠와 선원들과 함께 오랫동안 여행을 해본 삐삐에게, 사람들이란 서로 돕고 사는 평등한 존재입니다.

또 어느 날은, 동네 고층 건물에 큰불이 났습니다. 꼭대기 층에서 다섯 살 형과 네 살 동생이 미처 피하지 못하고 갇혀 있습니다. 경찰도 소방관도 구하지 못하고 발만 동동거리는데 삐삐가 밧줄을 구해 와서는,

옆에 있는 큰 나무에 줄을 연결하여 줄타기를 하면서 형제들을 구해 냅니다.

삐삐는 어떤 일이 발생했을 때 문제를 바로 해결하려고 합니다. 어른들이 보기에 섣부른 행동으로 보일 수 있고, 얌전하게 자란 아이들이 보기에는 말도 안 되는 일처럼 보일 것입니다. 그러나 삐삐는 뭐든 스스로 배우고 해내는 아이입니다. 그래서 줄을 튼튼하게 연결하여, 쳐다만 보는 어른들 대신 용감하게 행동에 나섭니다.

여러분, "아홉 살짜리 여자아이가 고층 건물에서 줄타기를 하며 사람을 구한다고요? 이게 말이 돼요?"라고 묻지 마세요. 작가 린드그렌은 삐삐를 통해 여러분의 상상이 현실이 되는 이야기를 하고 있는 거니까요. 이렇게 엉뚱한 생각과 용감한 행동, 천방지축이지만 마음씨만은 따뜻한 삐삐를 누가 사랑하지 않을 수 있을까요?

🌿 "너희들은 커서 뭘 할 거니?"

"난 커서 해적이 될 거야. 너희들은?"

삐삐의 생일날 놀러 왔다가 아빠와 집으로 돌아가는 토미와 아니카에게 삐삐가 한 말입니다. 《내 이름은 삐삐 롱스타킹》을 통해서 저자가 아이들에게 하고 싶은 얘기가 무엇인지 생각해 봅니다. 자유, 새로운 여성의 모습, 권위에 대한 도전, 스스로 살아가는 힘 등이 떠오릅니다.

삐삐는 획일적인 생각이나 관습에서 벗어난 자유로운 아이입니다. 교육과 훈육을 중요시하는 어른과 다른 아이들 눈에 자유분방한 삐삐

문학

는 버릇없는 여자아이일 뿐입니다. 하지만 삐삐는 개의치 않고 당당하게 자신이 하고 싶은 말과 행동을 합니다. 삐삐 이전의 많은 어린이 소설 속 주인공들은 대부분 남자아이였고, 더러 여자아이가 주인공이더라도 숙녀 같은 모습으로 자신의 한계를 딛고 성공하는 모습으로 표현됩니다. 삐삐를 창조한 저자 린드그렌은 전통적인 여자아이의 모습에서 벗어나 삐삐같이 당돌하고 주체적인 주인공을 통해서 새로운 '여자아이의 상'을 보여 주었습니다.

삐삐의 행동은 어른들이 가진 권위에 대한 도전으로 보입니다. 부모, 선생님, 경찰, 다른 어른들이 가진 권위를 보며 '그게 뭐가 중요해'라는 식으로 도전하지요. 이러한 도전이 힘을 발휘하는 데는 이유가 있습니다. 삐삐는 비록 또래의 아이들처럼 수학과 글쓰기를 잘하지 못하지만 스스로 옷을 기워 입고, 음식을 만들고, 문제가 발생했을 때 곧바로 해결해 나갑니다. 학교에서 배우는 공부보다 실용적인 지식, 일상에서의 실제 경험이 중요하다는 것을 말해 줍니다.

여러분, 부모님이 없이 혼자 사는 삐삐에게서 슬픔은 보이지 않습니다. 오히려 너무나 유쾌하고 당당해서 독자들을 당황스럽게 합니다. 그리고 마지막에 묻습니다. 그건 토미와 아니카에게만이 아니라, 책을 읽는 여러분에게 묻는 질문이기도 합니다.

"난 세상을 여행하고 탐험하고, 때론 무모한 모험에 뛰어들 거야. 너희들은 뭘 할 거니?"

• book 06 •

《꽃들에게 희망을》

그 어여쁜 나비는
바로 우리 안에 있어

트리나 폴러스 | 시공주니어 | 2017. 01.

안락한 나무에서 내려온 애벌레의 이야기

〈유퀴즈〉라는 TV 예능 프로그램이 있습니다. 초창기 이 프로그램에서는 참가자가 퀴즈를 풀면 사회자가 다음 단계에 도전할지 물었습니다. 다음 단계에 도전하여 성공하면 상금은 배로 불어납니다. 실패하면 지금까지 받은 상금은 사라집니다. 다음 문제는 어떤 문제인지 전혀 모릅니다. 그런데도 참가자 중 열에 아홉은 다음 문제에 도전합니다. 인간은 도전을 좋아하는 걸까요? 아니면 더 큰 보상을 위한 선택일까요?

이렇게 앞에 무엇이 있을지 알지 못하면서도 끝없이 도전하는 애벌레들의 이야기가 있습니다. 하얀 나비 날개 그림에 노란 바탕 표지가 인상적인《꽃들에게 희망을》은, 미국의 환경운동가이자 작가인 트리나 폴러스의 작품입니다.

책에 나오는 호랑애벌레는 그저 먹고 자라는 것만이 삶의 전부는 아니라고 생각합니다. 다람쥐 쳇바퀴 돌듯 반복되는 삶이 싫증 나, 다른 생각을 하게 됩니다. '그 이상의 것'을 찾기 위해 오랫동안 훌륭한 집과 먹이를 제공해 준 나무에서 내려옵니다.

호랑애벌레의 이 행동은 엄청나게 중요한 일입니다. 사람들은 익숙한 생활을 원합니다. 먹고, 자고, 생활하는 공간에 변화가 생기면 불안합니다. 땅 위에서는 어떤 일이 일어날지 모르고 엄청난 시련이 닥칠 수도 있기 때문입니다. 어려움 없이 먹고 자라던 안락한 나무에서 내려오는 행위는 용기 있는 도전입니다. 호랑애벌레는 과감하게 자신의 인생을 선택한 것입니다.

여러분, 애벌레가 어떻게 나비의 꿈을 꾸며 세상에 사랑을 주는지 알고 싶지 않나요?

🌿 네가 올라가느냐, 내가 올라가느냐

땅 위 생활도 지겨워질 무렵, 호랑애벌레는 하늘로 치솟은 커다란 기둥을 향해 바삐 기어가는 애벌레 떼를 봅니다. 그 기둥은 꿈틀거리며 서로 밀고 밟고 올라가는 애벌레들이 모여 만들어진 기둥입니다. 그 꼭대기에 무엇이 있는지 모르지만 호랑애벌레는 새로운 흥분을 느낍니다.

"그래, 어쩌면 내가 찾는 것이 저곳에 있을지도 몰라."

우리들의 모습을 보는 것 같습니다. 우리는 모두 무엇인가가 되고 싶습니다. 그게 무엇인지는 모릅니다. 모르기 때문에 불안하고, 불안하니 모두가 가는 그 길을 따라갑니다. 그런데 모두가 가는 그 길은 쉽지 않습니다. 수많은 사람들이 모여든 행렬에서 뒤처지면 안 됩니다. 낙오자가 되는 것 또한 불안하기 때문입니다.

호랑애벌레도 뒤처질까 봐 밀치고 들어가다가 다른 애벌레에게 밀쳐지고 밟힙니다. 자신이 밟지 않으면 밟힙니다. 애벌레들은 더 이상 친구가 아니라 밟고 올라서야 하는 장애물입니다. 그 장애물을 밟고 먼저 올라가야 합니다. 호랑애벌레가 밟고 선 그곳에 노랑애벌레가 숨을 헐떡이고 있었습니다. 호랑애벌레는 노랑애벌레의 머리를 밟고 올라섭니다.

"그래, 네가 올라가느냐, 아니면 내가 올라가느냐. 둘 중 하나야."

우리는 항상 남보다 앞서가려 합니다. 이것을 경쟁이라고 합니다. 우리는 '경쟁'이라는 말과 함께 살아갑니다. 직장에 다니는 부모님은 남보다 더 많은 실적을 쌓으려고 노력합니다. 그래야 직장에서 더 높은 연봉과 인정을 받습니다. 대학생들은 높은 학점을 받고 각종 자격증을 따서 좋은 직장에 취직하려고 노력합니다. 중·고등학생들도 좋은 대학교에 진학하기 위해 낮에는 학교에서 밤에는 학원에서 쉴 없이 공부합니다. 초등학생은 어떤가요? 여러분이 학교를 마치고 여러 가지 학원을 다니는 것도 미래의 경쟁과 관련됩니다. 선생님으로부터 받는 칭찬 스티커도, 급식 순서 정하는 것도 경쟁입니다. 친구보다 앞서가고 싶은 마음은 누구에게나 있지 않을까요?

🌿 나중에 알게 될 거야

호랑애벌레는 노랑애벌레의 슬픈 눈빛을 보면서 야비한 짓까지 하면서 오르고 싶지는 않다고 생각합니다. 그래서 미지의 기둥을 오르는 것보다 땅 위에서 기어다니며 풀이나 뜯어 먹는 생활을 선택합니다. 둘은 서로 사랑하며 행복한 시간을 보냅니다.

하지만 시간이 지나자 서로 껴안는 것조차 지겨웠고 호랑애벌레는 다시 애벌레 기둥 꼭대기가 궁금해졌습니다. 꼭대기에서 신기루 같은 꿈이 이루어질 것만 같아 견딜 수가 없습니다.

어느 날, 커다란 애벌레 세 마리가 기둥 주위에 '쿵' 하고 떨어졌습니다.

"저 꼭대기… 나중에 알게 될 거야…. 나비들만이…."

'나중에 알게 될 거야.' 이 말은 참 가슴 아픈 말입니다. 우리가 세상 물정 모르고 내가 세상의 중심인 양 으스댈 때 어른들이 하는 말이 '나중에 크면 알게 될 거다'입니다. 지금은 알 수 없습니다. 먼저 인생을 살아 본 부모님은 그 힘든 과정을 알고 있겠지요?

노랑애벌레는 떠나려는 호랑애벌레를 단념시킬 수 없었습니다. 혼자 남은 노랑애벌레는 그리움에 지쳐 헤매다가 늙은 애벌레 한 마리가 털투성이의 자루에 갇혀 거꾸로 매달려 있는 것을 발견합니다. 늙은 애벌레는 나비가 되려면 애벌레로 사는 것을 포기하라고 합니다. 나비가 되면 아름다운 날개로 땅과 하늘을 연결해 주고 꽃들에게 사랑의 씨앗을 줄 수도 있으며 진정한 사랑을 할 수 있다고 말합니다.

자신감으로 충만하여 혼자 부딪히는 호랑애벌레에게서 청춘의 모습이 보입니다. 알 수 없는 미래가 불안하면서도 너무도 궁금하기에 다른 사람의 조언을 듣지 않고 젊은 혈기로 도전합니다. 그와 달리 노랑애벌레는 외로움과 방황의 순간에 훌륭한 멘토를 만납니다. 멘토는 노랑애벌레에게 나비가 되라고 말합니다.

"어머나, 나도 이런 일을 할 수 있다니! 용기가 생기는걸. 내 속에 고치의 재료가 들어 있다면, 틀림없이 나비의 재료도 들어 있을 거야."

노랑애벌레가 드디어 자신의 참모습을 발견하는 순간입니다.

🌿 꼭대기에 오르기 위해선 날아야 해

호랑애벌레는 열심히 애벌레 기둥을 오릅니다. 중간에 다른 애벌레와 눈도 마주치지 않으며 무자비하게 빠른 속도로 꼭대기까지 올라갔습니다. 마침내 기둥 꼭대기에 올라왔지만 호랑애벌레는 뭔가 잘못된 것을 알아차립니다. 꼭대기에서 바라보니 온 사방에 기둥들만이 보일 뿐입니다. 호랑애벌레는 실망과 분노로 가득 찼습니다. 밑바닥에서 볼 때나 대단한 기둥이었을 뿐, 그곳에는 아무것도 없습니다. 그런데도 애벌레들은 서로 밀치고 싸우며 급기야 꼭대기에서 떨어지기도 합니다.

애벌레 기둥이 상징하는 것은 무엇일까요? 우리 인간은 어쩌면 모두 알 수 없는 기둥을 오르는 것은 아닐까요? 어디를 향하는지, 왜 올라가야 하는지, 올라가면 무엇이 있는지도 알지 못하면서 모두가 오르니까 나도 오르는 것은 아닐까요? 오르지 않으면 도태되고 낙오될까 두려우니까요. 결국 경쟁자를 물리치고 정상에 올랐지만 그곳에는 또 다른 기둥들만 보일 뿐 아무것도 얻는 것이 없을지도 모릅니다.

실망한 호랑애벌레 눈앞에 눈부신 날개가 달린 생명체가 보입니다. 기둥 꼭대기 주위를 날아다니며 호랑애벌레를 쳐다보는 그 '날개 달린 생명체'의 눈빛은 슬픔으로 가득합니다. 호랑애벌레는 오래전 들었던 말이 문득 떠올랐습니다.

'혹시 저게 나비일까?'

그리고 '나중에 알게 될 거야'라는 말의 의미를 곱씹어 봅니다. 노랑애벌레의 눈과 비슷한 저 눈빛. 혹시?

호랑애벌레는 곧장 기둥을 내려가기 시작합니다. 무자비하게 올라갈 때는 몰랐는데 내려가면서 바라본 다른 애벌레들의 눈은 다양하고 아름다웠습니다. 호랑애벌레는 마주치는 애벌레들마다 '꼭대기에는 아무것도 없다'고 말해 주었지만 애벌레들은 믿지 않습니다.

"우리는 날 수 있어! 우리는 나비가 될 수 있어! 꼭대기에는 아무것도 없어."

호랑애벌레는 꼭대기에 오르려면 기어오르는 것이 아니라 날아야 한다는 것을 깨달았습니다. 멈추고 뒤돌아보니 모든 애벌레들마다 그 안에 나비가 한 마리씩 들어있다는 것도 알았습니다.

애벌레 떼가 오르려고 시도하는 그 기둥은 바깥의 변화을 뜻합니다. 외적인 변화입니다. 호랑애벌레도 눈앞에 보이는 외적인 변화에 몰두한 나머지 자신 속에 들어 있는 내적인 변화의 씨앗을 알아채지 못했습니다. 힘들게 올라온 그 꼭대기에서 찬란한 나비의 모습을 본 순간, 진정한 변화는 자기 안에 있음을 알게 됩니다. 고치를 통해서 인고의 시

간을 보낸 뒤 나비로 탄생하는 과정은 바로 자기 스스로의 변화, 내적
인 변화입니다.

애벌레 기둥에서 내려와 지쳐 쓰러진 호랑애벌레를 노랑나비는 사
랑으로 어루만집니다. 의심하고 불안해하는 호랑애벌레에게 고치 자
루에 들어가는 시늉을 해 보입니다. 호랑애벌레가 마침내 가지 끝으로
기어 올라가는 것을 보고 노랑나비는 기다립니다.

🌿 나는 나비

호랑애벌레는 멋진 나비로 태어납니다. 그리고 이야기는 끝이 나지만
그것은 끝이 아니라 새로운 시작입니다. 본능에 충실한 호랑애벌레의
도전이 안쓰러우면서도 마음에 많이 와닿습니다. 우리 인간의 모습과
닮았기 때문일까요? 애벌레들은 자신 안에 들어 있는 나비의 정체는
모른 채 자신들이 스스로 쌓은 신기루 같은 기둥을 오르려고만 합니다.

그러나 실패는 아닙니다. 그중에서도 몇몇 애벌레들은 꼭대기에서
나비를 보았기 때문입니다. 아름다운 날개로 기둥 꼭대기까지 쉽게 날
아오르면서 자신들을 바라보는 나비. 그 나비가 바로 자신임을 깨닫는
다면 애벌레는 다시 희망을 가질 수 있습니다.

인간도 마찬가지입니다. 자신 안에 들어 있는 소중한 것을 잊은 채
신기루 같은 기둥을 향해 끊임없는 경쟁 속에 살아간다면 자신 안에 있
는 나비를 볼 수 없습니다. 주위나 뒤를 둘러보지 못하여 나비를 보지
못하는 사람, 그래서 나비가 되지 못하는 사람, 나비가 되어 볼 용기조

차 없는 사람도 있습니다. 외부에서 변화를 찾을 것이 아니라 자신 스스로 변화를 통해 나비가 되어야 합니다.

"날개를 활짝 펴고 세상을 자유롭게 날 거야. 노래하며 춤추는 나는 아름다운 나비"

아름다운 노랫말로 사랑받은 가수 윤도현의 노래 〈나는 나비〉의 한 구절입니다.

여러분들도 자기 안의 아름다운 나비를 발견하기를, 그리고 꼭 그 나비가 된다면 좋겠습니다.

book 07

《긴긴밤》

두려운 긴긴밤을 이겨낸 '우리'의 이야기

🌿 루리 | 문학동네 | 2021. 02.

🌿 한 아이를 키우려면 온 마을이 필요하다

4학년 아이들이 사회 시간에 마을회관에 가서 동네 할아버지로부터 우리 지역사회의 변천 모습을 생생한 사진을 곁들여 듣습니다. 5학년은 미술 시간에 지역에서 활동하는 서예가를 초청하여 서예를 배웁니다. 6학년은 환경운동가로부터 동네 하천과 습지대의 중요성에 대해 배우며 하천을 청소합니다.

　아프리카 속담에 '한 아이를 키우려면 온 마을이 필요하다'는 말이 있습니다. 이 속담은, 현재 우리나라 학교에서 실시 중인 마을교육공동체의 철학과도 일치합니다. 학교는 학생의 배움이 삶과 동떨어지지 않도록 지역과 연대하여 함께하는 교육과정을 운영합니다. 학생

수가 점점 줄어가는 현 시점에서, 아이들은 우리 사회와 미래를 위한 너무도 '소중한 존재'입니다. 아이들에게 진지한 배움이 일어나도록 더욱 정성을 들여야 할 시기가 왔습니다.

루리 작가의 《긴긴밤》을 읽으면서 아프리카의 저 속담이 바로 떠올랐던 이유입니다.

"나에게 이름을 갖는 것보다 더 중요한 것을 가르쳐 준 것은 아버지들이었다."

여러분, 《긴긴밤》의 주인공인 이름 없는 펭귄 '나'는 아버지들의 경험과 희생 속에서 자라나 인생을 배웁니다. 여러분은 '나', '인생', '진로' 등을 생각하며 긴긴밤 생각에 잠겨 본 적 있나요? 나를 '나'답게 해 준 것은 무엇일까요? 가족이란 무엇일까요? 또 나는 무엇을 위해 살고 있을까요?

🌿 나를 나답게 하는 것

코뿔소 노든은 어릴 때부터 동물 고아원에서 코끼리들과 함께 살고 있습니다. 코끼리들은 뭔가를 할 때 코를 사용하지만 노든은 긴 코가 없습니다. 노든은 자기도 언젠가는 멋지고 늠름한 어른 코끼리가 될 꿈을 꾸지만 가끔 왜 자신에게 긴 코가 아닌 뿔이 있는지 궁금해합니다. 할머니 코끼리는 그런 노든에게 답을 찾아 더 넓은 세상으로 떠나라고 합니다.

세계적인 희귀종인 코뿔소 노든은 성장하면서 자아정체성을 깨닫습니다. '정체성'이란 '어떤 존재가 본질적으로 가지고 있는 특성'입니다. 코뿔소를 코뿔소답게 하는 것은 코뿔입니다. 자신이 긴 코를 가진 코끼리와 다르다는 걸 알게 된 거죠.

우리는 살아가면서 자신을 둘러싼 주위 세계를 조금씩 넓혀 갑니다. 초등 저학년까지는 잘 모릅니다. 그러다 초등학교 고학년쯤 되면 자신이 무엇을 좋아하는지, 자신이 하고 싶은 것은 무엇인지 구체적으로 관심을 가지지요. 그래서 초등 5학년부터 진로 관련 교육과정을 많이 운영합니다.

부모님 입장은 다를 수 있습니다. 보통 중학교 때까지는 여러분이 공부를 하기 원하지요. 어떨 때는 부모님의 생각이 맞을 때가 많아요. 그럼에도 '나를 나답게' 하는 것은 무엇인지 고민하고 스스로 답을 찾아야 합니다. 때로는 불안하고 두렵지만, 그런 노력이 인생을 더욱 풍요롭게 하고 나의 가치관을 올곧게 세우도록 해줍니다.

🌿 악몽으로 가득한 긴긴밤

용기를 내어 코끼리 고아원을 나온 노든은 초원에서 아름다운 뿔을 가진 코뿔소를 아내로 맞이하고 딸도 태어나 가족을 이룹니다. 아내로부터 자연에서 살아가는 법을 배우며 행복하게 지내지만, 어느 날 뿔을 노린 사냥꾼을 보고 아내는 트럭을 향해 돌진하다 총을 맞습니다. 그렇게 아내와 딸이 죽고 맙니다.

병원에 실려 온 노든은 인간만 보면 공격하려 했고 밤마다 악몽을 꾸는 긴긴밤을 보냅니다. 노든은 어릴 때부터 이곳에서 자란 '앙가부'라는 코뿔소를 알게 되는데, 인간에 대한 복수를 꿈꾸는 노든에게 앙가부는 '좋은 사람들도 있다'고 말해 줍니다. 어느 날 밤, 앙가부가 코뿔을 잘린 채 죽게 되고 동물원에서도 어쩔 수 없이 노든의 뿔을 반쯤 자릅니다. 병원의 푯말은 "지구상에 마지막 남은 흰바위코뿔소, 노든을 소개합니다"로 바뀝니다.

노든이나 앙가부가 어릴 때부터 고아원에 있었던 것은 그들의 엄마, 아빠도 밀렵으로 뿔이 잘린 채 죽었기 때문일 겁니다. 불편한 진실은 노든의 엄마와 아빠, 아내와 딸, 앙가부를 죽인 것도 인간이며, 노든을 병원으로 데려와 수술로 살린 것도 인간, 세계적 희귀종이라며 보호하는 것도 인간, '노든'이란 이름을 붙인 것도 인간이라는 사실입니다.

실제 아프리카에서는 코뿔소의 밀렵 방지를 위해 초원에 사는 코뿔소의 뿔을 자릅니다. 코뿔소라는 존재의 상징은 '코뿔'입니다. 그럼에도 살기 위해서 코뿔을 잘라야 하는 것이 코뿔소의 운명입니다. 긴긴밤은 노든에게는 잠을 이룰 수 없는 악몽의 순간입니다. 언제나 인간은 긴긴밤에 코뿔소를 공격해서 뿔을 잘라 갔습니다.

🌿 '우리'라는 새로운 가족

병원의 펭귄 우리에서 검은 점이 있는 알이 버려진 채 발견됩니다. 다른 펭귄들이 불길하다며 망설이자 사이좋은 수컷 치쿠와 윔보가 버려진 알을 정성스럽게 품습니다. 가끔 펭귄의 세계에서 짝을 이루지 못한 수컷들이 버려진 알을 품는 경우가 있다고 합니다. 번식 경쟁에서 밀린 수컷들이 연인이 되어 알을 품는 것인데, 번식에 대한 강한 욕구 때문인지 알을 부화시킬 확률이 훨씬 높다고 합니다.

어느 날, 큰 폭발 소리와 함께 동물원은 파괴되고 많은 동물들이 죽습니다. 알이 든 양동이를 문 치쿠와 노든은 간신히 살아남았습니다. 노든과 치쿠는 죽은 친구들을 생각하며 밤마다 악몽을 꿀까 봐 잠들지 못하고 몇 날 며칠을 함께 걸으며 긴긴밤을 보냅니다.

노든과 치쿠는 이제 서로 의지하는 '우리'가 됩니다. 혼자인 노든에게 우리란 외롭지 않게 해주는 '동료'이지만, 치쿠에게 우리란 함께 부모가 되어 알을 보호해야 하는 '운명 공동체'입니다. 치쿠는 자신은 곧 아빠가 될 것이며 곁에 노든이 있어서 다행이라고 합니다.

노든과 치쿠는 단 한 번도 본 적이 없는 바다를 향해 가야만 합니다. 그러나 펭귄의 몸으로 낮에는 그늘도 없는 뜨거운 태양, 밤에는 차가운 바람을 맞으며 알을 품는 것이 힘든 일입니다. 치쿠는 그렇게 알을 품은 채 죽습니다.

알의 부모는 누구인지 모르지만 치쿠는 자신이 품기로 한 이상 보호자로서, 아빠로서의 책임감을 끝까지 보여 줍니다. 예전에 TV에 방영된 〈남극의 눈물〉에서 황제펭귄이 그 혹독한 추위 속에서 아무것도 먹지 못한 채 알을 네 달이나 품는 장면을 보고 말할 수 없는 경외감이 들었습니다. 아마 치쿠도 그와 같은 사랑으로 알을 지켰을 것입니다.

🌿 이름보다 소중한 것

노든은 가족만큼 소중한 치쿠의 죽음을 슬퍼할 겨를이 없습니다. 알의 온기가 식을까 봐 알을 감싸 안으며 품습니다. 노든이 치쿠가 없는 외로운 긴긴밤을 보낼 때 알을 깨고 '나'는 태어납니다. 태어나면서부터 노든에게 살아남는 법을 배웠고, 잠들지 못하는 밤에는 노든이 꼭 안아 줍니다. '나'는 노든이 나를 기억할 수 있게 이름이 있으면 좋겠다는 생각이 듭니다.

"이름을 가져서 좋을 거 하나도 없어. 나도 이름이 없을 때가 훨씬 행복했어. …이름이 없어도 네 냄새, 말투, 걸음걸이만으로도 너를 충분히 알 수 있으니까 걱정 마."

김춘수 시인은 "내가 그의 이름을 불러 주었을 때 그는 나에게로 와서 꽃이 되었다"고 노래했습니다. 이름을 불러 주니 그 대상이 하나의 의미로 다가온다는 것입니다. 이처럼 인간은 모든 것에 이름을 붙입니다. 이름은 대상의 정체성을 규정하는 마법을 발휘합니다. 노든은 '지구상에 한 마리 남은 흰바위코뿔소 노든'이라는 이름이 붙는 순간 뿔 사냥꾼들의 최고 사냥감이 됩니다. 그래서 다른 많은 코뿔소들처럼 자유롭게 살지 못하고 '안전'과 '홍보'라는 명목으로 인간이 만든 장소에 갇혀 살아야 하는 운명이 됩니다.

'이름'을 가진다는 것이 어떤 의미인지를 알기에 노든은 얘기합니다. 이름 없는 코끼리들과 아내와 딸, 앙가부와 치쿠와 윔보와 함께 살을 부대끼며 살았던 감각과 경험, 기억이 더 중요하다고 말이지요.

어느 긴긴밤, 뿔 사냥꾼들의 냄새를 맡은 노든은 복수를 위해 달려 나갔고 '나'는 복수하지 말고 그냥 나랑 같이 살자며 울었습니다. 총알이 날아들었고 순간 노든이 나를 물고 달리기 시작했습니다. 나의 말에 노든은 소리 없이 울었고 나도 울었습니다. 그날 이후, 근처에 인간이 있으면 숨어서 지켜만 봤습니다. 긴긴밤은 그렇게 우리를 어리석지 않게 만들어 주었습니다.

다음날, 노든은 일어나지 못했고 인간들은 노든을 큰 트럭에 싣고 초원으로 갔습니다. 며칠 동안 인간들은 노든을 치료하고자 몸에 바늘을 꽂고 사진도 찍어 보다가 이내 고개를 흔들고는 떠나갑니다. 노든은 나를 보고 바다로 떠나라고 하지만 해가 지면 나는 노든의 품속으로 파고듭니다. 노든은 나를 안으며 긴긴밤 동안 코끼리들의 이야기와 아내와 딸의 이야기, 앙가부, 치쿠와 윔보, 그리고 검은 점이 박힌 불운한 알의 이야기를 해주었습니다.

노든이 내 부리에 코를 맞대며 작별 인사를 합니다. 나는 노든을 뒤로 하고 달리기 시작합니다. 쉬지 않고 달려 모래 언덕을 넘고 절벽에서 몇 번이고 미끄러졌지만 부리를 쪼아서라도 절벽 꼭대기에 오르자 끝없이 펼쳐진 파란 세상, 바다가 보입니다.

🌿 악몽의 밤에서 성숙의 밤으로

《긴긴밤》은 여러 고난과 죽음의 길에서 살아남아 아빠로서의 임무를 다하고 또 혼자가 된 노든의 슬프지만 위대한 이야기입니다. 가족과 친구들의 죽음을 목격하고 자신만 살아남은 후, 그 처참한 경험들로 노든의 밤은 고통과 악몽, 외로움과 슬픔의 긴긴밤이 되었습니다.

그러다 코뿔소 노든은 종이 다른 펭귄의 알을 품게 됩니다. 다른 친구들의 희생 덕분에 알을 무사히 보호할 수 있었습니다. 한 생명을 살리는 것은 이성과 합리성이 아니라, 치쿠와 윔보, 노든처럼 본능이 아닐까요? 이는 맹자가 말한 측은지심의 마음을 넘어, 칸트가 말한 '그래야만 한다는 도덕률' 같은 것입니다. 같이해야 한다는 '사랑의 연대의식'입니다.

노든은 긴긴밤 동안 친구들로부터 아픔을 이기는 법과 복수 대신 생명을 사랑하는 법을 배웁니다. 그리고 혼자 된 노든은 이제 갓 태어난 펭귄의 보호자이자 아빠로서 아이를 성장시킬 의무가 생깁니다. 노든과 펭귄이 성장하고 인내를 갖게 된 것은 '긴긴밤' 때문입니다. 긴긴밤은 두렵고 외로워서 견딜 수 없는 밤이기도 하지만, 긴긴밤은 '나'가 태어난 생명의 밤, 삶을 되돌아보는 성숙의 밤이기도 합니다. 시간이 갈수록 자신을 더 강하게 키우는 밤이었습니다.

굉장히 철학적이면서도 동화 같지 않은 동화, 《긴긴밤》입니다.

book 08

《동물농장》

동물농장에서 벌어진
이상한 혁명 이야기

🌿 조지 오웰 | 삼성당 | 2021. 06.

🌿 이게 동물들만의 이야기일까?

텔레비전에서 동물들이 나오는 프로그램을 보면 '어쩜 동물이 저렇게 사람처럼 행동하지.' 하는 생각을 하게 됩니다. 특히 나쁜 버릇이 있는 동물도 행동을 교정해서 의젓한 반려동물로 변화하는 것을 보며 동물이나 사람이나 별반 다르지 않다는 생각이 들곤 합니다.

조지 오웰의 《동물농장》에는 아예 사람을 내쫓는 동물들이 나옵니다. 이들은 자신들만의 농장을 만들어서 꾸려 가는데요, 어째 쉽지만은 않아 보입니다. 처음에는 성공한 것 같았던 혁명은 변해 버리고 동물들은 비참한 상황에 놓입니다. 그리고 그 과정에서 권력을 쥔 동물들은 다른 동물들을 속이고 억압합니다.

사실 이 소설은 한때 미국과 전 세계를 양분하던 공산주의 국가 소련을 비판한 책입니다. 소련은 1991년에 해체되고 지금은 사라졌지만 우리가 사는 사회, 그리고 지구촌 곳곳에서는 《동물농장》에서 일어나는 일들이 아직도 벌어지고 있습니다. 이 책이 여전히 인문 고전으로 인정받는 이유입니다.

그러면 동물농장에서 어떤 일들이 벌어지는지 볼까요?

🌿 똑똑한 돼지들, 동물농장을 접수하다

지혜로운 돼지 메이저 영감은 생산적인 활동을 하지 않는 인간들이 동물들을 착취하고 있다면서 인간들을 쫓아내고 동물들만의 평등한 농장을 만들어야 한다고 주장합니다. 메이저 영감이 죽자 그 뒤를 이어 세 마리의 돼지 스노볼, 나폴레옹, 스퀼러는 메이저의 '동물주의' 사상을 동물들에게 전파합니다. 농장 주인인 인간 존스가 매일 술에 취해서 동물들에게 먹이 주는 것을 깜빡하자, 화가 난 동물들은 마침내 반란을 일으켜 존스를 농장에서 내쫓아 버립니다.

'공산주의'는 모든 사람에게 돈과 소유물을 평등하게 분배하는, 계급 없는 평등사회를 말합니다. 공산주의 창시자 마르크스는 역사가 5단계로 발전한다고 주장합니다. 원시 공산사회, 고대 노예사회, 중세 봉건사회, 자본주의 사회, 그리고 최종 단계가 바로 공산주의 사회지요. 마르크스의 주장대로라면 공산주의 혁명은 자본주의가 발달한 사회에서 일어나야 되는데, 실제로는 가난한 농업국가 러시아에서 일어납니다. 레닌이 만든 러시아 공산당은 러시아 로마노프 왕조를 무너뜨리고 1917년 최초의 공산주의 국가 소련을 탄생시킵니다.

《동물농장》속의 동물들은 모두 실제 인물들을 모델로 합니다. 메이저 영감은 공산주의 창시자 마르크스이지요. 영리하고 계획적인 돼지 스노볼은, 실제로도 능력이 뛰어났던 혁명가 트로츠키입니다. 트로츠키처럼 뛰어나지는 못했지만 강력한 추진력으로 권력을 거머쥔 스탈린은, 책 속에서 돼지 나폴레옹으로 나옵니다.

동물농장에는 여러 종류의 동물들이 살아가는데, 돼지들이 무리를 이끌어 가는 것이 흥미롭습니다. 돼지는 똑똑하며 음식을 독점하고 먹기도 많이 먹습니다. 다른 동물들은 돼지에 비하면 지능과 학습력 떨어지는데, 러시아의 일반 민중으로 표현됩니다. 힘은 좋으나 우직하기만 한 젊은 말 복서, 마음씨 좋은 암말 클로버, 모든 걸 알고 있지만 매사회의적인 당나귀 벤저민 등은 무리를 이끌기에는 뭔가 부족해 보입니다. 특히 머리가 나쁜 양들은 스노볼이 가르친 한 가지 금언 "네 다리는 좋고 두 다리는 나쁘다"만 외치고 다닙니다.

동물들은 농장의 이름을 '매너 농장'에서 '동물농장'으로 바꾸고 '동물주의 7대강령'을 만들어 공포합니다.

❧ 무너뜨린 계급이 다시 생겨나다

그런데 시간이 갈수록 동물농장에는 이상한 일이 발생합니다. 동물들은 자신의 능력만큼 일하고 필요한 식량을 배급받는데, 돼지들은 각종 결의안을 만들어 농장을 관리하면서 서서히 자기들만의 특권계급을 만들어 갑니다. 우유가 섞인 사료도, 떨어진 사과도 오직 돼지들의 몫입니다. 동물들은 불만을 제기하지만 '다시 존스가 돌아오길 바라냐'는 돼지들의 겁박에 불만을 삼킵니다. 결국 우유와 사과는 돼지들이 독차지한다는 결의안이 만장일치로 가결됩니다.

동물들은 인간의 착취가 싫어 혁명을 일으켰습니다. 모두가 평등하게 잘 먹고 잘 사는 농장이 될 줄 알았는데 시간이 갈수록 돼지들과 다른 동물들 사이에 계급이 나눠집니다. 혁명을 이끌었던 스노볼과 나폴레옹은 지도자가 되고 스퀼러는 그들의 대변인이 되면서 차츰 돼지들의 독재가 시작되려고 합니다. 계급이 싫어 무너뜨렸는데, 결국 새로운 계급이 생긴 셈입니다. 혁명이 변질되고 있는 것입니다.

스노볼은 농장의 자급자족을 이루기 위해 풍차를 만들 계획이지만, 나폴레옹은 풍차보다는 식량을 더 많이 생산하는 것이 필요하다고 주장합니다. 나폴레옹은 개 아홉 마리를 풀어 스노볼을 공격해 농장에서 쫓아 버립니다. 이제 최고 권력자가 된 나폴레옹은 새로운 풍차를 만드는 작업을 통해 권력을 더 강화합니다. 그리고 강령에서 금지했던 인간과의 거래도 시작하고 존스가 살던 본채에서 침대 생활도 하는 등, 7대 강령을 자신의 입맛에 맞게 고칩니다.

현실에서도 많은 정치인들이 선거 전과 선거 후 입장을 바꾸는 경우를 자주 봅니다. 당선만 된다면 온갖 것들을 해내겠다며 실현 불가능한 공약을 내세워 표를 얻고서는 당선 후에는 이런저런 이유로 공약을 파기합니다. 민주주의가 성숙하기 위해서는 시민 한 사람 한 사람이 성숙해야 합니다. 그리고 민주주의 국가에서도 언제든지 누군가가 권력을 독점할 수 있음을 알고 항상 권력을 감시해야 합니다.

🌿 휴지 조각이 된 규칙들

겨울이 되자 농장의 식량은 바닥을 드러냈고 많은 동물들이 굶주리기 시작합니다. 동물들의 불만을 잠재우기 위해 나폴레옹은 평소 자신을 비판했던 동물 몇몇을 처형해 버립니다. 여섯 번째 강령인 '동물은 절대로 다른 동물을 죽이지 않는다'는 이제 휴지 조각일 뿐입니다.

나폴레옹은 인간과도 전쟁을 벌입니다. 동물농장의 목재를 인근 농장에 팔았는데 받은 돈이 위조지폐로 밝혀졌기 때문입니다. 전쟁에서 힘겹게 승리하지만 풍차가 파괴되고 동물들도 많은 피해를 입습니다. 그러나 나폴레옹은 전쟁에서 승리했다며 무공훈장인 '녹색 깃발 훈장'을 만들어 자기 가슴에 스스로 달고 승리의 자축 행사를 벌입니다.

인간과의 전쟁은 1941년에서 1945년까지 실제로 있었던 나치 독일과 소련의 전쟁을 말합니다. 독일이 소련과 서로를 침략하지 않겠다는 조약을 어기면서 일어난 전쟁으로, 양측에 약 3,000만 명이 넘는 인명 피해가 발생했습니다. 전쟁에서 소련이 승리하면서 제2차 세계대전도 연합국의 승리로 끝나게 됩니다. 이후, 세계는 자유민주주의 대 공산주의라는 새로운 냉전의 시기로 접어들었고, 지구촌 전체가 이념으로 갈라졌습니다.

권력에 맛을 들인 나폴레옹과 스퀄러, 그리고 그들을 따르는 무리는 자신들의 실수를 덮기 위해 공포정치를 조성합니다. '술을 먹으면 안 된다'는 강령을 고쳐서 '술을 지나치게 먹으면 안 된다'라고 바꾸고는 술에 마음껏 취합니다. 누구보다 열심히 일하고 돼지들의 말을 믿었던 복서가 풍차 재건 공사 현장에서 일하다가 쓰러졌을 때는, 도살업자에게 팔아 버리는 비정함을 보여 줍니다. 현재도 독재국가나 전제국가에서 흔히 볼 수 있는 일들입니다.

나폴레옹과 스퀄러는 눈이 살에 파묻힐 정도로 몸집이 불어나지만 농장의 다른 동물들은 여전히 주린 배를 안고 짚단에서 잠이 듭니다. 연못에서 겨우 목을 축이고 하루 종일 밭일을 하며 노동에 시달립니다.

❦ 누구에게나 정치가 중요한 이유

어느 초여름 날, 동물들 눈에 앞발을 들고 두 다리로 줄을 지어 걷는 돼지들이 보입니다. 헛간 벽면에 붙은 7대 강령은 사라지고 대신 이런 문구가 적혀 있습니다.

"모든 동물은 평등하다. 그러나 어떤 동물은 다른 동물보다 더 평등하다."

이제 돼지들은 사람처럼 행동합니다. 라디오를 사고 신문을 봅니다. 그날 저녁 본채에서 돼지들은 인근 농장 인간들과 파티를 하며 술잔을 부딪칩니다. 그 모습을 바라본 다른 동물들은 어느 것이 인간의 얼굴이고, 어느 것이 돼지의 얼굴인지 끝내 구별할 수가 없었습니다.

조지 오웰의 《동물농장》은 1945년 출판 당시에 어려움을 겪었습니다. 나치 독일에 맞서 영국과 동맹을 맺었던 소련과 소련의 지도자 스탈린을 비판했기 때문입니다. 그러나 미국에서 베스트셀러가 되자 전 세계적으로 명성을 얻었습니다.

실제 공산주의 사상에 우호적인 작가는 만민이 평등하다는 혁명의 구호가 몇몇 타락한 권력에 의해 변질되는 모습을 보았습니다. 이렇게 탄생한 새로운 권력에 대중이 쉽게 길들여지는 모습을 이 책을 통해서 신랄하게 비판하고 있습니다.

여러분, 정치는 아주 중요합니다. 여러분의 삶에 영향을 미치고, 여러분의 미래에도 영향을 줍니다. 어떤 정치 지도자를 뽑느냐에 따라 여러분의 세금도, 건강도, 심지어 생명도 영향을 받습니다. 그래서 항상 두 눈을 부릅뜨고 스스로 정치에 참여해야 합니다.

선거권이 생긴다면 선거에 참여하여 반드시 투표해야 하며, 올바른 정책을 지지해야 합니다. 기회가 된다면 공청회 등을 통해 국민으로서 직접 정치에 참여하는 것도 좋은 방법입니다.

"정치를 외면한 가장 큰 대가는 가장 저질스러운 인간에게 지배당하는 것이다."

철학자 플라톤의 경고가 결코 가볍지 않음을 이 책을 통해서 다시 한 번 느끼게 됩니다.

문학

• book 09 •

《우리들의
일그러진 영웅》

달콤한 괴물이 손을 내밀 때

🌿 이문열 | 휴이넘 | 2006. 09.

🌿 **오래전, 어느 5학년 교실에서**

학기 초가 되면 학급 회장과 부회장을 뽑습니다. 반 친구들을 위해 봉
사하는 사람에게 주는 감투이지요. 여러분의 부모님 세대는 국민학
교, 그러니까 지금의 초등학교를 다닐 때 그 반을 대표하는 '반장'을 뽑
았습니다. 선생님이 교실에 들어오면 반장이 일어서서 "차렷! 경례!"
하고 큰 소리로 외치고, 다른 친구들도 따라서 다 같이 인사를 하곤 했
습니다.

이문열 작가의《우리들의 일그러진 영웅》은 반장 엄석대를 통해 어
느 국민학교 5학년 반에서 일어나는 사건을 보여 줍니다. '전체'라는
이름으로 폭력이 벌어지고, 부정과 부패가 아무렇지도 않게 일어나고

해결되는 광경이 생생하게 펼쳐집니다. 그 이야기를 통해서 비단 국민학교만이 아니라 우리 사회의 모습 전체를 돌아보게 됩니다.

어른이 된 병태가 30년 전의 과거를 생각하면서 이야기는 시작됩니다. 조용한 시골 학교에 병태라는 친구가 전학을 오면서 어떤 놀라운 일이 벌어지는지 볼까요?

🌿 "반장 말이 우습게 들려?"

서울에서 시골 학교로 전학을 온 병태는 전학 첫날부터 뭔가 심상치 않다는 것을 느낍니다.

"인마, 엄석대가 오라고 하잖아? 반장 말이 우습게 들려?"

반장이란 학생들과 선생님 사이의 심부름꾼 정도로 알고 있는 병태로서는 반장 엄석대가 함부로 이리 오라고 하는 말에 반발심이 생깁니다. "반장 말이 우습게 들려?"라는 한마디로 이곳 아이들 사이에서 석대가 어떤 위치에 있는지를 알 수 있습니다.

석대는 아이들의 자리를 마음대로 바꾸고, 아이들은 맛있는 반찬을 석대의 책상 위에 올려놓습니다. 아무도 이의를 제기하지 않습니다. 점심시간에 '석대에게 물을 떠다 주라'는 것을 거절한 병태가 선생님에게 물어보겠다고 하면서 외롭고 고달픈 싸움이 시작됩니다.

병태가 전학 오기 전, 아이들은 엄석대의 행동이나 자신들의 행동이 옳은지 그른지 판단하지 않습니다. '정의로운 행동'에 대해 아무도 고민하지 않는 모습입니다. 자신의 반찬을 석대의 책상 위에 올려놓으면서도 아이들은 억지로가 아니라, 자발적으로 그렇게 하는 것처럼 굽니다. 담임선생님은 교실이 잘 운영되니 관심을 두지 않습니다. 어쩌면 엄석대로 인해 편했는지도 모릅니다. 힘센 엄석대의 말은 곧 법이며 교실은 엄석대의 왕국입니다.

병태는 가장 자신 있는 공부에서 석대를 이기려고 했으나 결과는 석대가 전교 1등을 차지합니다. 그런 석대에게 선생님은 숙제와 청소 검사, 심지어 처벌권까지 위임합니다. 석대의 반은 항상 깨끗하고 전교에서 모범적인 반입니다.

🌿 굴종의 달콤함

한 친구가 집에서 가져온 라이터를 보고는 석대가 "이거 좋은데?" 하며 가져가 버리고, 병태는 이 사실을 선생님에게 일러바칩니다. 하지만 석대의 잘못을 말하는 아이는 한 명도 없고, 결국 병태만 고자질쟁이가 되고 맙니다. 이때부터 아이들은 시도 때도 없이 병태에게 싸움을 걸어 옵니다.

병태는 사소한 잘못까지 선생님에게 보고가 되어 벌청소를 도맡아 합니다. 아이들이 운동장에서 축구를 하고 놀 때 병태는 창문을 닦고 석대의 검사를 기다립니다. 다시 닦으라는 석대의 말에 서러워서 눈물을 흘리는데, 잠시 후 교실에 들어온 석대가 "유리창 청소 합격"이라며 부드럽게 말합니다. 다음 날, 병태는 자신이 아끼던 샤프 펜슬을 석대에게 줌으로써 굴종하게 됩니다. 굴종의 열매는 달았습니다. 병태에 대한 석대의 태도가 달라지자 아이들도 병태를 대하는 태도가 달라지기 시작한 것입니다. 같은 반 친구들보다 세 살이 많은 석대는 어린아이들의 심리를 참 잘 이용하는 듯합니다.

12월 어느 날, 수학 시험 시간에 병태는 아이들이 돌아가면서 석대의 시험지와 자기들 시험지를 바꿔치기하는 장면을 봅니다. 그러나 언제나 석대의 잘못에 눈감던 선생님과 친구들이 떠올라 병태도 모르는 척합니다. 지금 병태는 석대의 질서 안에서 안전하게 특권을 누리고 있습니다. 1등을 넘보지 않는 한, 2등은 병태의 자리입니다.

병태는 석대라는 괴물과 싸우다가 어느 순간 무기력함을 느끼고 스스로 그 품속에 들어갔습니다. 나를 무겁게 짓누르던 괴물이 어느 날 따뜻한 미소와 함께 손을 내민다면, 누구나 그 손을 잡고 싶어질 것입니다. 병태 역시 마지막 자존심을 버린 채 석대가 내민 손을 잡고 맙니다. 이제 석대가 저지르는 부정한 일들은 병태에게 중요하지 않습니다. 석대의 잘잘못을 따지기보다 석대의 그늘 속에서 2인자로 살기 원합니다.

실제로 우리 역사에서도 이와 비슷한 일이 일어났습니다. 독재정치에 저항하는 사람들에게 독재 권력은 더 가혹한 폭력을 가하거나 거꾸로 회유를 합니다. 폭력의 고통에서 힘들어하다가 폭력의 당사자가 내민 손을 잡은 순간, 그 폭력은 미화되고 당연한 것이 됩니다.

🌿 선생님이 가져다 준 혁명

6학년이 되자 새로 온 젊은 선생님이 담임이 됩니다. 선생님은 반장 선거에서 부정선거가 있음을 눈치채고 재선거를 치르게 합니다. 수학 시간에 어려운 문제를 풀지 못하는 석대를 이해할 수 없다며 핀잔을 주기도 합니다. 석대는 위기감을 느끼기 시작했고 반 아이들도 예전과 다르게 무슨 일이 발생하면 석대보다는 차츰 담임선생님을 찾아가기 시작합니다.

문제가 터진 것은 3월 첫 성적 발표 날이었습니다. 석대는 전교 1등을 했지만 선생님은 부정 시험이 있다는 것을 눈치챕니다. 석대가 선생님으로부터 매질을 당하고 석대의 입에서 "잘못했습니다"라는 말이 나오자 아이들은 충격을 받고 동요하기 시작합니다.

그토록 견고하던 절대 권력이 쉽게 무너지는 것을 눈앞에서 목격한 일은 아이들에게 충격일 것입니다. 석대가 더 큰 권력 앞에서 무너지며 잘못을 시인한 것을 보자 앞으로 일어날 변화를 예감하며 동요하기 시작합니다.

석대의 굴복을 받아 낸 선생님은 석대와 시험지를 바꿔치기한 아이들을 불러냅니다.

"너희들은 당연한 너희 몫을 빼앗기고도 분한 줄 몰랐고, 불의한 힘 앞에 굴복하고도 부끄러운 줄 몰랐다. …그런 너희들이 어른이 되어 만들 세상은 상상만으로도 끔찍하다."

아이들은 선생님의 지시에 따라 차례대로 석대의 비행을 낱낱이 고해바칩니다. 뒤로 갈수록 목소리는 점점 커졌고 병태가 잘 모른다고 대답하자 아이들은 야유를 보냅니다. 선생님은 좋은 반을 만들기 위해 스스로 학급회의를 열어 임원을 뽑으라고 합니다. 아이들은 처음으로 자신의 의견을 담아 학급 자치 회의를 열었고, 반장 선거가 끝날 무렵 석대는 "잘해 봐, 이 새끼들아"라는 고함과 함께 문을 박차고 뛰쳐나갑니다.

반장 선거에서 병태는 무효표를 던집니다. 반 전체가 석대의 보이지 않는 손발이 되어 반을 위압하도록 만든 책임이 있기 때문입니다. 석대에게서 가장 많은 괴롭힘을 당한 자신마저도 비난에서 자유롭지 못하다고 생각해, 석대에 대해 아무 말도 하지 않습니다.

선생님의 격려 속에 근거 없는 자신감에 찬 아이들은 민주주의를 따르자며 앞으로 내달립니다. 한편에서는 석대와 함께했던 권위주의를 청산하지 못하고, 작은 석대를 꿈꾸는 아이들도 있습니다. 그 결과 새로 생긴 건의함에는 밀고와 모함이 넘치고 일주일에 한 번씩 임원들이 바뀌는 혼란이 계속됩니다. 선생님은 그저 지켜만 볼 뿐입니다. 학급이 정상화된 것은 한 학기가 지난 뒤였습니다.

병태의 반에서 혁명은 아이들 스스로 만든 것이 아닙니다. 새로 온 선생님이 만든, 외부로부터 주어진 혁명입니다. 결국 새로 뽑힌 임원들은 석대가 반장으로 있을 때 다른 아이들보다 더 많은 혜택을 누리던 아이들입니다. 그 아이들이 석대가 없는 곳에서 민주주의란 이름으로 다시 반장이 됩니다. 그래서 건의함에는 밀고와 모함, 비난의 투서가 넘쳐났던 것입니다. 민주주의에 대한 경험이 없이 밖으로부터 민주주의가 주어졌기에, 민주주의라는 자치제도가 자리를 잡기 위해서는 6개월이란 시간이 지나야 했습니다.

🌿 민주주의는 쉽게 뿌리내리지 않는다

대학을 졸업한 병태는 대기업에 취직하여 성공한 삶을 살았지만 사업에 실패하고 실업자가 됩니다. 그리고 문득 '엄석대'를 생각합니다. 이런 세상에서는 엄석대라면 틀림없이 어디선가 반장이 되었을 거라는 확신이 듭니다. 자신의 재능을 일부분 바치면 달콤한 혜택을 누릴 수 있던 과거가, 엄석대와 함께했던 5학년 교실이 그리워집니다.

강릉으로 가족 여행을 가던 날, 병태는 기차 안에서 석대가 사복형사에게 붙잡혀 끌려가는 장면을 봅니다. 그날 밤, 병태는 밤늦도록 술잔을 비우며 눈물을 한두 방울 떨어뜨립니다.

여러분, 전 세계 많은 나라들이 엄청난 피와 땀을 대가로 민주주의를 성취했습니다. 하지만 민주주의란 시민들이 성숙한 만큼 뿌리를 내리는 제도입니다. 그래서 민주주의가 제대로 정착하지 못하는 경우 옛날의 독재정치를 그리워하는 사람들도 생겨납니다. 실제 전 세계에서 민주주의 제도가 제대로 정착한 나라는 많지 않습니다. 민주주의가 가장 발달했다고 자부하는 미국조차 2021년 1월 6일, 대통령 선거 결과를 인정할 수 없다며 패배한 공화당 지지자들이 미의사당에 난입하는 사태가 벌어졌습니다. 민주주의가 때로는 얼마나 위태로울 수 있는지를 잘 보여 준 사건입니다.

여러분, 《우리들의 일그러진 영웅》은 현실의 편안함과 안락함을 위해 정의롭지 못한 개인과 집단에게 굴복하는 삶이 얼마나 위선적인 것인지를 보여 줍니다. 병태의 눈물을 이해는 하지만 인정할 수 없는 이유입니다. 철학자 플라톤은 민주주의를 어리석은 다수가 이끄는 정치라는 뜻에서 '중우정치'라고 비판했습니다. 하지만 민주주의는 우리가 수정하고 보완하여 가꾸어야 할, 현재로서는 최선의 길입니다. 위대하고 완벽한 철인 같은 왕을 기대하거나, 아니면 강력한 독재자에게 나라를 맡길 수는 없으니까요.

·2부·

철학

book 10

《반대 개념으로 배우는 어린이 철학》(1. 2편)

서로 다른 사람들이 어울려 살아가기 위해

오스카 브르니피에 | 미래아이 | 2008. 06. / 2011. 10

🌿 그림으로 철학을 설명하는 책

《반대 개념으로 배우는 어린이 철학》은 프랑스 철학자이자 교육학자인 저자가 프랑스 어린이들을 위해 쓴 책입니다. 어린이를 위한 철학 책이라니! 과연 토론을 좋아하는 프랑스답다는 생각이 듭니다.

이 책의 재미있는 점은 반대 개념 각각을 그림으로 보여 준다는 것입니다. '생각이 많은 사람'은 알록달록한 줄무늬 옷을 입고 있으며 그 앞에 놓인 의자는 부속 하나하나가 전부 다른 색으로 칠해져 있습니다. 반면에 '단순한 사람'은 옷도, 의자도, 배경도 모두 주황색 한 가지로만 되어 있습니다.

또 '정직한 사람'의 삽화에서는 인물이 노란색 장미꽃 한 송이를 들고 진지한 표정을 짓고 있습니다. 반면에 '교활한 사람'은 색안경을 낀 채 장미꽃 다발을 들고 웃으며 서 있습니다. 이렇게 그림만으로 반대 개념들이 바로 이해가 되기 때문에, 철학적 개념을 길게 설명하는 것보다 훨씬 쉽고 직접적으로 와닿습니다.

그럼, 글과 그림 모두가 매력적인 이 책을 더 자세히 들여다봅시다.

🌿 우리는 어린이 철학자

사회 수업 시간에 선생님이 갑자기 질문을 던집니다.

"여러분, '자유'의 반대가 무얼까요?"

학생들은 답을 찾기 위해 생각에 빠집니다. 자유란 말은 초등학생들은 누구나 다 아는 말입니다. 자유는 남에게 구속을 받거나 무엇에 얽매이지 않고 자기 뜻에 따라 행동하는 것입니다. 그러면 반대말은 무언가에 구속되고 얽매이는 것이겠지요. 생각해 보니 떠오르는 말이 있습니다. '구속', '억압', '규제'라는 개념이 떠오르네요. 다 맞습니다. 자유는 하나인데, 반대말은 여러 개가 나오네요. 그러면 자유에 반대되는 이 세 가지 개념들의 공통점은 무얼까요?

여러분은 다시 생각에 빠집니다. '자유'를 한 번 더 생각해 봅니다.

"자유란 우리가 좋아하는 것과 가야 할 곳 등을 '스스로 선택할 수 있음'을 말합니다."

그러면 자유의 반대말은 '스스로 선택할 수 없음' 아닐까요? 뭔가를 어쩔 수 없이 해야 하는 상황이 여기에 해당하겠지요. 학교생활이나 사회생활을 하다 보면 여러 가지 규칙을 따라야 합니다. 심지어 자연도 우리에게 자연법칙을 따르도록 합니다. '우리 스스로 선택할 수 없는 것'을 다른 말로는 '필연'이라 합니다.

"예? 그러면 '자유'의 반대가 '필연'이라고요? 필연의 반대말은 '우연' 아니에요?"

여러분은 '과연 그럴까?'라고 의심하면서 다시 깊은 생각에 빠집니다.

이렇게 생각을 이어가게 하는 학문을 철학이라고 해요. 그래서 철학을 '지혜에 대한 사랑'이라고 합니다. 어렵게 생각하지 마세요. '자유'와 그 반대 개념에 대해 깊이 생각했다면 여러분은 이미 철학을 하고 있는 셈입니다. 바로 여러분이 어린이 철학자입니다. 그래서 어린이 철학은 '사려 깊은 어린이를 위한 학문'입니다.

🌿 모두의 생각 vs. 나만의 생각

"우리는 홀로 객관적인 진리를 표현할 수 있을까요?"

"우리는 이성을 따라야 할까요? 아니면 감정을 따라야 할까요?"

"인간이 만든 문화는 자연을 극복할 수 있을까요?"

《반대 개념으로 배우는 어린이 철학》은 이렇게 질문으로 시작합니다. 어린이들은 항상 궁금해하고 알고 싶어 하기에 자주 질문을 하지요. 그 질문으로부터 어린이 철학은 시작됩니다. 한 가지 질문으로부터 반대되는 두 개념 사이의 관계를 생각하게 됩니다. 그리고 두 개념이 어떻게 서로 연결되는지를 보면서 생각의 깊이는 점점 넓어지고 깊어지는 것입니다.

그런데 이 질문들을 자세히 보세요. 짧은 문장이지만 여기에 엄청난, 정말로 중요한 사실들이 숨어 있습니다. 바로 이 개념들이 철학의 핵심 주제이자 논쟁들이거든요.

'우리는 홀로 객관적인 진리를 표현할 수 있을까요?' 이 말 속에는 '객관'의 반대말인 '주관'이라는 개념이 숨어 있습니다. 너무 어렵다고요? 아닙니다. 초등학생이 된 후로 여러분은 너무나 많이 들어 왔습니다. 선생님이 이렇게 얘기한 적 있지요.

"여러분, 이번 수행평가는 객관식 한 문제와 주관식 한 문제로 평가합니다."

맞아요, 여러분. 이때의 객관식과 주관식이 바로 '객관'과 '주관'을 말하는 것입니다. '모든 사람의 생각이 같거나 똑같이 말할 때' 객관적이라고 합니다. 주관적이란 '어떤 것을 두고 나 혼자 그렇게 생각하는 경우'를 말합니다. 그런데 '우리는 홀로 객관적인 진리를 표현할 수 있을까요?'라는 물음에서 '홀로'라는 개념 자체가 혼자인 '나'라는 존재를 말합니다. 나만의 개인적인 생각, 경험, 신념, 태도를 의미하지요. 그러니까 '나'는 철저하게 주관적인 존재입니다. 주관적인 '나'가 객관적인 진리를 표현할 수 있는가?를 묻고 있는 것입니다.

예전에 '지구는 돈다'라며 지동설을 주장하는 몇몇 과학자들이 있었어요. 그러나 당시에 대부분의 사람들은 지구가 우주의 중심이라는 천동설을 믿었기 때문에 이 과학자들의 이야기를 '주관적 생각'으로 매도하며 미치광이라고 비웃었지요. 지금은 그 미치광이 과학자들의 주장이 '객관적 진리'로 인정받습니다.

때로는 주관적 진리가 객관성을 인정받기도 합니다. 어떤 음악가나 시인이 자신의 주관적 감정과 감상이 담긴 작품으로 사랑과 슬픔을 멋지게 표현해 낼 때가 그렇죠. 이런 작품들은 사람들에게 감동을 주고 칭찬을 받습니다.

🌿 반대 개념으로 철학적 사고를 키우자

초등학교 1학년이 되면 국어나 수학 시간에 '높다'와 '낮다', '길다'와 '짧다' 등 쉬운 개념부터 배웁니다. 그런데 3~4학년 어린이들도 가끔 헷갈리는 것이 있어요. 바로 '작다'와 '적다'라는 개념입니다. 예를 들어 '키가 크다'의 반대말을 '키가 적다'로 표현하는 어린이들이 있어요. 일상에서 대화할 때는 이렇게 말해도 뜻이 통하기 때문에 잘못된 개념을 계속 사용하게 됩니다. 하지만 '많다'는 '양'을 비교하는 개념으로 그 반대는 '적다'입니다. '크다'는 '길이'를 비교하는 개념으로 그 반대는 '작다'입니다. 그러니까 '키가 적다'라는 말은 틀린 말이지요. '키가 작다'입니다.

교과서에 나오는 개념들을 보면 무언가 열심히 설명하려고 합니다. 부모님도 선생님도 그 개념을 여러 가지 예를 들어 설명하려고 하지요. 그런데 설명하려고 할수록 말이 점점 복잡해져서 오히려 어린이들은 더 헷갈릴 수도 있어요.

그럴 때 하나의 개념을 반대되는 개념과 같이 비교하면 훨씬 쉽게 이해됩니다. 여러분은 성장하면서 점차 추상적인 말들도 반대 개념을 통해 이해하곤 합니다. '마음', '능동', '원인'. 모두 추상적인 개념이어서 초등학생이 정의 내리기가 쉽지 않습니다. 그러나 '마음'의 반대 개념 '몸', '능동'의 반대 개념 '수동', '원인'의 반대 개념 '결과'를 함께 놓으면 쉽게 이해됩니다.

'몸'과 '마음'을 예를 들어 볼까요? 몸이란 살과 뼈로 이루어진 물질입니다. 마음은 물질이 아니며 우리를 사람답게 만듭니다. 마음은 몸이 없으면 존재할 수 없고, 몸만 있고 마음이 없으면 동물과 다를 바 없습니다. 몸이 아프면 마음 또한 편치 않습니다. 반대로 어떤 일로 마음속에 걱정이 많은 날은 하루 종일 몸도 힘들고 무기력해집니다. 몸과 마음의 조화와 균형이 필요한 이유입니다.

이렇게 반대 개념들은 독립적으로 존재하는 것이 아니고 동전의 양면과도 같이 서로 필요로 하고, 어느 한쪽이 없다면 존재할 수가 없습니다.

여러분, 이 세상 모든 생각과 사물에는 양면성이 존재합니다. 서로 반대되는 개념들을 이해하지 못한다면 창의적이고 비판적인 생각이 어렵습니다. 그리고 타인을 배려하는 생각도 하기 힘듭니다. 당연히 철학적인 사고도 어렵습니다.

🌿 친구야, 너를 인정해!

그러면 왜 우리는 철학적 사고를 해야 할까요?

인간은 단순하면서도 너무 복잡합니다. 어떤 사람은 이 세상을 긍정적으로 바라보며 다른 사람의 말도 쉽게 믿고 자기가 하고 싶은 대로 하고 살아갑니다. 그런데 어떤 사람은 이 세상을 불완전하다고 생각하면서 다른 사람의 말에 의구심을 가지고 항상 신중한 태도를 보입니다. 또 어떤 이는 변화를 싫어하고 안정된 삶을 살고자 합니다. 이런 사람은 경험을 중시하면서 변화를 추구하는 사람을 불안하게 바라봅니다.

예를 들어 이상주의자는 세상이 불완전하다고 생각하기 때문에 이 세상을 훌륭하고 아름답게 만들려고 합니다. 그래서 큰 목표에 대담하게 도전하며 인류의 발전에 기여하기도 하지만 자기의 생각과 반대되는 생각을 무시하는 경향을 보이기도 합니다.

반대로 현실주의자는 직접 확인이 가능하고 실제로 경험할 수 있는 현재의 일을 중시합니다. 그래서 자기가 경험한 것만 믿고 허황된 꿈은 꾸지 않기 때문에 중요한 것을 놓치는 경우가 있습니다.

인간은 사회적 동물입니다. 혼자서 살아갈 수는 없습니다. 다른 사람과 더불어 같이 살아가는 존재입니다. 그래서 항상 '나'가 아닌 '다른 사람'에 대해 서로 '같음'을 공감하고 '다름'을 인정해야 합니다. 인간의 성격은 너무나 복잡하기에 나와 같은 사람은 어디에도 없습니다. 여러분도 친구를 바라볼 때 그 속에 나와 같은 모습, 나와 다른 모습을 바라볼 수 있어야 합니다. 그리고 공감과 인정하는 마음으로 다른 사람의 손을 잡을 때 서로 즐겁게 어우러져 살아갈 수 있습니다.

• book 11 •

《42가지 마음의 색깔》

나의 감정 색깔은 몇 개일까?

크리스티나 누녜스 페레이라, 라파엘 R. 발카르셀 | 레드스톤 | 2015. 08.

슬프면 울 수 있어

"뚝! 사내대장부가 그렇게 아무 데서나 눈물 보이는 거 아니다!"

어릴 때 남자아이들이 아버지나 할아버지로부터 많이 듣던 말입니다. '슬픔은 속으로 참는 거다', '감정을 함부로 드러내지 마라'는 말은 알게 모르게 우리의 생각에 남아 있습니다. 그래서 자신의 감정을 드러내는 것을 부끄러워하는 친구들이 많습니다.

감정은 어떤 현상이나 사건을 접했을 때 마음에서 일어나는 느낌이나 기분을 말합니다. 여러분은 자신의 감정을 몇 개 정도 표현할 수 있나요? 사랑, 미움, 화남, 짜증, 슬픔, 기쁨, 부끄러움…. 열 가지 이상은 된다고요? 그러면 정말 대단한 것입니다. 이상하게도 우리는 우리의 감정을 드러내는 것에 인색합니다.

《42가지 마음의 색깔》은 아이들이 감정을 이해하고 표현하도록 돕기 위해, 꼬리에 꼬리를 무는 방식으로 감정을 표현한 책입니다. 42가지 감정을 그림 작가 22명의 그림과 함께 제시하여 끝말잇기처럼 재미있게 설명합니다. 마치 어릴 때 많이 불렀던 '원숭이 엉덩이는 빨개'라는 동요를 부르는 느낌입니다.

42가지 감정은 포근함에서 시작하여 사랑으로, 사랑의 반대인 미움으로 그리고 화로 이어집니다. 때로는 감정이 더 깊은 단계로 연결되기도 하고, 때로는 정반대 감정으로 튀어 나가기도 합니다. 이렇게 꼬리에 꼬리를 문 감정 여행의 마지막은 '감사'로 끝이 납니다.

자, 우리도 감정의 여행을 시작해 볼까요?

🌿 우리를 강하게도 약하게도 만드는 감정, 사랑

처음 '포근함'부터 시작합니다.

할머니의 품처럼 따뜻하고, 새끼 양의 털처럼 보드라운 기분, 갓 빨래해서 말린 이불처럼 폭신한 기분. 책은 '포근함'을 이렇게 설명합니다.

왜 포근함부터 시작했는지 곰곰이 생각해 보니 '할머니의 따뜻한 품'에서 답을 얻을 수 있을 것 같네요. 엄마의 품도 물론 포근하지만 엄마는 '우리 잘 되라'고 잔소리도 많이 하잖아요. 가끔 야단도 치고요. 그런데 할머니는 항상 우리를 "아이구 내 새끼." 하면서 보듬어 줍니다. 엄마가 야단칠 때 우릴 감싸 주기도 하고요. 그래서 할머니 품은 편안하고 따뜻합니다. 편안하고 따뜻한 마음이 사랑을 부른답니다.

사랑은 어쩌면 모든 감정 중에서 가장 강력한 감정일지도 모릅니다. 내가 사랑하는 대상을 지키기 위해서라면 우리는 누구보다도 강해지니까요. 그런데 한편으로 우리는 사랑 때문에 어쩔 도리 없이 약해지기도 합니다. 사랑하는 사람이 나를 속상하게 할 때는 너무 마음이 아파서 눈물이 날 수도 있어요.

여러분, 누군가를 사랑해 본 적 있나요? 사랑은 부모와 자식 간의 사랑, 이성 친구에 대한 사랑, 동물에 대한 사랑도 있습니다. 사랑은 우리를 아주 강하게 하지요. 하지만 사랑은 우리를 한없이 실망시키기도 합니다. 내가 준 만큼 돌려받지 못하면 실망하지요. 그런 실망이 자꾸 쌓이면 '미움'이 조금씩 생깁니다. 그래서 사랑의 정반대는 '미움'이라고 하네요.

🌿 조심조심 다루어야 할 감정

포근함에서 사랑으로 향하는 길은 모두 따뜻합니다. 그런데 사랑에서 미움으로 향하는 마음 여행은 정반대의 감정이 함께하네요.

혹시 어떤 사람이 마음에 들지 않아서 자꾸 거슬렸던 경험 있나요? 그런 마음을 바로 '미움'이라고 합니다. 미움이 겉으로 드러나면 '화'가 될 수 있지요.

미술 시간에 꼭 준비물을 가지고 오지 않는 친구들이 있습니다. 그 친구에게 색연필, 물감, 붓, 가위 등 미술용품을 한두 번 빌려줍니다. 그런데 그 친구가 자주 준비물을 가지고 오지 않네요. 그리고 꼭 내가 빌려주어야 할 것처럼 굴어요. 어느 순간 내 마음속에 미운 마음이 자리잡습니다. 하지만 미운 마음만 들었지 내가 그 친구에게 말을 하거나 행동으로 표현하지는 않습니다. 표현한다면 화를 내는 거니까요.

'화'는 참 견디기 힘든 기분입니다. 뭔가 억울하다는 생각이 들 때, 마음속으로 화가 스물스물 비집고 들어오지요.

여러분도 친구 때문에 선생님에게 야단을 맞거나, 동생 때문에 엄마한테 혼났을 때처럼 억울한 경험이 있을 겁니다. '나는 잘못 없는데, 다 재 때문이야!' 하는 생각이 들 때면 마음속에는 평화가 깨지고 맙니다. 친구나 동생이 미워 죽겠습니다. 미워서 짜증이 나고, 결국 폭발합니다. 이렇게 '짜증'이 나는 순간을 잘 넘기지 못하면 때로 화가 됩니다.

"야! 너 때문이잖아!"

친구가 사과를 하면 쉽게 마무리될 수 있지만 끝까지 사과를 하지 않거나, 사과가 내 마음에 들지 않으면 싸움이 시작됩니다. 42가지 마음의 색깔 중에서 아마 가장 크게, 가장 자주 자신을 표현하는 감정이 바로 화인 것 같습니다. 하지만 "화는 생각을 못하게 만드는 감정"이라고 하니, 조심해서 다루어야 합니다.

🌿 희망은 열정을 낳고 열정은 신난다!

저기 아주 매력적인 감정, '희망'이 보이네요.

'희망'은 미래를 향해 품는 어떤 기대와 바람입니다. 희망을 품고 사는 사람들은 더 많이 웃고, 더 열심히 도전합니다.

희망이 없다면 여러분은 어떨 것 같나요? 희망이 없기에 열심히 노력하고 싶지 않고 미래를 계획하지도 않을 것 같습니다. 그래서 천천히 시들어 삶이 힘들어질 것 같아요. 어떤 철학자는 '내일 지구가 멸망하더라도 나는 오늘 한 그루 사과나무를 심겠다'고 했어요. 희망이 없다면 사람은 절망에 빠져 헤어나지 못할 것 같습니다. 희망을 가진 인간만이 미래를 계획하고 열정적으로 도전합니다.

'열정'은 우리 안에 잠들어 있던 무언가가 깨어나는 것입니다. 열정이 있을 때 우리는 뭐든 다 해낼 수 있을 것처럼 느낍니다.

여러분은 언제 가장 열정적인가요? 초등학생 때 남학생들은 그 더운 여름 뙤약볕 아래서 땀을 뻘뻘 흘리면서 축구를 합니다. 여학생들은 어떤가요? 아이돌 노래에 맞춰 칼 군무를 열심히 따라 합니다. 그럴 때는 피곤하지도, 지겹지도 않습니다. 왜 그럴까요? 신나기 때문입니다.

신이 날 때 우리는 긍정적인 생각과 힘이 흘러넘칩니다. 세상은 온통 즐거워 보이고, 어떤 도전도 이겨 낼 수 있을 것만 같습니다. 이렇게 신나는 기분을 어떻게든 표현하고 싶어지지요.

희망으로 가득 찬 열정, 열정에 겨워 추는 신나는 춤! 우리의 인생에 소중한 추억을 만들어 주는 소중한 감정입니다.

❀ 나의 감정에 감사를

여러분이 필요한 것을 모두 다 채우고 나면 만족스럽다는 생각이 들

거예요. '만족'하게 되면 마음속에서 그걸 자랑하고 싶은 욕망이 꿈틀거릴 겁니다. 왜 그럴까요? 인간은 사회적 동물이라 다른 사람의 눈을 많이 의식합니다. 즉, 타인으로부터 인정받기를 원합니다. 그래서 '자랑'이 하고 싶어집니다. 자랑은 뭔가에 대한 아주 높은 평가입니다. 그래서 나만 주인공이 되고 싶고 나만 칭찬받고 싶다는 이기적인 자랑이 아닌, 스스로가 훌륭해지기 위해 노력하여 다른 사람에게 인정받는 바람직한 자랑이어야 합니다. 바람직한 자랑은 나의 능력을 발견할 수 있게 하고 도전에도 당당히 맞설 수 있게 도와줍니다.

떳떳하고 당당한 나 자신을 마주하는 것은 큰 '즐거움'을 줍니다. 즐거움은 마음에 거슬림이 없이 흐뭇하고 기쁜 상태입니다. 그래서 우리가 하는 일에 싫증이 나지 않게 하고 삶에 활력을 줍니다.

즐거움에 가득 찬 삶을 살 수 있다면 얼마나 '감사'할까요? 이렇게 《42가지 마음의 색깔》은 '감사'의 감정으로 끝을 맺습니다. 감사는 다른 사람이 선물해 준 기쁨에 대해 느끼는 감정입니다. 감사하는 마음은 삶을 더 즐겁게 살 수 있도록 도와줍니다. 특히 하루의 순간순간을 채워 주는 나의 감정들에 감사할 수 있어야겠지요.

🌿 내 감정의 색깔은 몇 개일까?

여러분의 감정 색깔은 몇 개나 되나요? 학교에서 아침에 등교하는 아이들에게 '현재의 감정을 표현하는 스티커 붙이기' 활동을 한 적이 있습니다. 나의 감정을 표현해 보고, 친구의 감정을 읽고 '왜?'라는 대화를 나누어 보았습니다. 그런데 이상한 점을 하나 발견했습니다. 대부분의 아이들이 몇 가지 특정한 감정을 많이 사용한다는 점입니다.

'화', '짜증', '슬픔', '외로움', '기쁨', '행복'이란 단어였습니다. 당황스러운 기분이 들거나 불안한 마음, 그리고 자신에게 실망하는 감정도 '화난다', '짜증 난다'로 표현합니다. 반면 신나고 즐거운 감정, 자랑스럽고 만족스러운 감정은 '기쁨'이나 '행복'이란 감정으로 표현합니다. 그런데 약 한 달 정도 감정 스티커 활동을 계속한 결과, 친구들이 사용하는 감정 단어는 20개 정도로 더 풍성해졌습니다. 감정을 단어로 자주 표현하다 보니 감정의 색깔도 훨씬 풍부해졌고 다양해졌습니다.

"새들의 날개엔 깃털이 있지. 사람들에겐 단어가 바로 날개란다."

여러분, 이 말이 참으로 인상 깊게 다가옵니다. 내가 어떤 기분인지 똑바로 얘기할 때 상대방도 나에게 공감해 주고 나의 감정도 성숙해집니다. 현재 나의 감정을 말로 표현할 수 있을 때 친구도 나의 감정을 이해할 수 있습니다.

아침에 교실에서 매일 똑같은 한 가지 감정 스티커만 붙인다면 여러분은 하나의 공감만 얻을 수 있습니다. 다섯 개의 감정 스티커를 사용하면 다섯 개의 공감을 얻지요. 만약 내 감정을 42개, 혹은 그 이상으로 표현할 수 있다면 어떨까요?

• book 12 •

《철학자 클럽》

꼬리를 무는 질문을 따라 깊어지는 생각

🌿 크리스토퍼 필립스 | 미래아이 | 2003. 10.

🌿 닭이 먼저냐? 달걀이 먼저냐?

초등학생들에게 '닭이 먼저냐? 달걀이 먼저냐?'라는 질문을 하면 한 시간 내내 논쟁을 해도 답이 나오지 않습니다. 이 주제로 토론도 가능하고 비판적 글쓰기도 가능합니다. 그렇게 조금 더 깊이 들여다보면서 이 논쟁의 논리적 문제를 알게 됩니다.

닭의 원인은 달걀이고, 그 달걀의 원인은 닭이며, 또 그 닭의 원인은 달걀로 계속 거슬러 올라갑니다. 끊임없는 순환론에 빠지겠지요. 그러면 나중에는 '최초의 것'에 관심을 가지게 됩니다. 여기서 과학적 주제로 넘어갑니다. 태초의 새인 시조새, 또 그 새의 조상인 공룡까지 올라갑니다. 그리고 유전자, 변이, 진화, DNA와 RNA 같은 과학적 개념을 알게 되겠지요. 그런데 결국 이 문제는 철학적 문제로 발전하게 됩니다. 철학은 세계의 본질인, 궁극적인 원인이자 실체를 찾아내는 학문이니까요.

《철학자 클럽》은 어린이들의 호기심에 초점을 맞추어 10가지 질문으로 철학 문제를 풀어 나갑니다.

"맨 처음이 있을까? 맨 처음 닭이 있었을까? 맨 처음 달걀은? 맨 처음의 맨 처음은? 맨 마지막의 맨 처음은? 맨 처음은 모두 다 시작일까? 맨 마지막은 모두 다 끝일까?"

꼬리에 꼬리를 물며 질문하고 때론 답을 찾지만, 그 답이 다시 질문으로 돌아옵니다. 우리도 어린이 철학자가 되어서 이 질문의 대열에 한번 동참해 볼까요?

🌿 소크라테스 대화법

철학(philosophy)은 사랑(Philos)과 지혜(Sophia)의 합성어로, '지혜에 대한 사랑'을 의미합니다. 철학은 '왜?'에 대해 연구하는 학문입니다. 《철학자 클럽》에 등장하는 어린이 철학자들이 끊임없이 질문하며 스스로 답을 찾고 있습니다. 마치 소크라테스가 제자들과 나눈 '대화법'처럼 말입니다.

"나는 누구인가? 내가 왜 여기 있는가? 지혜를 어떻게 사랑할 수 있을까?"

흔히 소크라테스의 대화법을 산파술이라고 부릅니다. 산모가 아이를 낳도록 돕듯이, 상대방이 깨달음에 이르도록 끊임없이 질문을 던져 스스로 답을 찾도록 유도합니다.

> 소크라테스 : 정의란 무엇인가?
> 트라시마코스 : 강자의 이익이 정의입니다.
> 소크라테스 : 강자도 물론 사람이겠지?
> 트라시마코스 : 네.
> 소크라테스 : 그럼 강자도 실수를 하겠군.
> 트라시마코스 : 네.
> 소크라테스 : 그럼 강자의 잘못된 행동도 정의로운 것인가?
> 트라시마코스 : ….

이런 식이지요. 소크라테스는 제자들과 대화를 나누면서 그들이 알고 있는 것에 대한 신념이나 생각을 깨뜨립니다. 그리고 스스로 모른다는 것을 깨닫게 만듭니다. 상대방의 허점을 공격하는 것이 아니라, 상대방의 생각을 이끌어내는 것이 소크라테스의 대화법입니다.

🌿 중심에서 벗어난 것을 어떻게 대할 것인가?

《철학자 클럽》에 등장하는 아이들은 자유롭게 질문하고 자신의 생각을 마음껏 펼칩니다. 아이들이 자신의 의사를 표현할 수 있다는 건 서로를 동등하게 인정한다는 뜻입니다. 서로의 차이를 인정하고 다름을 포용

할 줄 알아야 다양성이 생깁니다.

다양성이 사라지고 하나의 가치만 강조할 때 서로의 차이를 인정하지 못하고, 다름은 배척하게 됩니다. 그러면 사람들은 서로 갈등하고 말과 행동에 힘이 들어가게 되지요. 이 작은 힘이 작은 폭력이 되고, 갈등이 해결되지 않으면 점점 커질 수도 있습니다.

폭력은 일부러 다른 사람을 다치게 하거나 물건에 상처를 내는 것입니다. 폭력이 벌어지는 경우, 폭력에 저항하거나 폭력의 원인을 제거하기 위한 또 다른 변화가 일어납니다. 변화한다는 것은 중심에서 벗어난다는 의미입니다. 공동체 사회에서 폭력이 일어나는 흔한 원인은 '중심적인 사고'가 있기 때문입니다. 어느 사회든 공동체가 유지되려면 그 사회를 이끌어 갈 중심적인 사고가 필요합니다. 그런데 그 중심에서 벗어난다는 것은 공동체 전체의 질서와 규율을 깨뜨리는 일입니다. 이때 마찰과 갈등이 일어날 수 있습니다.

예를 들어 학생들과 문화의 다양성에 대해 수업할 때 '성소수자 문제' 같은 경우 학교에서 수업하기 곤란할 때가 가끔 있습니다. 5학년 사회 교과서에 인권이 침해되는 사례에는 남·녀 성차별, 장애인 차별, 다문화 차별, 노인 차별 등만 설명하지 성소수자 차별에 대한 사례는 없습니다. 성교육을 할 때도 성소수자 문제는 빠지는 경우가 많습니다. 아이들과 교사의 가치관, 학부모들의 시선, 종교 단체의 시선 등이 뒤섞여 교사 스스로 수업을 검열하기 때문이지요.

자유와 민주주의가 발달한 현대 국가에서도 이런 성소수자 문제나 난민 문제, 종교 문제 등으로 갈등과 폭력이 숱하게 벌어지곤 합니다. 오랫동안 이어져 온 국가의 정체성과 전통이 다른 문화, 다른 가치관을 받아들이지 못해서 벌어지는 현상입니다. 한 사회가 소수자를 '다름'이 아닌 '틀림'이나 '질병'으로 보는 중심적 사고를 가진다면, 이것이 소수자에게는 폭력이 될 수 있습니다. 특히 중심적인 사고가 강할수록 반대편의 소수자들에게 폭력의 강도는 더 세게 다가올 것입니다. 그래서 공동체의 유지와 변화 사이에서, 조화를 이루는 관점과 능력이 필요합니다.

❀ 슬픈 행복 그리고 착한 거짓말

감정은 때론 복잡합니다. '행복하면서도 슬플 수가 있을까?' 어린이 철학자들은 어떻게 생각하나요? 내가 자란다는 것은 행복한 일입니다. 하지만 부모님은 늙어 가니까 슬픈 일이기도 합니다. 이렇게 행복과 슬픔은 동시에 일어날 수 있는 거지요.

휴가를 받은 직장인들은 휴가를 즐기는 게 행복하지만 하루하루 시간이 갈수록 점점 아쉽고 슬퍼질 수도 있습니다. 그러니까, 언젠가 행복이 끝날 것임을 알기 때문에 우리는 슬픕니다. '슬퍼서 행복한 것은 그리움'이라는 어떤 시인의 시가 떠오릅니다. 너무나 그리운데 만나지 못해 슬퍼하면서도, 그리워할 대상이 있기에 행복하다는 것입니다.

그럼 다음 질문으로 넘어가 봅시다. 진실과 거짓의 차이는 무엇일까요? '착한 거짓말'이 있을까요? 진실한 신념과 거짓된 신념이 따로 있을까요?

'신념'이란 어떤 사상이나 종교 또는 생각 등을 굳게 믿는 마음입니다. 그래서 신념을 가진 사람들은 이를 옳다고 믿고 자신의 가치관이나 좌우명으로 삼습니다. 그러나 생각이나 비판 없이 낡은 고정관념을 신념으로 착각하고 매달리는 경우도 있습니다.

나치 독일은 '유대인은 사악하며 돈밖에 모르는 열등한 유전자이기에 인류를 위해 제거해야 한다'며 거짓 선동을 합니다. 그리고 국민에 의해 총통이 된 히틀러는 600만 명의 유대인을 학살합니다. 당시 독일 국민에게 '유대인은 악마'라는 중심적 사고가 신념으로 자리 잡았던 것입니다. 이런 신념은 거짓보다 더 위험할 수 있습니다.

때로는 선의의 거짓말이 필요할 때도 있습니다. 선한 거짓말은 타인에게 해가 되지 않는, 전체를 위한 거짓말이지요. 그러나 아무리 선의의 거짓말일지라도 이것이 잦아지면 도덕 규범 자체를 망칠 수 있습니다. 거짓말이 습관화되고 아무도 책임을 지지 않게 되기 때문이지요.

🌿 마음의 작용일까? 뇌의 작용일까?

그러면 인간의 도덕, 마음, 이성은 어디에 있을까요? 마음과 뇌는 같은 것일까요? 뇌가 마음의 집일까요? 어린이 철학자들은 또 궁금해서 질문하기 시작합니다.

"오직 사람만이 마음을 가질 수 있는 것일까? 마음이 뇌 속에 있다면 뇌의 어디쯤 있을까? 마음이 가슴속에도 있을까?"

이 철학적 질문은 사실 역사가 깊습니다. 20세기 초까지는 이성과 정신을 마음의 한 작용으로서 몸(육체)의 반대 개념으로 보았습니다. 그러나 현대 과학의 발달에 따라 마음을 '뇌'의 작용으로 보기 시작하면서 뇌에 승리의 손을 들어주는 것 같습니다. 하지만 마음과 정신의 모든 활동을 뇌의 작용으로 보기에는 아직 '뇌'에 대한 연구가 더 필요할 것 같습니다. 또한 심리학의 발달로 마음에 대한 연구도 더욱 활기차게 진행되고 있습니다.

여러분, 《철학자 클럽》은 짧지만 강한 울림이 있습니다. 어린이 철학자들은 소크라테스의 후예답게 끊임없이 궁금해하고 질문합니다. 이 책은 초등학생들이 처음 철학을 접하기에 좋은 책입니다. 어린 학생일수록 궁금증이 많고 질문도 많이 합니다. 궁금하다는 것은 세계를 알고 싶다는 것이니까요.

여러분, 인간과 이 세계가 궁금한가요? 우리 마음과 뇌에 대해서는요? 그럼 질문하세요. 여러분도 어린이 철학자입니다.

• book 13 •

《그럴 수도 있고,
아닐 수도 있지》

혼자 힘으로 생각하는 법?
이것만 기억해!

🌿 댄 바커 | 지식공간 | 2013. 08.

🌿 아폴로 11호가 달에 가지 않았다고?

여러분, 인간이 달에 갔다는 사실을 알고 있지요? 과학책에는 우주인들이 아폴로 11호를 타고 달에 갔으며, 달에서 암석도 가져왔다고 설명합니다. 그런데 말이에요, 이런 상식을 믿지 않는 사람들이 의외로 많습니다.

미국의 케네디 대통령이 자신이 한 말을 지키기 위해, 그리고 당시 베트남 전쟁으로부터 시선을 돌리기 위해서 꾸며낸 일이라는 것이죠. 그래서 어느 사막에서 달 착륙 장면을 거짓 촬영했다고 주장합니다. 미국인의 20퍼센트나 되는 사람들이 이렇게 믿는다고 하니 놀랍습니다. 흔히들 이런 사람을 '음모론자'라고 합니다. 물론 이들의 주장이 사실인지는 알 수 없는 일입니다.

음모론자들만이 아니라, 어떤 일을 그냥 믿지 않고 항상 의심하는 사람들이 있습니다. 실제로 그런 의심 많은 사람들로 인해 역사나 과학이 발전하기도 합니다.

인간은 수천 년 동안 지구가 중심이고 하늘이 돈다는 천동설을 믿었습니다. 그러나 지금으로부터 500여 년 전 코페르니쿠스, 갈릴레오, 브루노 등 몇몇 과학자와 철학자들이 천동설에 의심을 품습니다. 이들은 여러 실험을 통해 태양이 중심이며 지구가 돈다는 지동설이 맞다고 주장합니다. 수많은 증거에도 불구하고 당시 기독교 중심의 서양에서는 이들의 이론을 받아들이지 않았고, 심지어 철학자 브루노는 지동설을 주장하다 화형을 당합니다. 그러나 이후 지동설이 과학의 중심에 서게 되고 지금은 과학적 사실이 되었습니다.

여러분, 우리는 하루에도 수많은 경험을 합니다. 어떤 사람들은 보이는 대로 그냥 믿는 반면에, 어떤 사람들은 믿기 전에 반드시 의심을 합니다.

댄 바커 작가의 《그럴 수도 있고, 아닐 수도 있지》는 주인공 안드레아가 유령이 있다는 친구들의 말에 '의심'을 가지고 하나하나 따져 가며 사실을 확인하는 내용입니다. 이 이야기를 통해서 우리는 어떤 사실을 믿기 전에 이것저것 의심해 보는 '합리적 회의'와, 과학적 사고로 안내하는 '사고의 원칙'을 배우게 됩니다.

여러분도 유령이 있는지 없는지 함께 증명을 해볼까요?

철학

🌿 친구 동생이 유령을 봤대!

안드레아는 낯설고 이상한 이야기를 들으면 믿기 전에 먼저 '이게 사실일까?'하고 의문을 품습니다. 그런데 친구들이 토미네 집에 유령이 있다고 합니다. 특히 빌리는 토미 여동생 완다가 부엌에서 유령을 봤으며, 유령이 접시를 마구 집어던졌다고 합니다. 빌리가 직접 본 사실은 아니므로 안드레아는 의심부터 합니다.

그런 안드레아에게 빌리는 "유령이 없다고 생각하니?"라고 묻습니다.

"글쎄? 있을 수도 있고, 없을 수도 있지."

지금 안드레아는 자신의 입장을 정확히 말하지 않습니다. 확인하기 전에는 '있다' '없다'를 말하지 않는 거지요. 토미는 잠결에 무언가 시끄러운 소리를 들었다고 합니다. 안드레아는 잠을 자면서 소리를 듣는다는 것은 이치에 맞지 않다고 생각합니다. 그건 꿈일 수도 있기 때문이죠. 더군다나 그 소리가 유령이 내는 소리라는 증거도 없으니까요.

그러자 토미는 동생 완다가 유령을 보았다며 자기에게 오늘 아침에 얘기했다고 합니다. 안드레아는 그 소리 또한 토미 엄마나 아빠가 내는 소리일 수 있다고 의심합니다. 완다에게 직접 물으니 밤 12시쯤 부엌에서 시끄러운 소리가 났고 그때 유령을 보았다고 합니다.

안드레아가 완다에게 유령이 어떻게 생겼는지 묻습니다.

"유령은 눈에 안 보이잖아, 그거 몰랐어? 접시들이 마구 날아다니는 걸 내 눈으로 봤어."

완다는 유령을 직접 보지는 않았다고 합니다. 안드레아가 계속 질문하자 완다의 얘기가 조금씩 달라집니다. 완다는 어제저녁에 접시를 선

반에 올려놓았는데 밤에 다시 가 보니 접시가 식탁에 있었다고 합니다.

"접시가 몽땅 식탁으로 옮겨졌니?"

"아니, 접시 하나랑 컵, 그리고 컵 받침만."

"그럼, 유령도 못 보고 접시가 날아다닌 것도 못 본 거네."

"시끄러운 소리가 났다니까! 그럼, 접시가 식탁으로 옮겨진 걸 어떻게 설명할 거야?"

그런데 완다의 엄마가 잠자기 전 밤 10시에 차와 파이를 먹었다고 합니다. 접시가 날아다닌 것은 아니네요. 하지만 아직 한 가지 의문점이 남았습니다. 완다가 밤 12시에 이상한 소리를 들었다고 했기 때문이죠. 그때 완다의 아빠가 완다와 친구들을 마당의 지하실로 부릅니다. 그 속에는 어제 이사 온 너구리 가족들이 있었습니다.

이제 안드레아와 친구들은 모든 걸 알게 되었습니다. 그런데 완다는 아무것도 증명이 안 된다며 자신은 분명히 유령 소리를 들었다고 주장합니다. 친구들도 '이 사건이 해결되었다고 해서 유령이 전혀 없다는 뜻은 아니다'라고 하는군요.

그런 친구들에게 안드레아는 말합니다. "맞아, 그럴 수도 있지, 아닐 수도 있고!"

🌿 의심된다면 증명해 봐

여러분, 유령이 진짜 있을까요? 여러분은 유령이 있다고 믿나요? 안드레아 말처럼 있을 수도 있고, 없을 수도 있을까요? 사실 안드레아의 이

철학

말은, 의심이 증명되지 않을 경우 믿으면 안 된다는 뜻입니다.

어떤 사람은 초능력이나 텔레파시, 염력, 유체이탈 등 특별한 힘과 능력으로 다른 사람이 할 수 없는 일들을 자신은 할 수 있다고 합니다. 어떤 사람은 미래를 예언하기도 합니다. 막대기로 땅속의 물을 찾는 수맥 찾기, 별을 보고 미래를 점치는 점성술, 주술이나 기도로 병을 치유한다는 신앙요법, 공중에 몸을 띄우는 공중부양을 할 수 있다는 사람들도 있습니다.

하지만 안드레아 같은 사람은 증거가 충분하지 않으면 믿지를 않습니다. 그래서 기적을 믿지 않지요. 당연히 천사나 악마, 유령을 믿지 않고 질병, 홍수, 지진 등을 신이나 악마가 하는 일이라고 생각하지도 않습니다. 이런 현상들은 모두 자연의 법칙으로 이해하지요.

🌿 과학의 여섯 가지 법칙

자연의 법칙은 과학으로 설명이 가능합니다. 여섯 가지 법칙만 잘 지킨다면요.

첫 번째 법칙은 '확인하라'입니다. 어떤 진실이 있다면 그것이 참인지, 거짓인지 스스로 확인할 수 있어야 합니다. 계속된 질문으로 안드레아는 유령의 정체가 참인지 거짓인지 알아냈습니다. 그렇게 질문도 해보고 과학적 도구인 망원경, 현미경, 레이더, 음파 탐지기, 온도계, 확대경, 컴퓨터, 책을 이용해서 직접 사실 여부를 확인해야 합니다.

두 번째 법칙은 '다시 한번 확인하라'입니다. 검사나 실험이 정확하다면, 다시 검사나 실험을 반복해도 똑같은 결과가 나와야 합니다. 한 번의 실험으로 결론을 도출하는 것은 위험합니다. 두 번, 세 번 확인하는 절차가 더 확실한 검증이 되지요.

세 번째 법칙은 '그게 틀렸다는 것을 증명해 보라'입니다. 어떤 사람은 '그게 옳다'는 것만 계속 증명하려 합니다. 그러나 과학자는 '그게 틀렸다'는 것도 증명하려고 하지요. '모든 까마귀는 검다'를 증명하기 위해서는 반대로, 단 한 마리라도 검지 않은 까마귀를 발견한다면 저 주장은 거짓이 됩니다.

네 번째 법칙은 '단순하게 하라'입니다. 불필요한 설명을 없애라는 것입니다. '물체는 아래로 떨어진다'는 주장에 대해, 보이지 않는 새가 있어서 물체를 아래로 민다고 해봅시다. 그러면 보이지 않는 새가 있는 걸 어떻게 알며, 어째서 새가 우는 소리는 나지 않는지, 그 새는 어디에서 왔고 왜 모든 물건이 떨어질 때마다 곁에 있는지를 설명해야 합니다. 이건 복잡한 설명입니다.

그러나 '중력'이란 개념은 아주 설명이 간편합니다. 중력은 한 사물이 다른 사물을 끌어당기는 힘입니다. 모든 물체는 중력을 가지고 있습니다. 사과보다 지구가 더 세게 당기기 때문에 사과가 지구로 떨어지는 것입니다. 이 설명은 아주 단순하고 명확합니다.

다섯 번째 법칙은 '이치에 맞아야 한다'입니다. 이것은 일관성 또는 논리가 있어야 한다는 말입니다. 어떤 사람이 밤에도 태양이 빛나는 것을 봤다고 한다면 이치에 맞을까요? 그건 누가 봐도 논리적으로 문제가 있어 보입니다.

여섯 번째 법칙은 '정직하라'입니다. 가장 중요한 과학의 법칙입니다. 2010년쯤 한국에서 한 과학자가 유전자 복제에 관한 중요한 실험에 성공했다며 국제학술지에 논문을 실었습니다. 그 뒤 실험 조사에서 이것이 거짓으로 드러났고 한국의 유전공학은 국제 과학계로부터 신뢰를 잃고 규제와 제약을 받았습니다. 과학실험에서 거짓이란 엄청난 범죄임을 보여 준 사건입니다.

🌿 아폴로 11호는 달에 갔다고!

아폴로호의 우주 비행사가 가져온 382그램의 달 암석에는 유리 결정체가 있습니다. 지구에 있는 유리 결정체는 빨리 파괴되지만 달 암석에서 추출한 유리 결정체와 운석으로 떨어진 유리 결정체들은 형태가 온전하게 남아 있다고 합니다. 미국은 당시 경쟁국이었던 소련을 포함한 135개 국가들과 실험을 공유했습니다. 그 뒤, 아폴로 11, 12, 17호가 가져온 흙에서 식물 재배에도 성공하여 아폴로 11호의 달 착륙은 사실로 증명되었습니다.

여러분, 누군가 어떤 이야기를 믿어 달라고 한다면 '예'와 '아니오' 중 어떤 말을 해야 할까요?

만약 앞의 여섯 가지 과학 법칙을 잘 지켰다면 '예', '아니오' 둘 중 어떤 대답을 선택하든 괜찮습니다. 하지만 분명하지도 않고 과학의 법칙을 따르지 않았다면 "난 잘 몰라." 이렇게 답하는 게 좋습니다.

여러분, 500년 전 데카르트는 '나는 생각한다. 그러므로 나는 존재한다'고 했습니다. 의심을 통해 우리의 감각, 수학의 공리, 악마의 존재까지 의심하고서 남은 완전한 사실은 '의심하는 자기 자신'이었습니다. 그래서 모든 철학자나 과학자들은 '합리적인 회의론자'일 수 있습니다.

이제 여러분도 안드레아처럼 혼자 힘으로 생각하는 방법을 알게 되었을까요? 이것만 기억하죠. 참인지 거짓인지 확실하지 않을 경우, 진실이 밝혀질 때까지 '그럴 수도 있고, 아닐 수도 있지'라는 자세로 기다려 보는 겁니다.

철학

book 14

《자유가 뭐예요?》

무엇이든 될 수 있는 자유, 그만큼 무거운 자유

🌿 오스카 브르니피에 │ 상수리 │ 2008. 08.

🌿 자유란 무엇일까?

4학년 국어 시간에 "너희들이 자유롭다고 생각하니?"라고 물어 본 적이 있습니다.

"학교 가야 되죠, 학교 마치면 학원 가야 되죠. 우리에게 자유란 없어요. 매일 이거 해라, 저거 해라 잔소리 듣는데 자유가 어디 있어요."

"얘들아, 그러면 어른들은 자유롭다고 할 수 있을까?"

"네. 우리는 아직 어리다고 어른 말 들어야 한다면서 어른들은 마음대로 하잖아요. 결국 강자만 자유로운 거예요."

아이들의 볼멘소리를 듣다 보면 '자유'라는 개념이 쉽지 않다는 걸 알 수 있습니다. 자유의 사전적 의미는 '남에게 구속을 받거나 무엇에 얽매이지 않고 자기 뜻에 따라 행동하는 것'입니다. 결국 자유를 논하기 위해서는 '자기 뜻에 따라 행동하는 나'와 '구속하거나 얽매이게 하는 타인(대상)'이 있어야 하겠네요.

《자유가 뭐예요?》는 여느 어린이 철학처럼 수많은 질문으로 여러분의 생각을 끄집어내려고 합니다. 질문 속에 가끔 정답을 주기도 하지만 그 정답조차 다음 질문을 위한 것입니다. 얇은 책이지만 결코 가볍지 않습니다. 여섯 가지 주제의 큰 질문 속에 수없이 많은 작은 질문들이 들어 있어서 철학적 사고를 하게 합니다.

🌿 새와 인간, 누가 더 자유로울까?

우리는 원하는 건 무엇이든 다 할 수 있어야 자유롭다고 생각합니다. 내가 무엇을 원하는지 알고 또 간절히 바라는 경우, 보통은 그것을 할 수 있습니다. 하지만 인간의 자유는 여러 가지 이유로 한계를 가집니다.

먼저 인간은 신체적, 환경적 한계로 인해 자유롭지 못합니다. 새처럼 날고 싶다는 욕망을 이루기 위해 인간은 비행기를 만들어 꿈을 실현합니다. 새와 다른 점이 있다면, 인간은 정해진 시간과 공간 속에서만 하늘을 날 수 있습니다. 공항에 몇 시간 전에 도착해야 하며 항공 노선에 따라 움직여야 하죠. 새처럼 자유롭지 못합니다. 그러면 여러분은 "새는 자유롭나요?"라고 질문을 하겠지요.

새가 하늘을 나는 것은 본능입니다. '자유'란 그것을 느끼고 의미를 아는 대상에게만 적용됩니다. 인간은 자유를 선택할 수 있지만 새는 선택할 수가 없지요. 그러면 새가 자유롭다고 할 수 있을까요? 새와 인간 중, 누가 더 자유로울까요?

🌿 내 자유를 조금 포기한다는 것

자유를 스스로 억제하는 사람도 있습니다. 시합을 앞둔 운동선수가 체중 조절 때문에 맛있는 음식을 조금만 먹는 경우도 있습니다. 우리 친구들도 달콤한 사탕을 원 없이 먹고 싶지만, 이빨이 썩을까 무서워서 조금만 먹고 참는 경우가 있지요. 마음은 간절히 원하지만 몸은 참는 것입니다. 우리 생각만큼 몸이 자유로운 것은 아니군요.

때로는 다른 사람 때문에 내 자유를 포기할 때도 있습니다. 인간은 사회 속에서 다른 사람과 함께 살아가는 존재이기 때문입니다. 그래서 부모님과 선생님은 언제나 우리를 위해서 지도하고, 잔소리와 간섭을 하기도 합니다. 지도와 간섭을 받는 것은 진정한 자유는 아닙니다.

또 어떤 경우, 우리는 다른 사람을 배려하기 위해서 그 사람을 따라야 한다고 느낄 때가 있습니다. 나는 A를 선택하고 싶은데, 친구들이 모두 B를 선택하면 내 자유를 포기하기도 하지요. 이렇게 다른 사람들이 때때로 나의 자유에 방해가 되기도 하는군요.

그런데 생각해 봅시다. 부모님이나 선생님의 간섭을 내가 성장하기 위한 도움이라고 받아들인다면? 나와 함께하는 친구를 서로 인정하고 믿는다면? 이때의 '자유'는 또 다른 의미가 될 수 있습니다.

함께 살아가기 위해 내 자유를 조금 포기하는 것은 결국엔 나의 더 큰 자유를 누리기 위해 훈련하는 것은 아닐까요? 그럴 때 비로소 여러분은 '자율적'으로 행동하는 사람이 될 수 있습니다.

🌿 어른이 되면 자유로울까?

여러분은 언제 자기 삶의 주인이 될까요? 어른은 정말 어린이보다 훨씬 더 자유로울까요?

　어른들은 가고 싶은 곳, 먹고 싶은 것, 입고 싶은 것들도 마음대로 할 수 있습니다. 일일이 부모님에게 허락받고 적은 용돈을 받는 어린이들로서는 부러울 따름입니다.

　실제로 여러분이 성장할수록 할 수 있는 일이 훨씬 많아집니다. 놀이동산에서 키 때문에 못 타는 놀이기구도 없어집니다. 밤늦게 집에 들어와도 괜찮고, 옷이나 신발도 비싼 것을 마음대로 고를 수 있어요. 용돈도 많아집니다.

　그러나 그만큼 인생에서 책임져야 될 것들이 많아집니다. 어른으로 대접받는다는 것은, 자신의 일을 스스로 결정하고 책임도 져야 한다는 의미입니다. 직장 문제, 가정 문제, 사회생활 등 모든 것이 그렇습니다. 그 책임의 강도도 훨씬 세집니다. 아무도 대신해 주지 않습니다. 자신이나 가족을 위해 혼자서 힘든 결정을 내릴 일도, 혼자서 울어야 할 때도 많아집니다. 어른이 된다는 것은 늘어나는 자유만큼 책임감도 훨씬 커지는 겁니다.

　그래서 어른들도 가끔은 어른이 된다는 게 싫을 수 있습니다. 사회적

　　　　　　　　　　　　　　　　　　　　　　　철학

구속과 책임감 때문에 자유롭지 못하다고 느끼기도 합니다. 그래서 누군가는 이렇게 말합니다.

"어린이가 자신의 삶을 책임지기 위해 자라야 하는 것처럼, 어른은 세상과 인생에 대해 자유로운 시선을 갖기 위해서 어린 시절을 떠올려야 한다."

어른이 되기 위해 여러분은 지금부터 내 주위에서 일어나는 일에 대해 책임을 가질 필요가 있습니다. 우리가 성장한다는 것은 책임을 하나씩 가진다는 말입니다. 그럴 때 여러분은 진짜 어른이 되어 자기 삶의 주인이 될 수 있습니다.

🌿 자유는 당연한 것이 아니야

어떤 사람들은 몸을 가둬도 정신은 구속할 수 없다고 말합니다. 예를 들어 볼까요?

감옥에 있는 죄수도 자신의 상황을 받아들이고 희망을 간직한다면 자유로울 수 있습니다. 물론 신체의 자유가 없어서 뭔가 계획을 세우고 실천할 수는 없습니다. 하지만 감옥에서도 얼마든지 상상하고, 생각하고, 꿈도 꿀 수 있습니다.

실제로 독재나 전체주의에 맞서 몇십 년을 감옥에 살면서도 자신의 생각이나 사상을 더욱 발전시킨 사람들이 있습니다. 노벨평화상 수상자인 넬슨 만델라 남아프리카 공화국 대통령은 인종차별 정책에 맞서 흑인들의 인권과 자유를 위해 싸우다 27년간 감옥살이를 합니다. 감옥에서 그는 자유와 인권에 관한 책을 집필하는 등 자신의 사상을 더욱 발전시켰습니다. 신체를 구속하는 감옥이 정신까지 구속하지는 못하니까요.

우리는 학교에서 자유는 인간의 권리 중 하나라고 배웁니다. 당연히 모든 사람은 자유로울 권리를 가지고 있습니다. 인간은 태어날 때부터 자유를 가지고 태어납니다.

그런데 그렇게 당연한 자유가, 어떤 이에게는 사치품이거나 꿈 같은 일일 수도 있습니다. 가난하고 배우지 못한다면 우리는 자유로울 수 없습니다. 지구상의 많은 가난한 국가에서는 에너지와 식량, 의료와 교육 부분에서 제대로 된 혜택을 받지 못합니다. 이는 기본적인 자유권을 누리지 못하는 것입니다.

어떤 곳에서는 '자유' 그 자체를 제한받기도 합니다. 대부분 전체주의 국가나 독재국가에서 이런 일이 발생합니다. 우리나라도 오랫동안 군사정권의 독재 치하에서 민주주의를 위해 싸웠던 때가 있습니다. 그래서 어떤 이들은 '자유는 피를 먹고 자란다'고 표현하기도 합니다. 어느 곳에 살든, 인간은 언제나 자신의 자유를 위해서 싸워야 합니다. 왜냐하면 자유는 권리인 동시에, 의무도 따르기 때문이지요.

🌿 자유를 사용하는 법

우리는 행복해지기 위해 자유를 사용하며, 또 새로운 생각을 찾는 데 자유를 사용합니다. 그래서 자유는 꿈을 이루고 행복한 삶을 위해서 꼭 필요합니다.

철학자 사르트르는 인간은 그냥 우연히 태어나서 미래를 향해 세상에 내던져진 존재라고 말합니다. 그래서 자신의 존재를 세계 안에서 스스로 창조해 나가야 합니다. 스스로 무엇이든 될 자유가 있다는 거지요. 사르트르의 말처럼 인간은 '자유롭도록 선고받은 존재'입니다. 어떤 것의 도움도 없이, 끊임없이 자신을 스스로 선택해야 합니다. 그 선택은 오로지 자신의 책임입니다.

여러분, 조금 어렵지만 사르트르라는 철학자가 멋지지 않나요? 인간에게 '자유'의 날개를 달아 준 것 같습니다. 그리고 무거운 책임도 주어지는군요. 갈매기가 하늘을 나는 것은 자유가 아닙니다. 또 갈매기가 잘못 비행하거나 사냥꾼 총에 맞거나, 포식자에게 잡아 먹히는 것이 갈매기의 책임은 아닙니다. 동물은 본능에 충실한 존재일 뿐입니다. 그것이 바로 사람과 동물의 다른 점입니다.

진정한 자유를 느끼고 경험해 보지 못한 사람이 생각하는 '자유'와, 생생한 현실 속에서 자유를 위해 싸운 사람이 생각하는 '자유'는 분명 차이가 있습니다. 여러분은 지금 주어진 자유를 항상 고민해 보고 지키려고 노력해야 합니다. 자유를 잃으면 모든 걸 잃으니까요.

• book 15 •

《올망졸망 철학 교실》

세상을 보는 눈이 자라나는 30가지 질문들

🌿 안-소피 실라르 | 이숲 | 2014. 08.

🌿 다수결이 최고야?

사회 시간에 '다수결의 원칙은 옳은 것인가?'라는 주제로 토론을 한 적이 있습니다.

"체육 시간에 뭘 할지 결정할 때는 다수결이 최고야. 애들마다 하고 싶은 게 달라서 결정을 못하니까. 다수결이 시간도 절약되고 좋은 방법이야."

"그럼 숫자가 많은 쪽이 무조건 이기잖아. 우리 반은 남자가 두 명 더 많아. 항상 축구만 해. 이건 공평하지 않아."

"그럼 어떡해? 선생님이 결정할까? 아님 가위바위보? 그럼 다수가 피해를 보잖아."

어떡하지요, 여러분? 우리는 무엇을 정할 때 흔히 다수결로 합니다. 그러나 그게 정말 옳은 결정일까요? 사실 다수결의 방식은 장점이 아주 많습니다. 다수가 찬성하는 것이므로 불만이 없습니다. 무엇보다 결정하는 데 시간이 절약되지요. 하지만 다수결로 결정했다 해도 '다수'가 선택했다고 보기는 애매한 경우도 있습니다.

100명의 사람이 A, B, C 후보자 가운데 한 사람을 선택해야 합니다. A를 35명, B를 33명 C를 32명이 선택했습니다. A가 결정되었군요. 그런데 사실 A가 받은 표는 35표입니다. A를 찬성하지 않는 표가 65표입니다. A가 대표가 되기에 문제가 없을까요? 후보자가 많을수록 대표성을 띠기가 더 어려워집니다. 대안은 없을까요?

아이들은 다음날 여러 가지 대안을 찾아옵니다. 1차에서 과반 득표자가 없을 때 1, 2위를 대상으로 하는 결선투표제, 모든 후보자에게 점수를 주고 점수를 합산하여 당선자를 뽑는 보르다 투표, 후보자 모두가 서로 맞대결을 해서 가장 많이 이긴 사람을 뽑는 콩도르세 투표, 가장 최소 득표자를 하나씩 제거하면서 당선자를 뽑는 최하위 소거법 투표 등 다양한 대안이 있습니다. 그런데 이 대안들도 문제는 있습니다. 시간과 비용이 너무 많이 드는 거지요.

여러분, 인간은 쉬운 길을 두고 왜 어려운 길, 까다로운 길을 찾으려 할까요?

그것은 이 모든 결정들이 우리의 삶과 직결되기 때문입니다. 나의 선택 하나가 나뿐만 아니라 우리 사회, 나아가 국가의 운명을 결정지을 수 있기 때문이죠. 그래서 우리는 많이 따져 보고, 많이 질문하고,

많이 고민해야 합니다.

《올망졸망 철학 교실》은 어린이들이 궁금해하는 30개의 질문으로 철학적 성찰을 이끌어냅니다. '왜 내 것을 남과 나눠야 하죠?' '시간이 뭐죠?' '정상이란 무엇이죠?' 등 때로는 황당하거나 '너무 얕은 질문 아니야?' 하는 생각이 들기도 합니다. 그러나 이 질문들은 결코 가볍지 않습니다. 모두 수준 높은 철학적 질문입니다.

여러분, 어린이에게 철학이란 그 질문 대상이 주위에 있는 것들이어야 합니다. 《올망졸망 철학 교실》은 무엇보다 재미있고 간결합니다. 어린이가 주위를 돌아보며 스스로 질문을 던지고 그 질문에 대한 여러 가지 대답을 서로 비교하면서 자기의 생각을 정립하도록 합니다.

🌿 어떻게 나누어야 공평할까?

모두 함께 어울려 살려면 나누는 법을 배워야 합니다. 하지만 나누기는 쉽지 않습니다. 어떤 사람은 자기가 많이 차지하려고 하고, 어떤 사람은 역할에 따라 차등으로 나누기를 원합니다. 또 어떤 사람은 모든 조건을 무시하고 똑같이 나누기를 원합니다.

어떻게 나누면 좋을까요?

농촌의 작은 학교에서는 전교생이 모여 다모임을 합니다. 가끔은 1학년부터 6학년이 함께 모여 생일파티를 하기도 하지요. 생일 케이크 네 개가 있습니다. 전교생은 모두 16명입니다. 네 명씩 한 모둠으로 앉아서 케이크를 나눕니다. 어떤 모둠에서는 크기를 똑같이 나누느라 작은 조각 여러 개로 케이크를 잘랐지만 만족스럽지는 않습니다. 어떤 모둠에서는 네 조각으로 나눈 뒤 가위바위보로 이긴 사람부터 먼저 가져갔습니다. 맨 나중에 가져간 사람에게는 가장 작은 조각이 돌아갔지만, 공정한 게임을 거쳤기 때문에 아무런 불만이 없습니다.

그런데 한 모둠에서 특이한 방법을 사용했습니다. 대표 한 사람을 뽑아서 이 친구가 케이크를 네 조각으로 나눕니다. 그리고 대표인 친구는 맨 나중에 남은 한 조각을 가져가기로 합니다. 이렇게 되면 대표를 맡은 친구는 아주 신중할 수밖에 없습니다.

나이 차이가 나고 몸집 차이가 날 경우, 케이크를 공평하게 나누는 것은 더욱 쉽지 않습니다. 양을 정확히 똑같이 나누는 것만이 아니라, 각자에게 필요한 만큼을 주는 것이 공평하기 때문입니다. 그런데 '필요한 만큼'이란 기준도 각각 다릅니다. 그래서 회사나 사회, 국가에서는 어떻게 분배하는 것이 공평한지 매년 시끄럽게 싸우면서 고민하고 있습니다.

그런데 여러분, 진정한 나눔은 마음에서 우러나와야 합니다. 무엇보다도 나보다 남을 먼저 생각하는, 배려하는 마음이 있어야 합니다. 실제로 세상에는 자기 것을 희생하면서 나눔을 실천하는 사람들이 많이 있습니다. 그런 사람들 때문에 이 사회가 더 따뜻해지는지 모릅니다.

🌺 세상에서 가장 행복했던 나라에 벌어진 일

여러분, 무엇이 우리를 행복하게 할까요? 사람은 누구나 행복하게 살고 싶어 합니다. 하지만 사람마다 행복에 대한 생각이 다릅니다. 사랑하는 사람과 함께 즐겁게 지낼 때, 선물을 받았을 때, 새로운 것들을 발견할 때, 돈을 많이 벌었을 때 등 자신이 추구하는 것과 일치하면 행복할 수 있습니다. 남을 돕거나, 자유롭다고 느끼거나, 멋진 그림을 그릴 때 행복을 느낄 수도 있지요. 무엇보다 꿈꾸던 것을 이루었을 때 누구나 행복을 느낍니다.

2011년 유럽신경제재단(NEF)은 세계에서 가장 행복지수가 높은 국가로 '부탄'을 선정했습니다. 부탄은 히말라야 산맥에 있는 입헌군주 국가입니다. 국민 대부분이 농업과 목축업에 종사하며, 산업이 발달하지 못하여 세계에서 가난한 국가에 속합니다. 그런 부탄에 사는 사람들이 선진국이나 부자 나라 사람들보다 훨씬 행복하다고 조사된 것입니다. 그런데 불과 10년이 지난 2019년 세계 행복지수 발표에서, 부탄은 156개국 중에 95위를 차지했습니다.

여러분, 왜 갑자기 세계 1위의 행복 국가가 95위로 떨어진 것일까요? 10년 동안 부탄에서는 무슨 일이 일어났을까요? 사실 그 시기에 부탄에 정치적으로 큰 변화는 없었습니다. 단 하나 달라진 게 있다면 인터넷이 발달했다는 것입니다. 인터넷과 스마트폰으로 인해 부탄 사람들은 전 세계 잘 사는 사람들과 자신들을 비교하기 시작했습니다. 과거에는 비교 대상이 없었기에 자신의 삶에 만족했는데 이제는 부탄이 가난한 국가이며 자신들도 가난하여 많이 누리지 못하는 것을 알게 된 것입니다.

삶에서 미리 정해 놓은 행복의 비결은 없습니다. 행복은 삶을 바라보는 방법에 달렸거든요. 행복해지려면 좋은 시선으로 좋은 방향을 바라보아야 합니다. 그리고 무엇보다 바로 곁에 있는 행복을 발견할 줄 알아야 합니다. 행복을 먼 곳에서 찾거나, 다른 사람과 비교해서 찾는다면 그건 진정한 행복이 아닙니다.

🌿 기술과 인권이 나란히 나아가도록

기술이 발전하면 우리는 행복하고 더 잘살 수 있을까요? 기술이 발전하면 새로운 기술과 장비로 사람들과 더 쉽게 소통할 수 있습니다. 위험한 상황에서 구조를 요청하기도 쉽지요. 기술이 발전한다는 것은 우리의 삶이 훨씬 편리해진다는 것을 의미합니다. 물건도 대량으로 생산되기에 훨씬 싸게 살 수가 있어요. 의학이 발전해서 불치의 병도 고칠 수 있고 사람들의 평균 수명도 늘어나지요.

몇십 년 전만 하더라도 여학생들은 추운 겨울에 차가운 얼음을 깨고 빨래를 해야 했습니다. 그때는 집에 세탁기가 없었기 때문이죠. 남학생들은 산에 나무를 하러 가고 그랬답니다. 지금처럼 기름이나 가스로 보일러를 사용할 때가 아니었거든요. 그리고 보면 과학기술의 발전이 우리의 생활을 굉장히 편하게 만들어 준 것은 사실입니다.

그러나 과학기술의 발전으로 항상 좋은 일만 생기는 것은 아닙니다. 자동차나 공장에서 나오는 매연은 대기를 오염시킵니다. 또 새로운 과학기술로 대량 살상 무기들이 개발되어 지구촌은 더 위험해지고 있습니다. 무엇보다도 기술 발전으로 모든 나라, 모든 사람이 혜택을 볼 수 있는 것이 아닙니다.

UN아동권리협약을 보면 어린이는 착취로부터 보호받을 권리, 교육이나 생존 및 발전을 위한 권리 등이 있다고 말합니다. 그런데 전 세계 어린이들 모두가 여러분처럼 학교에 다니고 행복하게 놀이터에서 뛰어놀까요?

지금도 아프리카 몇몇 국가의 광산에서는 학교도 가지 못한 어린이들이 손으로 광물을 캐고 있습니다. 어느 아시아 국가에서는 네 살짜리 어린이가 카펫 농장에 팔려 가 일합니다. 여러분이 운동장에서 차면서 노는 축구공을 10살도 채 안 된 어린이들이 만들고 있습니다. 이 아이들이 돈을 벌어야만 가족이 하루 먹고 살 수 있습니다.

이렇게 모든 사람이 혜택을 볼 수 없다면 발전해 봤자 무슨 소용일까요? 결국 그 발전이란 것이 불평등만 심화시킨다면 발전을 멈춰야 할까요? 인간은 언제나 새로운 것에 끌리기 때문에 발전을 멈추기는 어렵습니다. 우리가 할 일은 국가적 연대와 사회적 연대를 통해 기술의 발전을 골고루 누릴 수 있도록 노력하는 것입니다.

희망은 뜻밖에도 국가나 국제기구가 아닌 민간 기업에서 보여 줍니다. 전 세계에 글을 모르는 문맹 아동이 2억 5,000만 명 있고, 학교에 가지 못하는 아이들이 6,000만 명이 넘습니다. 미국 민간 기업이 주최한 '글로벌 러닝 엑스프라이즈' 대회에서, 한국인이 대표인 기업 '에누마'가 태블릿 앱만으로 학교에 가지 못한 아이들을 가르치는 프로젝트로 우승을 했습니다. 학교를 못 가는 아이들이 글자를 익히고 수를 배워 계산할 수 있게 하는 일입니다. 기술의 발전이 또 우리에게 희망을 주는군요. 이처럼 기술의 발전과 기본적 인권이 함께 나란히 나아가도록 여러 나라가 연대하고 힘을 쏟아야 합니다.

🌿 규칙을 지키는 일부터 시작

우리의 인권과 자유를 보장받기 위해서 크게는 나라 사이의 연대가 필요하지만, 작게는 우리 스스로 정당한 것과 부당한 것에 대해 알아야 합니다. 이것을 '정의'라고 합니다.

겉으로 정당해 보이지만, 실제로 그렇지 않은 경우가 있습니다. 앞에서 말한 나이나 몸집, 하는 역할에 대한 고려 없이 케이크를 똑같이 분배하는 경우지요. 또 '전체' 때문에 '개인'이 부당한 일을 당할 때도 있습니다. 교실에서 친구가 물건을 잃어버렸을 때, 예전에는 교실에서 단체 기합이란 것을 실시했어요. 선생님은 범인이 스스로 자수하기를 바라면서 전체 학생들에게 벌을 주겠다고 겁을 주는 거지요. 이것은 정당한 일은 아닙니다. 그러나 그때 아무도 이런 일은 부당하다고 선생님께 말을 하지 못했습니다. 그 상황이 당연하다고 잘못 생각한 거지요.

여러분, 옛날부터 사람들은 모두가 평화롭게 살아가기 위해 세상을 더 정당하게 가꾸는 규칙을 꾸준히 만들어 왔어요. 게임을 할 때도 규칙이 필요하고, 같이 일하거나 토론할 때도 규칙이 필요합니다. 회사를 운영하거나 국가를 운영해도 규칙과 법에 맞게 운영합니다.

그러나 규칙과 법만 지킨다고 세상이 정의로워질까요? 이에 대한 답을 찾기 위해 지금까지 수많은 철학자나 사상가들이 '정의'에 대해 고민하고 연구하여 이론을 만들고 인간 사회에 실험을 했습니다. 그 어떤 이론과 사상도 완벽하지 않았고, 그래서 많은 학자들은 지금도 수정을 거듭하며 '정의와 공정'에 대해 고민하고 있습니다.

여러분은 지금부터 정당한 것과 부당한 것을 구분할 수 있는 능력을 키워야 합니다. 가장 먼저 할 일은, 규칙을 지키는 태도를 가지는 것입니다. 그리고 그 규칙이 여러분과 친구들 모두에게 정당한지를 파악해야 합니다. 정당하다면 계속 지켜야 하며, 만약 부당하다면 토론과 협의를 거쳐 수정해야 합니다. 이것이 정의로운 사회의 출발입니다.

철학

• book 16 •

《세상에서 가장 쉬운 철학책》

알쏭달쏭 철학의 세계,
살짝 발을 담가 볼까?

우에무라 미츠오 | 비룡소 | 2009. 06.

🌿 어려운 철학? 살짝 맛만 봅시다

선생님이 도서관에서 우연히 정말 재미있는 책을 발견했습니다. 만화가 들어가 있고, 글자 수도 적은 철학책입니다. 이 책은 다섯 명의 철학자를 소개하는데요, 그 다섯 명이 모두 보통이 아닙니다. 그 사람들이 누구냐하면요, 여러분이 알면 아마 놀랄 겁니다.

그들은 서양 철학을 설계한 플라톤, 근대 철학의 시작을 알린 데카르트, 현대 철학의 문을 연 칸트, 거꾸로 선 철학을 바로 세운 마르크스, 철학을 인간 실존의 문제로 제기한 사르트르입니다. 이게 뭐가 재미있냐고요? 도대체 무슨 말이냐고요? 여러분, 그래서 재미있다는 거예요.

수십 권의 책으로 소개해도 모자랄 대철학자들인데도 《세상에서 가장 쉬운 철학책》에서는 몇 줄 정도로 간단하게 설명합니다. 딱 핵심만 골라서 초등학생들이 이해하기 쉽게 썼어요.

이 책이 만들어진 사연이 있습니다. 저자인 우에무라 미츠오가 어느 날 서점에 들렀는데 음식을 소개하는 책 옆에 헤겔 입문서가 있었다고 합니다. '오랜만에 헤겔이라도 읽어 볼까?' 하는 마음에 책을 샀는데, 철학을 전공했는데도 이해가 가질 않았다고 해요. 자존심이 상하고 화가 나서 책을 던졌답니다. 그때 '세상에서 가장 쉬운 철학책'이라는 아이디어가 떠올랐다네요.

여러분, 철학책들은 어렵습니다. 개념도 어렵고, 이론도 어렵고, 사상도 어렵습니다. 그런데 이 책은 다섯 명의 철학자들을 아주 짧고 쉽게 소개합니다. 살짝만 알아 가도 엄청난 세계를 이해할 수 있습니다. 그러니 살짝 맛만 보자고요. "철학이 쉽네!"라고 외칠지도 몰라요.

🌿 서양 철학의 설계자 플라톤

플라톤의 원래 이름은 아리스토클레스입니다. 그리스어로 '플라톤'은 '어깨가 넓다'라는 말인데 별명이 이름이 되어 버렸습니다. 플라톤은 아테네 명문 집안 출신으로 정치를 할 수도 있었으나, 스승 소크라테스가 반역을 저질렀다는 모함으로 독배를 마시고 죽자 정치를 접고 철학의 길을 선택합니다. 이후 아카데미를 설립하여 아리스토텔레스 등 많은 제자를 양성하고 《국가》, 《크리톤》, 《메논》, 《향연》 등 30여 권의 철학 명저를 남기며 서양의 학문과 정신에 커다란 영향을 미칩니다.

플라톤 철학의 핵심은 '이데아'입니다. 이데아는 다양한 현상(현실 세계) 너머에 있으면서 그 현상들을 가능하도록 하는 본질입니다. 작가 미츠오의 설명으로 접근해 볼까요?

여기 삼각형, 사각형, 원의 도형을 그려 봅시다. 세 도형을 보면 여러분은 어느 것이 삼각형인지 쉽게 알 수 있습니다. 그리고 이 그림을 지워 버립니다. 방금까지 있었던 그 도형들은 영원히 사라졌습니다. 두 번 다시 똑같은 것은 그릴 수가 없습니다. 그리고 다시 삼각형을 그립니다. 좀 전에 그렸던 삼각형과는 다릅니다. 손으로 그리다 보니 삐뚤삐뚤하여 정확한 삼각형은 아닙니다. 그래도 우리는 이것을 원이 아니라 삼각형이라고 판단할 수 있습니다.

왜 우리는 이 도형을 삼각형이라고 바로 판단할 수 있을까요? 그건 우리가 삼각형이란 무엇인지 알고 있기 때문입니다. 우리가 알고 있는 진정한 삼각형의 모습, 그것이 이데아입니다. 처음 그렸던 도형들이 이제는 어디에도 없듯이, 현실에 존재하는 것은 언젠가는 없어집니다. 그래도 이데아는 없어지지 않습니다. 그래서 이데아야말로 진실로 존재하는 것입니다. 현실에서는 모든 것이 변하고 불안합니다. 그러나 이데아는 영원불변의 참된 존재입니다.

어렵나요? 이렇게 생각해 보죠. 여러분, 지금 머릿속에 고양이를 떠올려 보세요. 머릿속 고양이를 생각하며 종이에 고양이를 그려 봅시다. 다양한 고양이들이 그려질 거예요. 머릿속에 떠오른 고양이가 이데아입니다. 이데아를 생각하며 그린 다양한 고양이들은 이데아의 복사품

이죠. 여러분이 고양이 이데아를 알고 있기에 고양이를 그릴 수 있는
거죠.

🌿 마지막까지 의심한 끝에 남은 한 가지

플라톤의 이데아 사상은 기독교에서 '신'으로 대체되며 중세 기독교 교
리를 세우는 데 핵심적 역할을 합니다. 중세 시대는 자유로운 인간, 이
성적인 인간은 없었으며 오직 신의 의지만이 존재했습니다. 그러다 동
로마 제국이 멸망하고 고대 그리스·로마의 철학과 문학, 예술작품들이
유럽으로 넘어오면서 유럽은 르네상스 시대로 접어듭니다. 르네상스
는 학문과 예술에서 인간 중심으로 돌아가자는 것입니다. 신 중심에서
인간 중심으로 세계관이 바뀌게 됩니다.

데카르트는 절대적으로 확실한 진리를 찾고자 했습니다. 그래서 모
든 것을 의심했습니다. 먼저 인간의 감각을 의심합니다. 시각, 청각, 후
각, 미각, 촉각은 오해나 착각을 자주 합니다. 물이 든 컵 속의 빨대는
꺾여 보이지만 실제 꺾인 것은 아닙니다. 감각은 확실한 진리를 주지
못합니다.

다음으로 내가 살고 있는 이 세상은 어쩌면 꿈이 아닐지 의심합니다.
우리는 가끔 꿈인지 생시인지 헷갈리는 경우가 있습니다. 그러면 수학
의 공리는 어떨까요? 삼각형의 세 각의 합은 180도입니다. 1 더하기 1
은 2가 됩니다. 수학은 확실히 믿을 수 있는 것 같지만, 데카르트는 이
또한 전능한 신이 인간을 속이는 것은 아닌지 의심합니다. 의심하고 의

　　　　　　　　　　　　　　　　철학

심하여 모두 버렸지만 하나 남은 것은 바로 지금 '내가 의심하고 있다'
는 사실입니다. 의심하는 나는 지금 생각하고 있는 존재입니다.

"나는 생각한다. 그러므로 나는 존재한다."

데카르트의 이 한마디로 2,000년간 인간의 밖(세계)에서 진리를 찾
으려는 고전 철학은 종지부를 찍고 인간의 내부(인식)에서 진리를 찾으
려는 근대 철학이 시작됩니다.

🌿 칸트가 말하는 '마음의 소리'

칸트 이전까지 인간과 세계는 서로 객관적으로 존재했습니다. 여러분
의 눈앞에 있는 책, 필통, 거울 등을 보세요. 여러분의 생각과 상관없이
존재하고 있습니다. 그런데 대상을 신, 우주, 종교, 진리 등으로 확대해
봅시다. 있다고는 하는데 보이지 않습니다.

칸트는 대상을 '본래 모습(사물 그 자체)'과 그 대상의 '현상(인간이 관찰
가능한 겉모습)'으로 나눕니다. 여기서 중심이 되는 것은 관찰자입니다.
관찰자가 보는 것은 그 대상의 현상, 그러니까 크기, 색깔, 모양 등이지
대상의 본래 모습은 아닙니다. 인간은 그저 겉모습만을 인식한다는 것
입니다. 대상의 본래 모습은 인간이 알 수 없습니다. 이성의 한계입니다.

그래서 알 수 없는 '사물 그 자체'는 철학의 대상이 아니라고 합니다.
신과 우주, 종교, 절대적 진리 같은 것을 배제해 버리니, 이제 철학은 날
개를 달고 새로운 철학으로 나아갑니다. 칸트에게 있어 이성을 지닌 인
간은 무엇이 진리인지 알 순 없어도, 무엇이 선한 행동인지 본능적으로

(선천적으로) 알고 있습니다.

예를 들어 볼까요? 우리가 의자에 앉아 버스를 타고 가는데, 나이 든 할머니가 버스에 오르면 우리는 일어나 자리를 양보합니다. 누가 시키지 않았는데도 말이지요.

"제가 자리를 양보한 까닭은 그렇게 하라는 마음의 소리를 들었기 때문입니다. 그렇게 명령한 사람은 바로 나 자신입니다. …그래서 인간은 자유로운 존재입니다."

칸트의 철학이 위대한 이유가 여기에 있습니다. 자리를 양보한 행동은 교육받아서가 아니라 선천적으로 알기 때문이라는 것입니다. 이것이 이성적인 인간이라면 누구나 가지고 있는 '도덕법률'입니다. 도덕법률은 목적이나 결과와 관계없이 그 자체가 선이기 때문에 '~해야 한다', '~하면 안 된다' 같이 무조건 지켜야 할 도덕적 명령(정언 명령)입니다. 칸트의 도덕률은 현대 철학에서도 여전히 영향력을 발휘합니다. 여러분, 지금 UN(국제연합)이나 EU(유럽연합) 같은 국제기구는 '세계 정부'라는 칸트의 사상에서 나온 아이디어입니다.

🌿 철학으로 세상을 변화시키려 하다

마르크스 이전의 모든 철학들은 세상에 대해 이렇다, 저렇다 해석만 했습니다. 하지만 마르크스는 세계를 변혁하려 했습니다. 그는 모든 인간이 인간다운 생활을 하는 사회, 지배하는 사람도 지배당하는 사람도 없는 평등 사회를 만들어야 한다고 주장했습니다.

노동은 사람의 본질을 표현하는 창조적인 과정이지만, 자본주의 사회에서는 사람들이 노동을 하고도 자신이 생산한 것을 갖지 못한다고 마르크스는 비판했습니다. 이를 조금 어려운 말로 '노동으로부터의 소외'라고 합니다.

예를 들어 스마트폰을 생산하는 공장에서 일하는 노동자가 있습니다. 공장을 소유한 고용주는 노동자를 싼값에 고용해서 스마트폰을 생산하려고 합니다. 노동자들이 만든 스마트폰 한 대의 가격이 200만 원인데 노동자의 한 달 급여가 100만 원이라면 그 노동자는 자신이 만든 스마트폰을 살 수가 없습니다. 이것을 노동 소외라 부릅니다.

인간은 노동을 가치 있고 재미있는 활동으로 여기도록 태어났지만, 정작 자본주의 사회에서 자본가는 주인이 되고 노동자는 착취당합니다. 이런 관계가 지속된다면 자본주의는 어쩔 수 없이 망하고 공산주의나 사회주의가 될 것이라고 마르크스는 생각했습니다. 여기서 공산주의는 모든 국민이 평등하게 나눠 갖는 것을 목표로 하는 경제 체제를 뜻하고, 사회주의는 사회 전체의 이익을 중요시하는 사상을 말합니다. 마르크스의 사상은 크게는 공산주의나 사회주의 국가, 작게는 노동 현장에서 여전히 전 세계적으로 영향력을 발휘하며 살아 움직이고 있습니다.

※ '나'는 내가 선택하는 것

"실존이 본질에 앞선다."

이 말은 프랑스 철학자 사르트르가 한 말입니다. 사르트르는 인간의 본질보다 실존, 즉 지금 여기에 존재하고 있다는 사실 그 자체를 중요하게 여겼습니다.

여러분, 손에 연필을 한 자루 들어 보세요. 연필의 본질은 무엇을 쓰기 위한 도구입니다. 쓰기 위한 도구로서 길이와 굵기, 무게, 재질이 정해져 있지요. 이 연필은 초콜릿으로 만들 수도 없고, 전봇대처럼 크게 만들 수도 없습니다. 만약 신이 있어 여러분의 본질을 연필처럼 미리 정해 놓았다면 어떨까요? 여러분은 자유가 없는 규정된 존재로 살아가야 합니다. 한낱 물건에 지나지 않는 거지요.

사르트르의 철학은 여기서부터 시작합니다. 인간은 우연히 태어난 존재입니다. 이 세상에 던져진 존재입니다. 그래서 인간은 스스로 만들어 가야 합니다. 매일 여러 가지를 결정하고 선택함으로써 스스로 만들어 가고 있어요. 삶을 살아가면서 '무언가'가 되는 것입니다. 그래서 우리의 실존 자체가 의미 있는 것입니다.

여러분, 이 얼마나 멋진 말인가요. 사르트르의 표현대로 여러분은 이 세상에 무의미하게 태어났어요. 그러면 여러분은 스스로 의미 있게 만들면 됩니다. '나'가 이미 존재합니다. '나'는 살아가면서 나와 관련된 것에 대해 선택하고 결정합니다. 매일 선택과 결정을 스스로 하고 있고 그 과정에서 '나' 스스로 성장하고 있는 거지요. '실존이 본질에 앞선다'는 사르트르의 말이 맞네요.

🌿 삶의 무기가 되는 철학

《세상에서 가장 쉬운 철학책》은 제목처럼 쉽습니다. 내용도 아주 짧지요. 그냥 편안히 앉아서 술술 읽으면 됩니다. 다섯 명의 철학자들의 이름과 그들이 한 말만 기억해도 여러분은 대철학자들에 대해 아는 체를 할 수 있습니다. 원래 철학은 그렇게 시작해서 차츰 한 단계씩 올라가는 거지요.

그리고 또 한 가지, 철학자들이 '왜 이런 생각을 했을까?' 고민해 보세요. 고민은 우리가 몰랐던 것을 일깨워 주곤 합니다. 그때 '아.' 하는 탄식이 나오지요. 마치 플라톤이 말한 '동굴의 우상'을 떨치고 나올 때처럼 말입니다.

정보가 넘쳐나는 지금 시대에는 지식과 정보를 정확히 해석할 수 있는 힘이 있어야 합니다. 그 힘은 내가 지킬 가치를 판단하고 선택하여 실천할 수 있는 힘을 말합니다. 그래서 철학은 삶의 무기가 될 수 있습니다. 세상을 새롭게 볼 수 있는 눈이 더 넓은 앎의 세계로 이끌어 줍니다. 그 새로운 길을 먼저 찾는 사람이 시대를 이끌어 가는 것입니다.

• book 17 •

《철학자들의 말 말 말》

우리 세계를 해석하고 표현하는
위대한 철학자들의 한마디

🌿 소피 부아자르 | 주니어김영사 | 2014. 06.

🌿 신은 죽었다

아이들이 만화로 된 '니체' 책을 놓고 '신의 죽음'에 대해 언쟁을 벌이고
있습니다.

"니체가 '신은 죽었다'라고 했는데, 신이 왜 죽어? 신은 죽을 수 없는
거잖아?"

"그리스 신화에는 신들 죽어. 우라노스는 크로노스에게 죽고, 크로
노스도 제우스에게 죽고."

"죽으면 신이 아니지. 신은 영원불멸해야지. 아마 다른 뜻이 있을 거
야."

니체에 대해 잘 모르더라도 '신은 죽었다'라는 말은 들어 본 친구들

이 많을 거예요. 니체의 철학을 이 한마디로 설명할 수 있다면, 그것만으로도 대단한 일입니다. 철학자 니체가 '신은 죽었다'라고 했을 때 여기서 신은 서양의 '이성 중심 세계관'이 될 수도 있고, 또 말 그대로 '기독교적 신'이 될 수도 있습니다. 니체는 철학이나 종교, 도덕, 이념 등에 사망 선고를 내리고 '지금 현실'에 충실하라고 말합니다. 위험에 도전하고 자신의 삶을 살라는 거지요.

다른 철학자들의 유명한 말도 많습니다. 소크라테스의 '너 자신을 알라', 사르트르의 '나는 생각한다. 고로 존재한다', 베이컨의 '아는 것이 힘이다'. 다 어디선가 들어 본 말이지요? 거대한 사상을 하나로 압축한 이런 말에 호기심을 가지고 접근만 해도, 여러분은 철학의 문을 열어젖힐 수 있습니다.

《철학자들의 말말말》은 철학자들의 말을 통해 우리가 꼭 알아야 할 철학을 '한마디'로 소개합니다. 이 책의 가장 큰 장점이 이야기식으로 이해하기 쉽게 접근한다는 것입니다.

그럼 여러분, 철학자들의 한마디 말 속으로 들어가 볼까요?

🌿 아는 것이 힘이다

"네 자신의 무지를 절대 과소평가하지 마라."

영국의 경험주의 철학자 프랜시스 베이컨이 한 말입니다. 스스로 똑똑하다고 자만하지 말고 항상 배움의 자세로 공부하여 지식을 쌓으라는 뜻입니다. 경험주의 철학은, 인간은 백지상태로 태어나며 수많은 경험이 쌓여 인간의 지식을 형성한다고 보았습니다.

갓 태어난 아기는 주위 사물에 대해 모르지요. 기어다니며 물고 빨고 만지고 하면서 사물을 인식합니다. 걷게 된 후로는 점차 사물의 정체와 쓰임새를 알게 되지요. 시각, 청각, 촉각, 미각, 후각의 오감을 통해 사물이나 대상을 인식하는 것입니다. 아는 것이 힘이 되는 거지요.

의사가 되기 위해서는 인간의 신체에 대해 많이 알아야 합니다. 그래서 많은 공부가 필요합니다. 의대에 진학해서 대학 공부 6년, 인턴 1년, 레지던트 수련 후 전문의 과정 등을 받습니다. 이 긴 기간 동안 많은 지식을 쌓고 생명을 다루기 위해서 철저하게 수련합니다. 의사는 분명 아는 것이 힘! 맞습니다.

화학자도 마찬가지입니다. 화학 성분을 전부 알고 있어야 약, 비료, 화장품 등 인간에게 필요한 많은 것을 만들 수 있습니다. 새로운 아이디어가 떠오르면 실험실로 가서 실험하고 실제로 응용을 해봅니다. 그런 수많은 실험과 시도 속에서 지식이 쌓여 훌륭한 화학자가 됩니다.

🌿 만인의 만인에 대한 투쟁

유람선이 침몰하는 사고실험을 해봅시다.

침몰하는 배에서 살아남은 사람들은 무인도에 도착했고 무인도에는 약간의 음식만 있을 뿐입니다. 이들은 서로 살아남기 위해 자신만의 규칙과 힘에 의존합니다. 이끌어 줄 지도자도 없는 상태에서 음식을 차지하기 위해 목숨을 건 싸움이 벌어집니다. 서로가 적이 되었고 누가 나를 공격할지 몰라 두려움과 공포에 휩싸입니다.

마치 전쟁과도 같은 상황입니다. 그래서 사회철학자 홉스는 이렇게 말합니다.

"인간은 공동의 힘에 규제되지 않으면 전쟁 상태에 놓이게 된다."

홉스는 인간은 태어날 때부터 평등과 자유를 자연권으로 가진다고 주장합니다. 그런데 각자가 모두 자연권을 무한히 추구하면 자연 상태, 즉 국가도 법도 없는 야생의 상태가 되어 '만인의 만인에 대한 투쟁'이 일어난다고 합니다.

그렇기에 개인의 안전과 평화를 보장받기 위해 자신의 권리를 양도하는 사회계약을 맺어야 한다고 합니다. 이 사회계약에 따라서 국가는 절대적인 주권, 즉 공동의 힘을 가지게 됩니다. 그리고 개인은 그런 국가에 복종해야 합니다.

홉스의 이런 사회계약론은, 시민이 아닌 군주에게 주권이 있다고 설명하기 때문에 절대주의 국가의 이론적 배경이 됩니다. 시민 전체가 동의해야 한다는 점에서는 민주주의의 초석을 놓았지만, 절대적인 힘을 가진 국가를 등장시켰다는 점에서는 전체주의의 씨앗도 함께 뿌렸습니다.

🌿 우리는 똑같은 강물에 두 번 들어갈 수 없다

모든 것은 변합니다. 인간은 하루하루 자라고 강인해지다가 어느 순간 서서히 늙어 갑니다. 계절도 봄, 여름, 가을, 겨울이 꼬리를 물고 계속 변합니다. 봄이라고 매년 똑같지 않습니다. 작년에 핀 새싹과 꽃들은 올해와 다르지요. 그렇듯이 우리는 똑같은 강물에 두 번 들어갈 수 없습니다. 물은 흘러가 버리니까요.

헤라클레이토스가 살던 BC 500년에는 철학자들의 관심이 자연 세계였습니다. 자연철학자들은 흙, 물, 공기, 수, 원자 등 변하지 않는 것을 근거로 자연을 이해하려고 했습니다. 그중에서도 헤라클레이토스는 만물의 근원이 '불'이라고 보았고 만물은 끊임없이 변하며 흐른다고 말했습니다.

우리가 아는 확실한 것은 오직 경험밖에 없으며, 인간의 감각이 경험한 세계는 시간 속에서 계속 변하면서 생성과 소멸을 반복합니다. 우리가 물에 두 번째 발을 담갔을 때 강물은 이미 다른 강물이며, 우리 자신도 이미 다른 자신이라는 것이지요. 헤라클레이토스의 이런 생성과 변화의 사상은 현대의 다른 철학자들에게 많은 영감을 주었습니다.

🌿 클레오파트라의 코가 좀 더 낮았더라면

클레오파트라는 동생인 프톨레마이오스 13세와 결혼해서 이집트의 공동 통치자가 됩니다. 당시 이집트는 로마에 속한 것이나 마찬가지 처지였기에 클레오파트라는 로마의 장군 카이사르의 연인이 되어 동생을 몰아내고 이집트의 여왕이 됩니다. 그러나 카이사르가 암살되자 안토니우스와 옥타비아누스 간의 권력투쟁이 벌어집니다. 이때 클레오파트라는 안토니우스와 정치적 동맹을 맺고 옥타비아누스와 맞섭니다.

철학자 블레즈 파스칼은 클레오파트라의 코가 조금만 낮았더라면 세계의 역사는 달라졌을 것이라고 말합니다. 그랬다면 안토니우스는 클레오파트라에게 반하지 않았을 것이고, 악티움 해전에서 옥타비아누스에게 패배하지 않았겠지요. 로마나 이집트의 운명도 달라졌을 것입니다. 클레오파트라를 마지막으로 이집트 왕국은 멸망했고, 로마도 공화정이 무너지고 황제 체제로 바뀌게 됩니다. 어떤 역사학자들은 클레오파트라가 이집트를 로마로부터 살려야 했기에 어쩔 수 없는 선택을 한 것이라고도 합니다.

역사에 '만약'이라는 단어가 자주 등장하는 것은 아쉬움 때문입니다. 하지만 역사도, 우리의 인생도 다시 돌이켜 선택할 수는 없는 일입니다.

🌿 다른 사람은 가능 세계이다

'나'에 대해 생각해 봅니다. '나'는 길거리에 쭈그리고 앉아 나물을 파는 주름 가득한 할머니의 얼굴을 보며 쓸쓸해 보인다고 여깁니다. 또, 시장에서 엄마 손을 잡은 소녀의 얼굴은 신이 나 있음을 발견합니다. '나'는 할머니의 모습, 소녀의 얼굴을 보면서 자신과 다른 세계를 만납니다. 누군가를 신나게 하고 쓸쓸하게 하는 것은 무엇일까요?

철학자 질 들뢰즈는 타자(다른 사람)는 나와 삶의 규칙이 다른 존재라고 말합니다. 이런 타자를 만나면 '나'는 낯섦을 느낍니다. 예를 들어 모둠 과제를 해야 되는데, 한 친구가 다 같이 모여서 토론하자고 합니다. 그런데 나는 각자 역할을 나누어 하고 싶습니다. 이때 '나는 나누어 하는 것을 원했구나'라는 사실을 깨닫게 됩니다.

타자와 나는 좋아하는 것들이 서로 다릅니다. 타자를 만나기 전에 나는 안정된 세계에 있었는데, 타자는 나에게 하나의 위협적인 '가능 세계'가 됩니다. 그런데 이런 타자를 계속 만나거나 사랑해야 한다면, 나는 새로운 삶을 계획해야 합니다. 나는 물러나지 않고 타자와의 차이를 감내해야 하며, 이렇게 사랑할 때만 타자의 가능 세계를 받아들이고 '나'는 변할 수가 있습니다.

들뢰즈는 우리의 삶에서 타자가 존재하지 않고 '나'만 있다면 내가 보는 세계는 조각난 세계가 된다고 설명합니다. 인간은 다른 사람과의 만남을 통해 생각이 넓어지고 내가 보는 것 너머의 또 다른 세계가 있음을 알게 됩니다.

여러분도 마찬가지입니다. 우리는 수많은 다른 사람들과 만납니다. 그들은 나와는 다른 세계가 있는 사람들입니다. 그 사람과 계속 부대끼고 같이 살아가야 한다면 서로 다름과 차이를 두려워하지 말고 부딪쳐야 합니다. 타자는 내가 보지 못하는 세계를 보여 줄 수 있어 나의 조각난 세계를 맞추어 줄 수 있기 때문입니다.

🌿 언어는 존재의 집

여러분, 철학자들이 참 대단하군요. 한마디 말로 세계를 해석하거나 표현하니까요. 그 한마디 말이란 '언어'를 말합니다. 철학자 비트겐슈타인은 '내가 쓰는 언어의 한계는 내 세계의 한계'라고 합니다. 예를 들어 조선 시대에 살았던 사람들에게 '인권'이나 '평등' '자유'는 이해하기 어려운 말입니다. 현대에 와서도 자유와 인권이 없는 곳에 사는 사람들은 민주국가에 사는 사람들과 '자유', '인권', '정의'를 이해하는 정도가 다를 수 있습니다.

만약 언어가 없다면 어떻게 될까요? 아마 서로의 생각을 주고받을 수 없기에 깊은 생각도 할 수 없을 것입니다. 그래서 언어는 내가 사는 세계와 환경 속에서 의미를 가질 수 있습니다. '언어는 존재의 집'이라는 하이데거의 말이 바로 그 이야기입니다.

여러분은 어떤 말로 나와 세계를 표현할 수 있을까요? 여러분도 언어라는 색으로 이 세계를 표현할 수 있습니다. 그러기 위해서 삶을 경험하고 지식을 습득하며 사회를 배우는 거지요. 그렇게 나만의 가치관이 형성된 후 세상을 바라볼 때 여러분이 나와 너, 우리에 대해, 그리고 사회와 세계에 대해 해석할 수 있는 언어의 색깔이 만들어집니다.

• book 18 •

《나의 권리를 찾는 철학 수업》

나의 권리에는 어떤 것이 있을까?
어떻게 지켜야 할까?

🌿 안나 비바렐리 | 알라딘북스 | 2017. 07.

🌿 인간은 정치적 동물

사회 수업 시간에 한 학생이 상당히 난처한 질문을 던졌습니다.

"선생님, 왜 민중을 개돼지라고 해요? 유튜브에서 봤어요."

"음, 그런 표현은 정치적으로 다른 입장을 가진 집단들이 서로 공격하기 위해 요즘에 많이 쓰는 말인데, 좋은 말은 아니에요. 여러분은 사용을 안 했으면 해요."

개돼지란 말은 삼국유사에도 나올 정도로 오래된 용어입니다. 그러나 민중을 개돼지로 표현한 것은 최근의 일입니다.

"선동은 문장 한 줄로도 가능하지만, 그것을 반박하려면 수십 장의 문서와 증거가 필요하다. 그리고 그것을 반박하려고 할 때는 사람들은 이미 선동당해 있다."

여러분, 이것은 정말 무서운 말입니다. 나치 독일의 선전 담당 장관 요제프 괴벨스가 한 말입니다. 괴벨스는 히틀러의 오른팔로, 방송이나 라디오 등 대중매체로 독일 국민을 세뇌했습니다. 왜 수많은 독일 국민은 괴벨스의 말, 히틀러의 말, 나치의 말에 현혹되었을까요?

어른 중에도 정치는 나와는 아무런 상관이 없다고 생각하는 사람들이 있습니다. 하지만 우리는 좋든 싫든 정치에 관심을 가져야 합니다. 《나의 권리를 찾는 철학 수업》은 왜 나의 권리가 중요한지, 자유와 민주주의를 어떻게 지켜야 하는지를 여러 가지 역사적 사실과 일상 경험을 통해 보여 줍니다.

아리스토텔레스는 인간은 태어날 때부터 '정치적 동물'이라고 말합니다. 다시 말해 사회적 동물이라는 거지요. 인간은 언어를 통해 생각과 경험을 나누고 선과 악, 정의를 말합니다. 우리는 가정이라는 공동체 안에서 태어나 이웃과 서로 협력하며 사회 속에서 함께 살아가야 하는 존재입니다.

🌿 우리는 서로에게 늑대나 다름없다고?

홉스는 아리스토텔레스와 생각이 달랐습니다. 인간이 태어나면서부터 사회적 존재라고 보는 생각에 반대합니다. 인간은 다른 인간에게 늑대 같은 존재입니다. 인간은 태어날 때부터 서로를 적으로 여기고 대립하며 싸웁니다. 자기중심적이고 다른 사람의 희생을 통해 자신의 이익을 추구합니다. 실제로 현대 몇몇 국가의 상황은 400년 전 홉스의 생각과 다르지 않습니다.

일상에서도 그런 상황이 벌어집니다. 우리는 다른 사람을 의심하여 안전을 위해 현관문을 잠그고, 은행에 돈을 맡깁니다. 부모님은 언제나 우리에게 '낯선 사람을 조심하라'고 입버릇처럼 말하지요.

그래서 인간은 자연적 상태에서 최소한의 생명과 자유를 보장받기 위해 계약을 맺습니다. 사회계약에 따라 개인의 권리를 양도받은 '절대 국가'가 출현합니다. 개인은 국가에 저항할 권리가 없으며 국가는 필요 악과 같은 존재가 됩니다. 그러나 인간이 생명과 자유, 재산을 보호하기 위해 만든 국가가 '절대적 존재'만 되는 것은 아닙니다. 권리를 양도한 개인의 의지에 따라, 국가는 개인의 자유와 권리를 더 강하게 보장할 수도 있습니다.

🌿 국민의 의지를 담은 법

사회 시간에 4.19 혁명, 부마민주화 항쟁, 5.18 광주민주화 운동, 6.10 항쟁 등에 대해서 공부합니다. 이 사건들의 공통점이 무엇일까요? 이 혁명과 운동은 독재정치에 항거한 민중과 시민들의 민주화 투쟁입니다. 왜 수많은 우리 국민은 죽거나 다치면서까지 민주화 운동에 참여하며 독재정권을 끌어내리려 하고 권력을 비판했을까요? 그 해답은 프랑스 철학자 장 자크 루소에게서 찾을 수 있습니다.

인간은 자신의 생명과 자유와 재산을 보호해 주는 사회를 만들기 위

철학

해 서로 계약을 맺습니다. 이때 각 개인들을 대신하여 의원들이 의회에서 도덕적이고 협력적인 국가기관을 만듭니다. 국가는 시민들의 연합이기 때문에, 국가의 의지는 시민들의 공동 의지가 됩니다. 그래서 내가 법을 따르는 것은 결국 나의 의지를 따르는 것입니다. 국가의 법을 지키면 나의 자유를 보장받을 수 있습니다.

루소에게 국가와 법은 나의 자유를 제한하는 것이 아니라, 오히려 국가의 권력으로 더 강하게 나의 의지를 보장해 주는 것입니다. 단 루소에게 자유란 '공공의 이익'을 생각하는 책임감 있는 자유입니다. 나의 자유를 위해 다른 사람의 자유를 침해하면 안 되는 거지요.

이렇게 국가의 법이 그 나라 국민의 의지를 나타낼 때 그 나라를 민주주의 국가라 부릅니다. 몽테스키외는 국가의 권력이 입법권, 행정권, 사법권으로 분리되어야 한다고 주장합니다. 세 가지 권력을 각각 다른 주체에게 맡겨야 서로 감시하고 견제하여 국가의 기능이 정상적으로 작동하고 개인의 자유가 보장될 수 있습니다. 몽테스키외의 '권력 분립 원칙'은 현대 민주주의의 바탕이 되었고 모든 민주 국가의 헌법에 반영되어 있습니다.

우리 국민은 국가가 개인의 자유를 침해하고 민주주의를 훼손할 때마다 죽음을 무릅쓰고 자유와 민주주의를 위해 항거했습니다. 일반 의지가 모여 국가권력을 바꾸고 민주주의를 다시 세운 거지요. 참 대단한 대한민국 국민입니다.

🌿 악은 평범하다

국가가 국민의 자유를 억압하는 방법에는 어떤 것들이 있을까요? 예전에는 군대와 경찰을 동원하여 눈에 보이는 폭력으로 개인의 자유를 억압했습니다. 그러나 1900년대의 전체주의는 훨씬 더 지능적으로 국민의 자유를 억압하기 시작합니다.

대표적인 예로 파시즘과 나치즘은 텔레비전과 영화 등 광고를 통해 끊임없이 선전과 선동을 해서 국민이 비판하지 못하도록 세뇌했습니다. 여성 철학자 한나 아렌트는 전체주의가 어떻게 인간을 구속하고 악이 어떻게 인간의 정신 속에 평범하게 자리 잡는지 보여 줍니다.

"전체주의는 스스로 생각하고 행동하는 주체적 인간의 능력을 없애려고 한다. 가상과 현실, 진실과 거짓을 구별하지 못하게 하여 결국 인간으로서 구실을 못하게 만든다."

600만 명의 유대인을 학살한 것은 광신자나 인격장애자들이 아니었습니다. 국가의 뜻에 무조건 따르며, 자신의 행동이 특별하지 않다고 여긴 평범한 사람들로 인해 그 일이 일어날 수 있었습니다.

독일 나치 장교 아이히만은 수용소에서 수백 만 명을 가두고 죽이는 일을 도왔습니다. 그런데 전쟁이 끝난 후 재판정에 선 아이히만의 모습에 사람들은 깜짝 놀랐습니다. 아주 평범하게 생겼고 겸손해 보였기 때문이지요. 아이히만은 그 어떤 후회나 뉘우침이 없이 성실하게 자신의 임무를 다했을 뿐이라고 변명했습니다. 전체주의 정권은 아이히만을 스스로 판단하는 능력 없이, 그저 주어진 일만 성실하게 하는 사람으로 만들었습니다. 너무도 평범한 사람이 자기도 모르는 사이 악의 꼭두각

철학

시가 된 거지요.

여러분, 그래서 자기 스스로 생각하는 힘이 중요합니다. 그럴 때 우리는 잘못된 것을 비판하는 능력을 가질 수 있습니다. 요즘 우리는 디지털 세상에서 각종 대중매체와 SNS, 유튜브 등에 무작위로 노출됩니다. 수많은 정보와 정치적 발언, 역사적 관점이 넘치는 디지털 세계에서 자기만의 주관과 스스로 비판하는 능력을 반드시 가져야 합니다.

🌿 서로 싸우고 연합하는 국가들

1789년 프랑스 혁명 때 자유, 재산, 생명은 인간이라면 누구나 가져야 할 자연적이고 절대 빼앗길 수 없는 권리라고 부르짖었습니다. 그러나 200년이 훨씬 지난 오늘날에도 여전히 수많은 나라에서 약자의 인권이 보호받지 못하고 있습니다.

올바른 정치와 법이 필요한 이유는 또 있습니다. 사람들은 누구나 다른 사람과의 관계에서 갈등과 협의의 과정을 겪습니다. 생각이 서로 다른 사람들 사이의 갈등을 줄이기 위해 절차에 따라 법과 규칙을 마련해야 합니다. 절차를 통한 민주주의만이 다양성을 수용하고 소수 의견에 대해 관용의 태도를 가질 수 있습니다.

인간은 정치적 동물이라는 아리스토텔레스, 인간은 늑대와 같은 존재라는 홉스, 이 두 사람의 의견이 개인에게만 국한되는 것이 아니라 국가 간에도 적용됩니다. 그래서 국가 간 전쟁은 언제나 발생할 수 있으며, 국가끼리도 정치적 연합이나 동맹을 맺습니다.

특히 제1차, 제2차 세계대전을 겪은 인류는 철학자 칸트가 제시한 UN을 만들어 국가 간 분쟁을 해결하려 했습니다. UN은 수많은 일을 해결했지만 실패한 경우도 많았습니다. 현재는 여러 나라가 자신들의 이익과 안정을 위해 대륙별로 EU(유럽연합)나 APEC(아시아태평양 경제협력체), ASEAN(동남아국가연합) 등 나라를 초월한 협의기구들을 만들었습니다.

여러분, 현재 우리는 풍족한 삶을 살지만 언제든 위험해질 수 있는 상황인지도 모릅니다. 전 세계가 자유롭게 소통하는 시대지만, 지금도 전쟁은 벌어지고 있으며 지구 어딘가에서는 자유와 인권이 유린되기도 합니다.

《나의 권리를 찾는 철학 수업》은 나의 권리를 찾는 일부터 시작해 지역 사회와 국가에 속한 한 사람으로서의 권리, 나아가 전 세계 모든 사람의 권리를 찾는 일까지 생각하게 만듭니다.

우리는 태어나면서부터 자유, 권리, 민주주의, 인권을 매일 누리고 살아 왔기에 너무나 당연하게 나에게 주어진 것으로 생각합니다. 그러나 불과 몇십 년 전 여러분의 부모님과 할아버지, 할머니들의 치열한 투쟁으로 이루어 낸 권리와 인권입니다.

여러분, 나의 권리를 가질 때 나의 가족과 내 친구들도 권리를 인정받습니다. 나아가 인류 모두가 존중받는 인격체가 될 수 있습니다.

book 19

《동양 철학자 18명의 이야기》

마음의 이치, 세상의 이치를 고민하는 동양 철학의 세계

🌿 이종란 | 그린북 | 2011. 07.

🌿 동양 철학이 뭐예요?

여러분, '철학' 하면 떠오르는 사람이 누가 있나요? '소크라테스'라고 답하는 친구들이 아마 많을 것입니다. 조금 더 깊이 들어가면 그의 제자 플라톤, 아리스토텔레스, 그리고 데카르트, 칸트 등을 말하지요. 대부분 서양 철학자들입니다.

그렇다고 여러분이 동양 철학자를 모르는 것은 아니에요. 여러분이 어릴 때부터 들었던 '공자 왈 맹자 왈' 할 때 공자와 맹자도 뛰어난 철학자입니다. 그런데 보통 공자와 맹자를 철학자가 아닌 유학자, 또는 사상가라고 얘기합니다. 그것도 물론 맞는 말이지만 생각해 볼 것이 있습니다. 왜 우리는 '철학' 하면 서양 철학을 떠올리고 동양 철학에 대해서는 관심이 없을까요?

중국이나 한국 철학을 공부할 때는 한자를 알아야 하는데 초등학생들이 이해하기가 쉽지 않습니다. 조선 시대처럼 다섯 살 때부터 천자문을 배우고 소학을 공부했다면 아무 문제 없겠지만, 지금은 시대가 달라졌습니다. 그렇지만 한자가 어렵고 말이 어려워도 우리는 동양 철학자들을 알아야 해요. 왜냐하면 그들이 우리의 전통과 삶의 뿌리를 있게 한 주인공들이기 때문입니다.

이종란 작가의 《동양 철학자 18명의 이야기》는 동양 철학에서 중요한 18명의 철학자를 등장시켜 시대별로 주요 사상을 쉽게 설명하고 있습니다. 이번 기회에 우리의 철학, 우리의 정신세계를 탐구해 보면 어떨까요?

🌿 도덕이냐? 자연이냐?

BC 770년부터 진나라가 중국을 통일한 BC 221년까지 약 500년을 춘추전국시대라고 합니다. 약 100여 개의 나라가 하루아침에 망하기도 하고 일어서기도 하며 어지럽던 이때 수많은 사상이 등장했는데 대표적인 것이 유가와 도가입니다.

유가(유교, 유학)의 대표적 인물 공자는 혼란하고 어지러운 천하를 바로잡기 위해 주나라의 예법 즉, 주나라의 봉건제도로 다시 돌아가야 한다고 말합니다. 천자부터 서민까지 등급에 따라 지켜야 할 예법이 있고 이것을 지켜야 사회질서가 유지된다고 보았습니다. '군군신신(君君臣臣)

부부자자(父父子子)'. 즉, 임금은 임금답고 신하는 신하다우며, 아버지는 아버지답고 아들은 아들다워야 한다는 것이 공자의 정명사상입니다.

공자는 사람과 사람 사이의 올바른 관계를 통해 도덕을 세워야 한다고 말하며, 그것을 인(仁)이라고 불렀습니다. 인이란 예법에 맞게 다른 사람을 아껴 주고 사랑하는 것입니다. 인을 실천하면 혼란한 세상을 바로잡을 수 있습니다. 공자의 가르침은 동아시아의 정신과 사상에 지금까지도 큰 영향을 미치고 있습니다.

도가(도교)의 대표적 인물은 노자입니다. 공자가 '인'으로 도덕성을 회복하고 사회를 개혁하려고 한 것에 노자는 반대합니다. 노자는 인위적인 것을 버리고 자연법칙에 따라 행동해야 한다는 '무위자연(無爲自然)'을 주장합니다. 무위라고 해서 아무것도 안 하는 것이 아니라, 욕심을 버리고 자연의 질서에 따라 물 흐르듯 살아야 한다는 거지요. 인간의 의지에 따른 인위적인 것이 오히려 사회를 더 망친다고 보았고, 있는 그대로의 진리인 도(道)를 찾아서 그것을 따라야만 비로소 올바른 삶을 살 수 있다고 말합니다. 도는 만질 수도 볼 수도 없습니다. 우주와 자연의 원리 같은 것이기 때문입니다.

🌿 본성이냐? 마음이냐?

송나라의 주희는 공자와 맹자의 유학에 도교와 불교의 사상을 결합하여 유학을 새로 해석했습니다. 이것이 성리학입니다.

성리학은 '성즉리(性卽理)'에서 나온 말로, '인간의 본성이 하늘의 이치'라는 뜻입니다. 인간의 본성이 하늘이므로 사람은 원래부터 선합니다. 그러면 모든 사람이 선해야 하는데, 악한 사람이 있는 이유는 자신의 본성을 깨닫지 못해서입니다. 인간이 노력하여 숨겨진 본성을 깨닫고 본성대로 행동하면 착한 사람이 됩니다. 착한 사람이 되기 위해 '리(理)'를 탐구하고 발견하여 마음이 밝아져, 자신의 성품을 깨닫게 되면 착한 사람이 되는 것입니다.

리와 기(氣)는 성리학에서 아주 중요한 개념입니다. 리는 만물의 존재와 생성의 이치이자 법칙이며, 기는 모든 구체적 사물의 형태와 움직임을 말합니다. 쉽게 비유하자면 비, 바람, 눈, 이슬, 천둥은 자연현상으로 기에 해당하며 이러한 자연현상을 일어나게 한 과학적 원리, 법칙은 리입니다.

성리학에서 만물에 이치가 들어 있다는 '성즉리'를 이야기한 반면, 명나라 때 왕수인은 '심즉리(心卽理)'를 주장하며 '내 마음이 곧 천리'라고 합니다. 여기서 마음이란 순수한 마음으로 왕수인은 이를 양지(良知)라고 부릅니다. 양지는 사람이라면 누구나 가지고 있는 본성으로 진리를 바깥에서 찾을 것이 아니라 자신의 마음에서 찾자고 합니다. 그래서 왕수인의 유학을 양명학 또는 심학이라고 합니다.

양지를 깨달았다고 해서 바로 성인이 되는 것이 아니라, 양지를 넓혀가는 공부를 일상에서 계속 해야 합니다. 이렇게 도덕적 앎인 양지와 행동이 하나가 되는 것을 지행합일(知行合一)이라고 합니다. 아는 것과 행동하는 것이 일치해야 한다는 거죠.

철학

🌿 '리'냐? '기'냐?

성리학은 조선에서 건국이념이 되어 조선 500년 역사를 같이합니다. 조선은 철저하게 성리학적 사회였으며 독특한 한국식 성리학으로 발전합니다.

여러분, 1,000원짜리 지폐에 등장하는 이황과 5,000원 지폐에 등장하는 이이를 빼고서는 조선의 성리학을 논할 수 없습니다. 이황은 인간 본성에 집중하여 리와 기를 구분합니다. 여기서 유명한 4단 7정(四端七情) 논쟁이 시작됩니다.

맹자가 말한 4단은 인간의 본성에서 우러나오는 마음의 단서입니다. 불쌍히 여기는 마음(측은지심), 부끄러워하는 마음(수오지심), 사양하는 마음(사양지심), 옳고 그름을 가리는 마음(시비지심)으로 선천적이고 도덕적 마음입니다.

7정은 인간의 본성이 사물을 접하면서 표현되는 기쁨(희), 노여움(노), 슬픔(애), 두려움(구), 사랑(애), 미움(오), 욕망(욕)의 일곱 가지 자연적 감정을 말합니다.

예를 들어 볼게요. 아기가 기어가고 있는데 앞에 우물이 있습니다. 그걸 본 사람은 바로 뛰어가서 아기를 구합니다. 그것은 누구나 가지고 있는 측은한 마음(4단) 때문이지요. 그럼 이런 상황은 어떨까요? 시험에서 100점을 맞아서 부모님한테 원하던 큰 선물을 받았습니다. 도덕적으로 옳은지 그른지와는 상관없이, 내가 원하는 일이 잘 풀렸을 때 나는 너무 기쁩니다. 7정이 일어난 거지요. 이렇게 4단과 7정은 우리 내부에서 일어나지만 그 기원과 정도가 조금 달라 보입니다.

이황은 4단은 리가 움직여 생기는 마음이고, 7정은 기가 움직여서 생긴다며 주희의 입장을 따릅니다. 그러면서 착한 일은 리에서, 나쁜 일은 기에서 나온다며 리가 더 고귀하고 중요한 것으로 리와 기를 구분합니다. 이에 기대승은 4단과 7정은 대립 관계가 아니며 4단과 7정은 모두 정으로, 7정 속의 선한 부분이 4단일 뿐이라고 반박합니다. 구체적인 마음의 작용에서 리와 기를 구분할 수 없다는 거지요. 10여 년간 100여 통의 편지를 주고받으며 논쟁을 벌인 끝에 이황은 자신의 입장을 조금 수정합니다. 4단은 리가 발하여 기가 따른 것이고, 7정은 기가 발하여 리가 올라탄 것이라는 이기호발설(리와 기는 서로 발한다)을 주장합니다. 리와 함께 기의 주도성도 인정한 거지요.

그런데 이이는 여기서 한 발 더 나아가, 이와 기는 둘 같이 보이지만 하나라고 합니다. 형체가 없는 이는 움직일 수 없기에 형체 있는 기가 움직일 때 기에 타서 움직인다는 독창적인 주기론을 제시합니다. 이이의 주기론을 물에 비유해 보면, 물을 이로 보고 그릇은 기로 보면 어떨까요? 물은 형체가 없습니다. 담는 그릇이 무엇이냐에 따라 달라지지요. 이이가 사회의 잘못된 부분을 바로잡고 개혁을 시도한 것도 도덕적 이상보다 '무엇을 담아야 할까'에 대한 정치 현실을 직시한 것은 아닐까요?

30세에 갓 관료가 된 기대승과 58세 당대 최고의 대학자였던 이황은 학문을 완성하기 위해 치열하게 고민하고 스스럼없이 논쟁을 벌였습니다. 두 사람이 서로를 존중했던 학문의 태도는 지금의 우리에게도 좋은 본이 됩니다.

자, 어린이 철학자들도 한번 고민해볼까요? 우리의 감정과 본성. 이 것은 서로 다른 것일까요, 아니면 이 두 가지는 우리 마음의 같은 곳에 서부터 나오는 것일까요? 조금 어려운 이야기지만 이황과 기대승처럼 본인의 생각을 펼쳐 보면 좋겠습니다.

🌿 철학과 종교는 우리 삶의 일부

크게는 국가의 이념에서 작게는 한 인간의 가치관까지, 18명의 동양 철학자들이 어떻게 영향을 미쳤는지 이 책에서 배울 수 있습니다. '저 런 철학이 나하고 무슨 상관이야?'라고 한다면 우리가 왜 명절날 차례 나 제사 등의 예법을 따르는지, 왜 이렇게 교육에 전 국민이 매달리는 지 이해하지 못할 수도 있습니다. 조선과 500년 동안 함께했던 성리학 은 알게 모르게 우리 민족의 정신세계를 지배해 왔고 그 영향은 지금도 여전히 남아 있습니다.

이제 여러분은 할아버지 할머니 세대와 달리 과거의 전통만이 아니 라, 현대의 교육과 문명에서 더 많은 철학적 영향을 받습니다. 그러니, 두루 알아보고 자신만의 가치관을 세워서 올바른 철학관을 갖는 게 중 요합니다.

book 20

《10대를 위한 정의란 무엇인가》

어떻게 살아야 올바로 사는 걸까?

🌿 마이클 샌델 | 미래엔아이세움 | 2014. 11.

🌿 누구를 살려야 하는가?

앗! 큰일 났어요. 선로 위에서 작업 중인 근로자 다섯 명을 향해 기차가 시속 100km로 달려오고 있어요. 기차를 멈출 수가 없어요. 그런데 오른쪽 비상 철로가 보이고, 그쪽에는 단 한 명의 사람이 일하고 있어요. 어떡하지요?

한 사람을 희생해서 다섯 사람의 목숨을 구하는 것이 옳을까요? 더 많은 사람의 목숨을 구한다 해도 죄 없는 한 사람을 내 손으로 죽게 해서는 될까요? 만약 여러분이 기차를 운전하는 기관사라면 어떻게 할 것인가요? 그리고 그 한 사람이 나의 가족이라면 어쩌지요?

《10대를 위한 정의란 무엇인가》는 2010년경 우리나라에서 엄청난 인기를 끌었던 《정의란 무엇인가》를 10대들이 읽을 수 있게 다시 쓴 책입니다. 어른들이 읽은 《정의란 무엇인가》는 공리주의, 자유주의, 공동체주의의 철학적 배경과 아리스토텔레스, 칸트의 철학을 이해해야 하는 상당히 어려운 책입니다. 그런데도 이 책이 인기를 끌었던 것은 우리나라 국민이 '정의'에 대해 관심이 컸다는 이야기겠지요.

여러분, 다수의 행복을 위해 소수가 불행해지는 것은 옳은 걸까요? 내가 정당하게 번 돈에 세금을 많이 매기는 것은요? 과거의 조상이 잘못한 일을 현재 우리가 사과하는 일은 어떤가요? 우리는 살아가면서 이와 비슷한 일을 수없이 겪습니다. 아마 여러분은 이 책을 읽으면서 '어, 나도 이렇게 생각하는데?' 싶은 순간이 있을 것입니다.

여러분, 조금 어려운 철학, 그러나 재미있는 철학의 세계로 들어가 볼까요?

🌿 행복의 양과 질

제러미 벤담이라는 철학자는 다섯 명의 생명을 구하기 위해 한 명을 희생하는 것이 옳다고 봅니다. 한 사람이 고통을 받고 더 많은 사람이 행복하다면 그것은 옳은 행위입니다. 벤담에게 도덕의 원칙은 행복을 극대화하는 것이니까요. 이런 철학을 '공리주의'라고 합니다. 사회는 개인이 모여서 이루어진 것이므로 더 많은 개인이 행복한 것이 도덕이라는 얘기지요.

여러분, 이것이 정말 옳은 일일까요? 말도 안 되는 철학이라고요? 아닙니다, 여러분. 우리는 일상에서 공리주의 철학을 너무나 쉽게 사용하고 있습니다. 체육 시간에 어떤 사람은 축구, 어떤 사람은 피구, 어떤 사람은 발야구를 하자고 합니다. 결정이 나지 않아 다수결로 결정하기로 합니다. 일상에서 수없이 선택하는 다수결의 원칙이 대표적인 공리주의입니다.

그런데 행복의 정도가 누구에게나 똑같을까요? 사람마다 차이는 없을까요?

TV에서 클래식 연주가 나오네요. 그런데 다른 채널에서 만화 영화를 합니다. 어떤 것을 볼까요? 이때 벤담은 어떤 것이든 상관이 없고, 더 많은 사람이 보는 것이 좋은 것이라고 합니다. 그러나 같은 공리주의자인 존 스튜어트 밀은 많은 사람들이 행복해야 하지만, 행복의 질에도 차이가 있기 때문에 더 높은 행복을 이루도록 하는 것이 옳다고 말합니다. 또한, 우리 사회가 정의를 실현하고 시민의 권리를 존중할 때 더 많은 사람들이 행복해진다고 합니다.

'배부른 돼지보다 배고픈 소크라테스가 낫다'는 밀의 질적 공리주의와, 자유 없이도 배가 부르면 괜찮다고 보는 벤담의 양적 공리주의. 여러분은 어느 쪽에 손을 들어 주고 싶나요?

🌿 나의 권리를 침해하지 마시오

요즘 우리나라를 비롯해 선진국에서는 부자에게 더 많은 세금을 부과하는 일에 대해 뜨거운 논쟁이 있습니다. 찬성론자들은 부자들이 세금을 더 많이 낼 때 사회 전체의 행복이 커진다고 말합니다. 반대론자들은 정당하게 벌었는데 더 많은 세금을 부과하는 것은 개인의 권리인 기본권을 침해하기에 옳지 않다고 합니다. 반대론자들은 철저한 개인의 자유를 옹호합니다.

자유주의 철학자 로버트 노직은 '내가 정당한 방법으로 일해서 얻은 수입에 세금을 매기는 것은 강제 노동과 마찬가지'라고 합니다. 내가 나를 소유하기에 내가 한 일의 보상을 모두 가져야 한다는 거지요. 그 어떤 것도 나의 권리를 침해하고 간섭하면 안 됩니다.

그런데 내 몸의 주인은 나니까 나의 몸과 소득, 자유를 내 마음대로 한다는 것이 과연 옳은 일일까요? 왜 국가는 사람이 콩팥 같은 자신의 장기를 매매하는 것을 금지할까요?

'군대에 지원하면 월급을 넉넉히 드립니다. 그리고 대학 학비와 생활비도 지원해 드립니다.'

미국의 군인 모집 광고입니다. 과연 이것이 정의로운 제도일까요? 자유주의는 개인이 자유롭게 합의한 것이니, 이 제도를 반대하는 것은 개인의 자유를 침해한다고 봅니다. 공리주의자 입장도 봅시다. 군대에 가지 않은 사람은 안 가서 행복하고, 돈이 필요한 사람은 입대로 돈을 얻어서 행복합니다. 그러니 더 많은 사람이 행복해졌다고 합니다.

그러나 가난 때문에 어쩔 수 없이 군인이 되기를 선택한 사람들이 많습니다. 이들은 스스로 원해서 선택했을까요? 언제 죽을지 모르는 전쟁터에 가기를 원하는 사람은 없습니다. 그리고 국가가 위기에 처했을 때 국방의 의무를 지는 것은 모든 국민에게 당연한 일이 아닐까요? 그러므로 국방의 의무는 누구에게나 공평한 시민의 책임 아닐까요? 돈으로 병역과 생명을 살 수는 없습니다. '내 자유'라는 이름으로 병역과 생명을 거래할 수는 없습니다.

현재 대한민국의 병역법은 징병제입니다. 만 20세 성인 남성은 반드시 군대를 다녀와야 합니다. 대한민국 국방의 의무는 돈으로 살 수 없습니다. 단, 예외적인 경우가 있습니다. 2002년 대한민국 국가대표 축구팀은 월드컵 4강에 오릅니다. 전 국민이 감격했고 국가에서는 특별법을 제정하여 선수들에게 군 면제 특권을 부여했습니다.

그러다 2022년 다시 이 문제가 관심을 받았습니다. 전 세계에 K-POP으로 우리나라 국격을 높인 BTS(방탄소년단)에 대해 병역 면제 논란이 일었기 때문이죠. 형평성 논란 끝에 결국 이 논쟁은 없던 일로 끝났습니다만 언제든지 다시 불거질 수 있습니다.

🌿 똑같은 출발선에서 달린다고? 공정하지 않아!

우리는 '정의'와 '평등'을 얘기할 때 누구에게나 똑같이 공평한 기회를 주어야 한다고 생각합니다. 우리가 사는 능력 위주의 사회를 생각해 봅시다. 오로지 자신의 능력에 따라 부를 얻을 수 있는 사회입니다. 능력 위주의 사회는 언뜻 매우 공정한 것 같습니다. 누군가가 성공하건 실패하건, 모두 자신의 능력 때문이니까요.

운동회 때 달리기 시합을 합니다. 모두가 똑같은 출발선에 서 있다가 신호와 함께 출발하지요. 당연히 발이 제일 빠른 선수가 1등을 합니다.

우리 사회도 이와 같습니다. 운동 능력을 타고난 사람이 있고 그렇지 못한 사람이 있듯이, 어느 사회든 내가 태어난 곳에 따라 부와 소득의 수준이 결정됩니다. 그래서 분명 출발선은 같은데, 누구는 당연한 것처럼 더 많이 갖게 되고 누구는 덜 갖게 됩니다. 이 문제를 어떻게 해결해야 할까요?

정치철학자 존 롤스는 능력주의의 불공평함을 없애고자 합니다. 그래서 두 가지 개념을 제시합니다. '무지의 장막'과 '차등의 원칙'입니다. 정의로운 계약이 되기 위해서는 사회의 모든 구성원들이 서로의 성별, 인종, 종교 등을 완전히 몰라야 됩니다. 그리고 타고난 재능 같은 자연적인 요인을 바로잡아야 합니다. 사회·경제적 불평등이 있다면 사회적 이익을 가장 어려운 사람들에게 분배해야 합니다. 차등의 원칙입니다.

세계적인 농구선수 마이클 조던은 타고난 재능으로 엄청난 돈을 벌었습니다. 그리고 세금으로 재산의 일부를 사회에 환원하여 그만큼 재능이 없는 사람들을 간접적으로 도왔을 것입니다. 그런데 마이클 조던은 성공을 위해 스스로 엄청난 노력을 한 사람입니다. 그런 노력의 결실을 세금으로 일부 가져가는 것이 정의로울까요? 롤스는 노력하고 도전하겠다는 그 '의지'마저도, 그가 얼마나 좋은 환경에서 태어났는가를 보여 준다고 설명합니다.

존 롤스의 '정의론'을 대한민국에서도 오래전부터 제도적으로 실행하고 있지만, 사회 곳곳에서 '공정'의 문제로 부딪히고 있습니다. 왜냐하면 우리 사회는 아직도 출발선조차 공정하지 못하다고 생각하는 사람들이 많기 때문입니다.

대표적인 것이 교육입니다. 어릴 때부터 학교만 간신히 다니는 아이들이 있는가 하면, 사회적 지위가 높은 부모 덕분에 온갖 종류의 교육을 받고 고등학교 생활기록부를 화려하게 장식하여 최고의 대학에 입학하는 아이들이 있습니다.

이런 문제를 해결하기 위해 우리나라는 경제적으로 취약한 환경의 아이들을 상위 학교나 좋은 학교에 우선 선발하는 제도가 있습니다. 또 경제적 배려대상자는 아니지만 다문화 가족, 한부모 가족, 조손가정 자녀 등도 같은 혜택을 받습니다. 그런데 이 틈을 비집고 악용하는 사람들이 또 있습니다. 국가 고위층과 전문직, 대기업 임원의 자녀들이 일반 학생들보다 더 많은 혜택을 받아 입학하는 경우가 발생하기도 합니다. 온전히 정의로운 사회를 만든다는 것이 참 쉽지 않은 일입니다.

🌿 정의로운 사회를 위하여

아리스토텔레스가 말하는 '정의'란, 사람들에게 그들이 마땅히 받아야 할 것을 주는 것을 말합니다. 롤스의 주장처럼 수입이나 부, 기회를 평등하게 나누는 것이 아니라, 자격에 따라 차별적으로 정의가 적용되어야 한다고 합니다.

그래서 공정한 분배가 이루어지기 위해서 먼저 목표를 이해하고 그것에 따라야 합니다. 대학교 테니스장을 나누어 사용할 때 교수, 학생, 돈을 많이 기부한 사람이 아니라 테니스 선수부터 먼저 쓰게 해야 하는 거지요.

아리스토텔레스에게 정치의 목적은 좋은 시민을 기르는 것입니다. 인간은 공동체를 이루고 살며, 정치에 참여함으로써 도덕적 미덕을 기를 수 있습니다. 그럴 때 선과 악, 정의와 불의를 구별하게 됩니다.

이 논리에 따르면 공동체에 속한 우리는 과거 조상들이 잘못한 일까지 사과해야 합니다. 나와 우리는 공동체의 일부니까요. 그런데 이것은 또 옳은 일일까요?

독일은 제2차 세계대전 당시 저질렀던 유대인 학살에 대해 지금도 반성하고 사죄합니다. 그러나 일본은 제2차 세계대전 당시의 수많은 범죄에 대해 여전히 사죄하지 않습니다. 지나간 과거의 일까지 현재 살아가는 사람들에게 책임이 있을까요?

'나'라는 존재가 자유로운 개인일 뿐이라면 나는 과거에 있었던 조상들의 일에 대해 사과할 필요가 없습니다. 그러나 '나'를 공동체의 일부라고 받아들이면 국가라는 공동체 일원으로서 과거 일에 대해 도덕적 책임을 지는 것이 맞습니다.

독일의 빌리 브란트 총리가 폴란드 유대인 추모지 앞에서 무릎 꿇고 사과했듯이, 대한민국의 대통령도 기회가 될 때마다 베트남 전쟁 때 있었던 한국군 파병과 민간인 학살에 대해 사과를 합니다. 우리가 진정 어린 사과를 하지 않는다면 우리 또한 일본에 사과를 요구할 수 없습니다.

정의란 어떤 사람에게는 '최대 다수의 최대 행복'이며, 어떤 사람에게는 '선택의 자유를 존중'하는 것, 어떤 사람에게는 '미덕을 키우고 공동선을 고민하는 것'입니다.

이 책의 저자 샌델 교수는 아리스토텔레스의 입장에 동의합니다. 그래서 정치 권력 또한 최고의 부자나 다수에게 줄 것이 아니라, 시민의 자질이 가장 뛰어나고 공동선이 무엇인지 잘 이해하고 실천할 수 있는 사람에게 주어야 한다는 것이죠. 그래야만 더불어 사는 공동체가 정의로워질 수 있습니다. 2,500년 전 철학자의 사상이 다시 살아나는군요.

여러분, 정의롭고 좋은 삶을 사는 것이 쉽지 않아 보입니다. 그렇지만 귀찮다고, 어렵다고 내 일이 아니라고 외면할 수 없습니다. 정의로운 사회를 위해 건강한 시민 의식을 마음의 습관으로 길러야 합니다. 우리 모두 공동체로서 함께한다는 강한 책임감이 '정의로운 사회'로 가는 길이니까요.

철학

·3부·

과학

• book 21 •

《진짜 진짜 재밌는 과학 그림책》

오래전 화석부터 머나먼 우주까지, 궁금한 과학 이야기들이 하나로

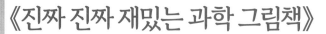

리즈 마일즈 | 라이카미 | 2022. 04.

🌿 질문으로 시작하는 과학

선생님은 어릴 때 봄이 되면 동네 들판이나 학교 꽃밭에 화려하게 핀 꽃들이 참 좋았습니다. 그리고 꽃이 왜 피는지, 어떻게 피는지 궁금했지요. 학교 도서관에 가면 식물도감이 있었지만, 만족할 만한 답을 얻진 못했습니다. 책이 눈길을 사로잡지 못했거든요.

지금 나오는 어린이 도서들은 그때와는 참 다릅니다. 내용도 예쁘고 재미있게 잘 꾸려졌지만, 제목도 흥미롭습니다. 특히 과학 관련 도서들은 질문 형식이 많습니다.

'공룡은 왜 멸종되었을까?', '애벌레는 어떻게 나비로 변할까?', '뇌는 어떤 일을 할까?'

이런 식이지요. 어쩌면 당연한 일입니다. 어린이들은 늘 궁금해하고 묻고 싶은 것이 많으니까요.

《진짜 진짜 재밌는 과학 그림책》은 책 내용 전체가 질문 형식으로 되어 있습니다. 지질편, 식물편, 곤충편, 동물편, 인체편, 바다편, 환경편, 우주편 총 여덟 개의 영역으로 나누어 학생들이 궁금해하는 것들을 질문으로 묻고 설명합니다. 설명에 도움이 되는 삽화도 예쁜 색상으로 상세하게 그려져 있어 눈길을 확 당깁니다. 과학을 이해하는 데 많은 도움이 될 것 같습니다.

그럼 책을 펼치고, 재미있는 과학의 세계로 들어가 볼까요?

🌿 아주 오래전 여기 지구에는

'지구에는 어떤 생물이 살아 왔을까?'

이 질문은 지구에 사는 생명체의 기원과 진화의 과정을 묻는 질문입니다. 이 질문의 답에 지구 46억 년의 역사가 들어 있지요.

지구는 약 46억 년 전에 생겨났어요. 약 5억 년 전의 바다에는 삼엽충이 가득했고, 어류에 이어 물속과 물 밖을 오가는 양서류가 나타났지요. 그중 일부는 파충류로 진화했습니다. 이어서 거대한 공룡이 나타났고, 백악기 말에 공룡이 멸종된 후로는 포유류의 수와 종류가 늘어났어요. 인류의 조상은 약 600만 년 전 지구에 처음 나타났습니다.

이렇게 설명하면, 여러분 중에는 꼭 이렇게 묻는 친구가 있습니다.

"아니, 그걸 어떻게 알아요? 너무 오래된 일인데요?"

아주 당연하고 좋은 질문입니다. 땅속에 묻힌 화석을 보면 알 수 있지요. 그럼 우리는 또 궁금해집니다. 화석은 어떻게 만들어질까요?

화석은 암석에 남은 예전 생물의 흔적입니다. 화산이 폭발하면서 두꺼운 화산재 층이 만들어져서 동식물의 사체를 덮어 버려요. 생물의 몸이 재빨리 퇴적물 속에 파묻히면 화석이 될 수 있습니다. 그 위로 새로운 퇴적물이 쌓이고, 아래층은 힘을 받아 눌리면서 암석으로 변합니다. 이때 아래층에 들어 있던 동식물이나 그 흔적도 함께 화석이 됩니다.

공룡을 좋아하는 친구들은 이렇게 묻겠지요.

"공룡은 전부 어디로 사라졌나요? 왜 멸종했어요?"

공룡은 약 1억 5,000만 년 동안 지구를 지배했어요. 그러다가 6,500만 년 전 갑자기 멸종했는데 과학자들은 가장 큰 이유가 '운석 충돌'이라고 봅니다.

생각해 보세요. 산만큼 거대한 운석이 떨어지고, 그 충격으로 화산 구름이 하늘을 뒤덮고, 거대한 산불이 발생합니다. 지구는 유독가스와 화산재로 뒤덮이겠지요. 지구 전체가 기후변화로 차가워지고 열대지방에 있는 나무도 얼어 죽습니다. 식물이 죽자 초식공룡이 사라지고, 결국 육식동물도 굶어 죽습니다. 지구에 운석이 충돌하기 전에 큰 규모의 화산 폭발이 일어나 이미 많은 공룡이 죽었다고 말하는 과학자도 있습니다.

공룡이 사라진 것은 운석 충돌과 화산 폭발, 기후변화 등 여러 가지 요인이 작용한 것은 분명합니다. 그런데 거대하고 무시무시한 공룡이 모두 사라진 것은 아닙니다. 그중 일부는 살아남아서 현재 우리 곁에서 살아갑니다. 약 1만 400여 종에 달하는 공룡의 후예, 바로 '새'입니다.

🌿 알수록 놀라운 동물과 식물

세상에, 여러분. 새가 공룡의 후예라니…. 저 하늘로 높이 비상하는 새들이 오늘따라 달리 보입니다. 인간은 오래전부터 하늘을 날고 싶어 했습니다. 그래서 새의 날개 모양이나 깃털, 새의 비행을 연구하여 비행기를 만들어서 그 꿈을 이룹니다.

그러면 새는 어떻게 날 수 있을까요?

새의 날개는 비행기 날개처럼 살짝 구부러져 있어 날아오르거나 공중에 오래 머물 수 있습니다. 새의 뼈는 매우 강하고 가벼운데 긴 날개뼈의 안은 텅 비어 있습니다. 방향은 꼬리 날개를 움직여서 자유자재로 바꿀 수 있습니다. 또한 새의 몸은 둥글고 매끈해서 공기를 거침없이 헤쳐 나갈 수 있습니다. 이렇게 새의 몸 구조는 하늘을 날 수 있게끔 진화되었습니다.

새들 중에 아주 작은 녀석들은 꽃 속의 꿀을 먹고 삽니다. 특히 벌새는 진짜 벌처럼 부리를 꽂아 넣고 꿀을 빨아 먹습니다. 그러면 식물에게 꽃이란 무얼까요? 꽃은 어떤 일을 할까요?

꽃은 아름다운 색과 향기로 곤충을 유혹합니다. 꽃에 잠시 앉아 있던 곤충의 몸에 수술의 꽃가루가 묻으면, 곤충은 암술로 다가가 그것을 옮겨 주지요. 꽃의 한가운데에 있는 길고 굵은 암술은 암술머리, 암술대, 씨방으로 이루어져 있어요. 암술머리에 꽃가루가 묻으면 수정이 이루어져 씨앗이 됩니다.

4학년 과학 시간에 강낭콩을 직접 재배하면서 꽃이 피고 열매가 맺는 과정을 배웁니다. 그리고 6학년 과학 시간에는 꽃의 기능과 역할에 대해 공부합니다. 꽃은 나비와 곤충을 유혹하기 위해 여러 가지 전략을 사용합니다. 화려한 색깔, 달콤한 꿀, 암놈의 생식기처럼 보이는 꽃의 형태 등 다양한 전략을 사용하도록 진화되었습니다. 꽃은 결국 식물의 번식과 관련이 있어 보이네요. 꽃의 구조와 하는 일을 알아보니 우리 인간의 몸도 궁금합니다.

🌿 우리도 우리 몸이 궁금해

여러분은 여러분의 몸을 잘 알고 있나요? 뼈, 근육, 이, 피부, 뇌 등 신체 기관이 하는 일이 궁금하지요? 사람은 어떻게 음식을 소화하고, 맛과 냄새와 소리를 구분할까요? 무엇보다 우리가 이렇게 살아서 움직이게 만드는 것이 무엇인지 궁금합니다.

여러분, 자동차를 움직이게 하는 게 무얼까요? 자동차는 엔진이라는 기관의 힘으로 바퀴가 돌아가면서 움직입니다. 그런데 엔진을 돌리는 것은 휘발유나 경유 등 에너지입니다. 전기 자동차는 전기가 되겠지요. 그 에너지와 같은 것이 우리 몸속을 흐릅니다. 바로 혈액이지요. 그러면 혈액은 우리 몸에서 어떤 일을 할까요?

혈액은 여러 가지 물질을 우리 몸 곳곳에 전해 주는 역할을 합니다. 혈액은 혈장, 혈소판, 적혈구, 백혈구로 이루어져 있습니다. 적혈구는 우리 몸 전체에 산소를 공급해 주고, 백혈구는 몸에 들어온 세균을 무찔러 건강을 지켜 줍니다.

여러분의 부모님이나 어른들은 혈액에 굉장히 관심이 많아요. 혈액이 깨끗하고 혈관이 튼튼해야 오래 건강하게 살 수 있기 때문입니다. 잘못된 식습관과 불규칙한 생활로 혈액이 깨끗하지 못할 수도 있어요. 그리고 혈관에 노폐물 쌓여 혈액이 지나는 통로를 막을 수도 있어요. 그렇게 되면 굉장히 위험해져서 쓰러지거나 심지어 죽을 수도 있습니다. 그래서 혈액은 깨끗하게 유지해야 해요. 여러분도 어릴 때부터 골고루 음식을 섭취하고 규칙적인 생활을 해야 합니다. 여러분이 건강해야만 앞으로 많은 일들에 도전할 수가 있으니까요.

🌿 우주를 향한 인류의 도전

'인간은 왜 달에 가려고 할까?'라는 질문은 아주 중요합니다. 그 이유가 분명해야만 앞으로도 우리는 달을 탐사하는 도전을 계속할 수 있기 때문입니다. 1969년 7월 20일 아폴로 11호가 달에 무사히 착륙합니다. 닐 암스트롱이 달에 첫발을 디디면서 외칩니다.

"한 인간에게는 작은 한 걸음이지만 인류에게는 위대한 도약이다."

아폴로 11호에는 세 명의 우주인이 타고 있었습니다. 이들은 달 표면에서 2시간 30분 동안 걷고 암석을 채집하는 등 탐사 활동을 했습니다.

그러나 아폴로 11호라는 이름에서 볼 수 있듯, 이 한 번의 성공을 위해 치러야 했던 인류의 앞선 도전은 눈물겹습니다. 아폴로 1호는 발사대에서 화재가 발생해 우주인들이 모두 사망하고 말았습니다. 그 후 아폴로 계획은 한 단계씩 차근차근 진행됩니다. 아폴로 11호가 최초로 달에 착륙한 이후에도 아폴로 17호까지 프로그램은 진행되었습니다.

얼마 전 나사(NASA)는 아폴로 11호가 달에 처음 착륙했을 때의 동영상을 50년 만에 공개했습니다. 닐 암스트롱은 달 표면에서 아이처럼 폴짝거리며 돌아다니는 장난스러운 모습을 보여 줍니다. 이 영상을 보면 달에서 우리 몸무게가 정말 6분의 1로 줄어든다는 사실이 실감 납니다.

얼마 전에 미국은 아르테미스 1호를 발사해 달 궤도를 도는 실험을 다시 시작했습니다. 인류는 왜 달에 가려고 할까요? 달을 다시 탐사하는 이유는, 달에 있는 중요한 자원을 확보하고 더 먼 우주로 나아가는 탐사 기지로 활용하기 위해서입니다. 그래서 달뿐만이 아니라 화성에도 위성을 보내 탐사를 계속하고 있습니다.

언젠가는 화성에도 최초의 우주인이 방문하겠지요. 그 주인공이 여러분이 되었으면 합니다. 닐 암스트롱처럼 첫발을 내딛게 되는 날, 여러분은 지구의 인류를 향해 어떤 멋진 연설을 하고 싶나요? 밤하늘을 보며 마음껏 상상해 보세요.

과학

• book 22 •

《억울한 이유가 있어서 멸종했습니다》

이제 더는 볼 수 없는 동물들의 안타깝고도 흥미로운 사연

마루야마 다카시 | 위즈덤하우스 | 2022. 05.

🌿 그 많은 생물들은 왜 지구에서 사라졌을까?

5학년 과학책에서는 '생태계 평형'에 대해 이렇게 설명합니다. 어떤 지역에 살고 있는 생물의 종류와 수가 균형을 이루며 안정적인 상태를 유지하는 것. 만약 특정 생물의 수가 갑자기 늘거나 줄어들면 생태계의 평형이 깨집니다.

미국에는 '신이 이 세상 모든 생물을 위해 창조한 곳'이라 불리는 거대하고도 환상적인 옐로스톤 국립공원이 있습니다. 그런데 1990년 초, 이 아름다운 공원이 황폐화되기 시작합니다. 농부들이 가축을 해친다는 이유로 무분별하게 늑대를 사냥한 것이 시작이었습니다. 천적이 사라진 사슴의 개체 수가 갑자기 늘어났고, 사슴은 강가에 머물면서 풀과 나무들을 닥치는 대로 먹었습니다. 그 결과 강 주변의 토양이 침식되고, 나무로 집을 짓던 비버 등이 사라졌습니다.

이 사태를 해결하기 위해서 미국 정부는 1995년 공원에 14마리의 늑대를 풀어놓았습니다. 그러자 기적이 일어났습니다. 사슴의 수는 줄어들었고 풀과 나무들이 무성해지면서 비버 등 사라졌던 동물들이 돌아왔습니다. 다시 생태계의 평형을 이룬 거지요.

여러분 지구상에 존재한 생물의 99.9퍼센트가 멸종했다는 사실을 아나요? 아주 작은 변화 하나에도 자연 생태계는 균형이 무너질 수 있고 그 결과 수많은 동물이 사라질 수 있습니다.

《억울한 이유가 있어서 멸종했습니다》는 아주 재미있는 책입니다. 여러 멸종한 동물들이 등장하는데 그 이유가 참 흥미로우면서도 안타깝기도 합니다. 나름대로 이유는 있었다지만, 동물들 입장에서는 얼마나 억울했을까요? 지금도 지구상의 많은 동물들이 멸종 위기에 놓여 있습니다. 이유는 다양할 테지만, 대부분 인간의 욕심에서 비롯된 경우가 많습니다.

그럼 이제 더 이상 볼 수 없는, 억울한 동물들의 사연을 알아봅시다. 어떤 종들이 어떤 이유로 사라졌는지 알아야 살아남은 종들을 우리가 지킬 수 있으니까요.

🌿 발가락이 많아서 억울한 말

잘해 보려고 발달한 몸의 특징이 오히려 독이 되기도 합니다. 환경에

과학

맞게 진화하지 못해서 멸종한 동물로는 어떤 녀석들이 있을까요?

먹이 경쟁에서 밀려 뼈다귀만 먹다가 멸종된 에피키온, 오로지 사냥감만 바라봐서 멸종된 다이어울프, 대책 없이 덩치만 커서 멸종한 리드시크티스, 뛰는 놈 위에 나는 놈 있어서 멸종된 티타니스 등 멸종의 이유를 재미있는 말로 표현해서 절로 관심이 갑니다.

그중에서도 가장 흥미로운 제목은 '최신 유행을 따라잡지 못해서 멸종된 칼로바티푸스'입니다. 동물의 발가락 개수를 '유행'이라고 해석한 작가의 상상력이 돋보입니다.

말의 화석을 보면 발가락이 다섯 개인 말의 조상부터 발가락이 한 개인 에쿠스(지금의 말)까지 다양한 진화의 형태를 볼 수 있습니다. 초원으로 진출한 말의 조상들은 빨리 달리기 위해 발가락 개수가 점점 줄어들었지요. 그런데 신생대에 숲속에서 생활하던 칼로바티푸스는 발가락이 세 개였습니다. 숲이 줄고 초원이 늘어나지만 칼로바티푸스는 숲속에 계속 머물다가 서식지가 줄어들자 결국 멸종하고 맙니다. 그러나 그들과 같이 경쟁하던 발가락이 한 개인 플리오히푸스는 초원으로 나가 번성하게 됩니다.

🌿 덩치 큰 먹보들, 예상치 못한 상황을 맞이하다

한때 대한민국 여름밤을 시끄러운 울음소리로 가득 채워서 사람들의 밤잠을 설치게 했던 동물이 있습니다. 외국에서 식용으로 들여온 황소개구리입니다. 외래종 황소개구리는 동족까지 잡아먹는 엄청난 식성을 자랑하는데, 심지어 뱀까지 잡아먹어 생태계를 교란시켰던 무시무시한 놈입니다. 우는 소리가 얼마나 컸던지 마치 황소처럼 운다고 하여 황소개구리입니다.

그런데 그 황소개구리가 지금 거의 사라졌습니다. 수년간 황소개구리를 경험했던 토종 가물치와 메기의 반격이 시작되었기 때문이지요. 가물치와 메기 등은 황소개구리 올챙이를 잡아먹습니다. 또한 조그마한 물장군이 자기보다 덩치가 큰 황소개구리를 사냥합니다. 생태계의 자정 능력이 엄청나군요. 인간의 욕심으로 생태계가 파괴되었지만, 뜻밖의 상황으로 평형을 이루었네요. 아마, 황소개구리도 이런 상황은 예상치 못했을 것입니다.

이렇게 예상치 못한 일로 멸종한 동물들이 더 있습니다. 소에게 밀려서 멸종된 메갈로하이락스, 댐을 짓지 못해서 멸종된 카스토로이데스, 뒷다리가 쓸모없어서 멸종된 나자시 등, 멸종의 이유가 다양합니다. 그중에 보리아에나는 너무 거들먹거리다 멸종했다는데 도대체 어떻게 행동했을까요?

보리아에나는 남아메리카에 살던 커다란 동물로 단단한 턱, 커다란 어금니, 튼튼한 뼈를 가진 최강 육식동물입니다. 주로 덩치 큰 초식동물을 사냥하면서 어깨에 힘주며 살았습니다. 큰 기니피그 정도는 성에 차지 않았는지 관심도 두지 않았습니다. 그런데 어떤 이유에서인지 남아메리카의 거대 초식동물들이 사라지기 시작했습니다. 뒤늦게 사태를 깨달은 보리아에나는 큰 기니피그를 새로운 먹잇감으로 삼으려 했지만 도망치는 속도를 따라잡지 못해 멸종하고 맙니다.

사람이 일부러 생물을 멸종시키지는 않습니다. 대부분의 멸종은 '몰랐기 때문에' 벌어집니다. 숲을 개척해서 밭이나 주거지를 만들면 살 곳을 잃은 생물이 사라집니다. 무심코 들여온 외래종이 섬의 생물을 모조리 잡아먹기도 합니다. 희귀한 생물을 밀렵하거나 희귀 생물이 사는 지역에 댐을 건설하여 멸종되는 경우도 있습니다.

호주 태즈메이니아섬에 서식한 태즈메이니아 호랑이는 몸통에 호랑이 줄무늬가 있고 크기는 코요테 정도 되는 육식동물입니다. 19세기에 호주에 정착한 유럽인들은, 이 태즈메이니아 호랑이가 가축들을 잡아먹는다고 하여 마구잡이로 사냥을 했습니다. 그 결과 태즈메이니아 호랑이는 멸종됩니다.

사람 탓에 멸종된 동물들은 또 누가 있을까요? 인간을 위협적인 존재로 생각 못하고 태평하게 해변에서 자다가 멸종된 카리브해 몽크물범, 아름다운 색깔 때문에 사람들이 너도나도 포획하여 멸종된 극락앵무, 강을 정비해서 멸종된 일본 수달, 섬이 개발되어 멸종된 세인트헬레나 집게벌레 등이 있습니다.

그중에 타히티도요는 돼지에게 알을 빼앗겨서 멸종된 동물입니다. 아니, 돼지와 새의 알이 무슨 관계이길래 도요새가 멸종되었을까요?

타히티도요는 남태평양 타히티섬에서 살고 있었습니다. 타히티섬은 대륙에서 멀리 떨어져 있었기에 천적인 육상동물이나 맹금류가 없었고, 덕분에 타히티도요는 안전하게 살아갔습니다. 그런데 1768년 영국인들이 이 섬을 발견하면서 돼지도 들여왔습니다. 돼지들은 타히티도요가 땅에 지은 둥지 속 알을 모조리 먹어 치웠습니다. 그렇게 타히티도요는 섬이 발견된 지 10년 만에 멸종하고 말았습니다.

만약 인간이 섬을 발견하지 않았더라면, 발견하더라도 돼지 같은 외래종을 데려오지 않았더라면, 타히티도요가 둥지를 나무 위에 지었더라면… 그랬다면 아마 타히티도요는 지금도 남태평양에서 자유롭게 살고 있지 않을까요?

🌿 조만간 사라질지도 몰라

지금 지구상에 사는 동식물에게 가장 위험한 사태는 지구 환경 위기입니다. 기후 재앙으로 멸종 위기 상태인 동물들이 많습니다. 해수면이 상승하여 습지가 줄어들어 위험한 벵골 호랑이, 지구온난화 때문에 암컷으로 부화하는 바다거북, 이상 기온으로 대나무 서식지가 줄어든 자이언트 판다 등을 꼽을 수 있습니다.

우리나라에도 멸종 위기 동물이 있습니다. 추위에 강하지만 더위에 약한 붉은점모시나비, 황소개구리의 천적 물장군, 사과 재배지가 줄어들어 위험한 긴점박이올빼미, 침엽수가 사라져서 위험한 하늘 날다람쥐와 까막딱따구리, 사향노루 등이 조만간 사라질까 봐 걱정됩니다.

수십 년 전부터 지구온난화를 상징하는, 광고에도 자주 등장하는 동물이 있지요. 바로 북극곰입니다. 지구온난화로 얼음이 녹아서 먹이 사냥이 힘든 북극곰은 멸종 위기종 가장 앞자리에 있습니다. 북극곰은 얼음 위에 숨어서 기다리다가 숨 쉬러 올라오는 물범을 잡아 먹습니다.

과학

사냥을 위해서는 두꺼운 얼음이 있어야 하는데, 북극의 얼음은 점점 줄어듭니다. 다시 예전처럼 북극의 얼음이 두꺼워질까요? 조만간 우린 북극곰을 볼 수 없을지 모릅니다.

🌿 억울한 동물들이 더 이상 생겨나지 않도록

멸종 위기에서 간신히 살아 돌아온 동물들도 있습니다. 사람들이 동굴로 들어오는 바람에 사라졌던 필리핀 벌거숭이등과일박쥐, 호수가 말라서 멸종한 줄 알았던 팔레스티나 얼룩개구리, 화산 폭발로 사라진 줄 알았던 알바트로스는 어느 날 우리 눈앞에 다시 나타났습니다.

인간이 볼 때는 자연의 경이로움일 수도 있지만, 이 동물들은 멸종 위기에서 스스로 살아남아 겨우 종을 유지하는 것 같습니다. 이 동물에게 인간의 관심이 필요할까요? 아니면 무관심이 약일까요? 확실한 것은 이들의 서식지에 인간의 발걸음이나 흔적이 없어야 한다는 것입니다.

때로는 인간 주위에서 오히려 더 번성한 동물들도 있습니다. 소 같은 가축이 그렇고, 까마귀나 개미, 미국가재, 크릴새우 등도 환경의 변화에 잘 적응하여 진화에 성공했습니다.

특히 쓰레기를 잘 뒤져서 번성한 동물이 있으니 미국 너구리입니다. 원래 너구리는 호기심이 많습니다. 게다가 잡식성에 손재주가 좋아서 인간 주위에서 살기에 딱 알맞게 진화된 동물입니다. 가끔 만화 영화에 귀여운 도둑으로 등장하기도 하지요. 사람들의 생활이 풍요로워지고 음식물을 많이 버리자 너구리들은 인간 주위로 더 많이 모여듭니다.

여러분,《억울한 이유가 있어서 멸종했습니다》는 요즘 쓰는 말로 참 '웃픈' 책입니다. 재미있게 쓰인 글에 웃음도 나오지만, 많은 동물들이 억울한 이유로 멸종된다는 사실에 슬프기도 합니다. 스스로 고립되어 진화하지 못해 멸종한 경우도 있지만, 어쩔 수 없는 기후변화나 인간의 욕심에 의해 멸종된 동물들에게 너무나 미안한 마음이 드네요.

하지만 인간도 다양한 노력을 하고 있습니다. 대표적인 것이 '종 복원 사업'입니다. 1990년대 오대산에서 마지막으로 발견된 이후 사라진 반달가슴곰을 멸종위기종복원센터에서 복원하는 데 성공하여 지리산과 설악산 등 국립공원 일대에 풀어 주었습니다. 현재 이 곰들은 스스로 번식하고 있는 것으로 알려졌습니다.

물론 모든 종을 복원할 수 있는 것은 아닙니다. 50년 전만 해도 황해도, 강원도 등에서 볼 수 있었던 크낙새가 모두 사라진 후, 종 복원 사업을 펼쳤으나 크낙새의 서식 환경이 워낙 까다로워 인공 사육에 실패했습니다.

여러분, 인간은 만물의 영장답게 빠르게 지구의 주인공이 되었고, 더 빠르게 지구를 자신들만 살 수 있는 곳으로 만들었습니다. 그 결과 지구는 현재 황폐해졌고 기후위기에 봉착했습니다.

그러나 아직 늦지 않았습니다. 지금이라도 동물과 함께 살아갈 수 있는 환경을 만들어야 합니다. 여러분, 우리 인간이 깨달아야 할 중요한 사실이 하나 있습니다. 동물이 살지 못하는 땅에서는 인간도 살 수 없다는 사실 말이죠.

book 23

《어린이를 위한 종의 기원》

인류의 방향을 뒤바꾼 위대한 책

🌿 찰스 로버트 다윈 | 사비나 라데바 글 그림 | 달리 | 2019. 01.

🌿 **한때는 위험천만한 생각이었던 진화론**

초등학교 과학 시간에 '생물의 진화'에 대해 수업을 하다 보면 아이들은 신기하다며, 혹은 이해할 수 없다며 수많은 질문을 던집니다.

"선생님, 개가 늑대에서 진화했다고 하셨는데요, 왜 개들은 전부 다 다르게 생겼어요? 진돗개는 늑대 비슷한 거 맞는데… 푸들이나 퍼그는 늑대랑은 완전 거리가 먼데요? 퍼그는 돼지코잖아요!"

"맞아요. 그리고 저는 이런 이야기도 들었어요. 인간이 원숭이로부터 진화했다면 인간과 원숭이의 중간 단계도 존재해야 말이 된다고요. 근데 그런 생물은 없잖아요."

지구상의 모든 생물이 한꺼번에 생겨난 것이 아니라, 즉 창조된 것

183

이 아니라 수많은 시간을 거치면서 조금씩 진화했다는 것은 150년 전만 해도 목숨을 내놓을 만큼 위험한 생각이었습니다. 찰스 다윈이 1859년에《종의 기원》을 발표했을 때 종교계의 반발은 엄청났습니다. 당시 기독교가 대부분이었던 유럽 사회는 큰 충격을 받았고, 영국의 신문은 다윈을 원숭이에 빗댄 만평을 싣기도 했습니다.

하지만 다윈의 연구는 이후 사람들의 생각을 완전히 바꿔놓았고 '인류 역사상 최고의 아이디어'라는 평가를 받았습니다. 자연이 어떻게 지금과 같이 다양하고도 정교한 방식으로 발전해 왔는지를 설명해 주기 때문이죠.

《어린이를 위한 종의 기원》은 찰스 다윈의 그 유명한 책을 초등학생 눈높이에 맞추어 쓴 과학책입니다. 그림을 곁들여 재미있게 설명하기 때문에 초등학생들도 쉽게 이해할 수 있습니다.

여러분, 지구상에 존재하는 생물들의 비밀이 궁금하지 않나요? 그 비밀을 한 꺼풀씩 풀어내 볼까요?

🌿 최초의 진화론은 다윈이 아니라고?

19세기에 몇몇 과학자들이 생명이 한꺼번에 '창조'되었다는 학설에 의문을 제기했습니다. 대표적으로 라마르크의 '용불용설'이 있습니다. 쉽게 말해서, 자주 사용하는 신체 부위는 더욱 발달한 상태로 유전되고 자주 사용하지 않는 부위는 도태된다는 것입니다. 예를 들어 기린은 높은 곳에 달린 나뭇잎을 먹기 위해 목을 자주 쓰다 보니 목이 길어졌다는 이야기죠. 생각해 보면 상당히 논리적인 이론입니다.

그런데 과학자들이 한 가지 중요한 사실을 발견합니다. 행동이나 습관으로 어떤 변화가 일어나는 경우는 유전되지 않는다는 것이죠. 라마르크의 이론은 결국 인정받지 못했지만 사람들은 동물이 처음 생겨난 모습에서 조금씩 변해 왔다는 사실, 즉 '진화'에 관심을 가집니다. 그러나 진화의 과정이 왜, 어떻게 일어나는지는 알 수가 없었지요.

이러한 궁금증은 50년 후, 다윈에 의해 풀립니다. 다윈은 영국 군함 비글호를 타고 세계를 돌아다니며 화석을 채집하고 식물과 동물을 연구하면서 놀라운 사실을 발견합니다.

🌿 같은 종이라도 서로 다른 이유

다윈은 '종(species)'을 이렇게 설명합니다. '생김새가 비슷하고 자식을 낳을 수 있는 생물들의 무리'라고요. 개, 토끼, 비둘기 등을 생각하면 쉽습니다. 그런데 같은 종에 속하는 녀석들도 자세히 보면 각자 특성이 다릅니다. 토끼들도 털의 색깔, 귀의 길이, 다리 길이, 달리는 속도 등이 개체마다 다릅니다. 이렇게 같은 종들 중에서도 개체들이 저마다 다른 특징을 보이는 현상을 '변이'라고 합니다.

인간은 오래전부터 동물을 기르고 식물을 재배하면서 그중 우수한 종들을 따로 분류했습니다. 이 우수한 종들을 선택적으로 교배하면 우수한 형질을 물려받은 종들을 계속 이어 갈 수 있지요. 그렇게 뛰어난 종을 개발합니다.

인간의 오랜 반려동물 개를 예를 들어 봅시다. 개들은 야생 늑대로부터 비롯된 하나의 종입니다. 그러나 인간이 사육하면서 수많은 변이가 이루어졌습니다. 프랑스 귀족처럼 예쁜 털에 아름다운 푸들, 강력한 이빨과 단단한 근육을 가진 불도그, 날씬하고 긴 다리와 유연한 몸으로 빠르게 달리는 그레이하운드, 짧은 다리와 돼지코를 가진 귀여운 퍼그 등 340품종이 넘습니다.

식물 재배에서도 변이는 일어납니다. 인간은 병충해에 강한 벼나 당도가 높은 과일 품종을 만들어 냈지요. 이렇게 우수한 형질을 인위적으로 교배하면 그러한 종들은 '변이' 과정이 반복되어 더욱 우수한 종이 나타납니다.

그러면 자연 상태에서도 우수한 형질이 나타나 새로운 종으로 이어질까요? 다윈은 자연 상태에서도 변이는 언제나 일어난다고 설명합니다. 다만 그 변이들 중에서 생존에 유리한 것만 자연적으로 선택되어 후손에게 전해진다는 것이죠.

다윈이 갈라파고스에서 관찰한 '핀치'라는 새들은 저마다 부리의 모양과 크기가 다르고 먹는 것도 달랐습니다. 딱딱한 씨앗을 먹는 핀치는 씨앗을 깨뜨리는 데 알맞은 큰 부리를 가졌고, 무른 씨앗을 먹는 녀석의 부리는 작았습니다. 선인장꽃을 뜯어먹는 핀치는 부리가 길고 뾰족했고, 나무 속의 곤충을 끄집어내어 먹는 핀치는 도구를 물기 알맞게끔 부리가 발달했습니다. 이렇게 어떤 종류의 먹이를 먹느냐에 따라서 핀치 새의 부리 모양이 각각 달랐던 것이죠.

🌿 누가 자연의 선택을 받을 것인가?

동물들에게 자연이란 먹고 먹히는 생존 경쟁이 일어나는 곳입니다. 제한된 환경 안에서 먹이와 보금자리를 두고 경쟁해야 하며, 결국 환경에 가장 잘 적응한 생물만이 살아남게 됩니다. 어떤 동물은 야생에서 살아가는 데 조금 더 유리한 특징을 가지고 있습니다. 호랑이의 주황색과 검정색 줄무늬는 사슴과 같은 초식동물들 눈에는 녹색으로 보인다고 합니다. 그러니 호랑이가 숲속에 있으면 잘 식별하지 못하겠지요. 호랑이의 줄무늬는 오랜 시간 진화를 통해 사냥에 가장 적당한 방식으로 진화를 한 것입니다.

앞서 말한 기린도 마찬가지입니다. 목이 긴 기린은 먹이 경쟁에서 이겨 자연 선택을 받았고 자손에게 형질을 물려 줄 수 있었습니다. 목이 짧은 기린은 자연 도태되어 지금은 볼 수 없게 되었지요. 이런 작은 차이가 어떤 개체가 살아남고 죽을지를 결정합니다. 그 차이에 따라 어떤 종은 점점 번성하고 어떤 종은 점점 사라지거나 결국 멸종하게 됩니다.

농작물 해충인 바구미는 껍질에 털이 없는 노란색 복숭아를 즐겨 먹고 껍질에 털이 많은 분홍색 복숭아는 싫어합니다. 분홍색 복숭아는 바구미를 피해 씨앗을 퍼뜨리기에 유리하기 때문에 노란색 복숭아보다 개체수가 훨씬 많습니다. 자연에서 선택을 받은 경우입니다.

이처럼 자연 선택에 따라 생존에 유리한 종만이 살아남고 그렇지 못한 것은 도태됩니다. 그리고 우수한 생물 종의 형질은 또 다른 새로운 종의 출현으로 이어집니다. 서로 경쟁하고 자연 선택이 반복된 결과 생명체들이 진화하는 것입니다.

🌿 생명의 나무가 하는 이야기

다윈 이전의 진화론은 생물 종이 하등동물에서 고등동물로 진화하는 사다리 모형을 따릅니다. 그 최상위에는 인간이 있습니다. 인간의 조상을 따라가다 보면 원숭이나 침팬지가 나오게 되므로, 여기에 의문을 품는 사람들이 많았습니다.

다윈은 진화의 방향을 사다리 모양이 아닌 나무 모양으로 바꾸었습니다. 나무의 끝자락에 있는 생물 종은 오랜 세월 각각의 환경에 가장 알맞게 진화한 최종 생명체가 되는 것입니다.

고래를 생각해 볼까요? 고래는 지구상 동물 중 가장 마지막에 육지에서 바다로 진화한 생물 종입니다. 최근에 발견된 화석을 보면, 육지 동물인 파키케투스가 중간 단계인 암불로케투스, 도후돈를 거쳐서 고래로 진화했음을 확인할 수 있습니다. 5,000만 년 전 육상 동물의 뼛조각에서 고래목의 귀뼈가 발견되고 고래의 뒷다리뼈가 고래 몸속에 아직 남아 있다는 사실, 또 고래의 DNA 분석 결과 하마, 돼지, 사슴 같은 발굽 포유류와 가장 밀접하다는 연구 결과도 진화론의 과학적인 근거로 볼 수 있습니다.

다윈의 진화론을 '생명의 나무'라는 개념으로 쉽게 이해할 수 있습니다. 생명의 나무는, 과거에 지구에 살았다가 멸종한 생물 종들과 오늘날까지 살아남은 생물 종들이 진화한 과정을 담고 있습니다.

생명의 나무에 따르면, 모든 생물은 최초의 공통 조상을 가집니다. 그래서 서로 비슷한 점들이 있지요. 예를 들어 고래의 지느러미 속 뼈 구조는 개구리의 다리, 개의 발, 박쥐의 날개, 여우원숭이 다리, 사람 손의 뼈 구조와 비슷합니다. 이를 생물의 유연성이라고 합니다. 전혀 다른 동물들이라도 분류하다 보면 생명의 나무에서 하나의 가지를 공유할 수 있습니다.

생명의 나무에서 원숭이나 침팬지는 인간이 될 수 없으며, 인간의 조상도 아닙니다. 맨 처음 생물체로부터 분화된 개체들은 저마다 자연 선택에 따라 진화를 이루어 왔습니다. 그렇게 현재 지구상에 살아남은 모든 동식물들은 진화의 끝자락에 있습니다.

🌿 지금 우리는 최고의 생명체

생명의 나무를 보면 인간은 지구상에 존재하는 다른 수많은 생명체와 함께 나무의 끝에 자리 잡고 있습니다. 나무 끝자락에 있는 동식물들을 놓고 누가 더 뛰어난지 가리는 것은 의미가 없는 일입니다. 지구가 탄생하고 수억 년의 시간이 지나 바다의 한 곳에서 태초의 생명이 꿈틀거리고, 다시 수억 년의 시간이 지나 그 생명체는 바다에서 육지로 진화합니다. 지구상의 모든 동식물은 단지 자연의 선택을 받은 운 좋은 생물 종일 수도 있습니다. 그러나 한편으로는 그 치열한 생존 경쟁에서 살아남은 최고의 생명체들이라고도 할 수 있습니다.

여러분, 《어린이를 위한 종의 기원》을 읽어 보면 자연의 위대함에 절로 감탄하게 됩니다. 그래서 다윈은 뉴턴, 갈릴레이와 함께 인류사에 가장 큰 영향을 끼친 3대 과학자로 손꼽힙니다. 1962년 노벨 생리의학상을 받은 제임스 왓슨은 다윈에 대해 다음과 같은 찬사를 보냅니다.

"그는 인류 역사상 가장 중요한 인물이다. 내 어머니보다 더 중요하다. 그가 없었다면 생명과 존재에 대해 어떻게 알 수 있었을까!"

현재 지구상에 존재하는 모든 생명체는 자연의 선택을 받은 최고의 생명체이자, 최종 진화 결과물입니다. 현재까지는 말입니다. 그러나 앞으로 수천 년, 아니 수만 년 뒤 지구상에는 또 어떤 진화된 생명체들이 존재할지 모릅니다. 지구는 언제나 살아 움직이니까요.

book 24

《과학자들은 하루 종일 어떤 일을 할까?》

더 좋은 세상을 위해 일하는 우리 곁의 과학자들

🌿 제인 윌셔 | 주니어RHK | 2021. 08.

🌿 우리 곁의 다양한 과학자들

여러분이 다니는 학교가 누군가에게는 직장이라는 생각을 해보았나요? 학교에서 일하는 분들은 누가 있을까요? 당연히 여러분을 가르치는 선생님들이 제일 많겠지요. 그리고 선생님과 학생들을 도와주는 행정실, 급식실 직원분들과 보건선생님, 상담선생님, 방과후학교 선생님 등 많은 분들이 모두 열심히 일하고 계십니다.

중학교나 고등학교에 가면 선생님들이 좀 달라집니다. 초등학교와 달리 국어, 수학, 영어, 과학, 사회, 체육 등 과목별 선생님이 따로 있습니다. 특히 고등학교는 과학 과목이 더 자세하게 나누어지지요. 물리, 화학, 생물, 지구과학. 이렇게 네 과목이나 되고 각 과목을 가르치는 선생님도 따로 있습니다.

생각해 보면 과학을 다루는 직업은 참 다양하구나 싶습니다. 실험실에서 연구하는 과학자만 있는 게 아니라, 우리 일상과 밀접한 곳에서 세상이 더 편리한 곳이 되도록 열심히 일하는 과학자들이 많습니다.

시민들이 마시는 물, 공기, 토양을 관리하는 수질환경기사, 대기환경기사, 토양환경기사들이 대표적이지요. 또, 각 지역의 기상대에서 근무하는 분들은 시민에게 날씨에 관해 중요한 정보를 제공하는 일을 합니다.

《과학자들은 하루 종일 어떤 일을 할까?》는 과학자들이 하는 다양한 일을 알아보는 과학책입니다. 한편으로는 과학과 관련된 어떤 직업들이 있는지도 알 수 있어서, 초등학생들이 미래의 직업을 생각할 때 도움이 됩니다. 병원, 박물관, 북극 과학 기지, 천문대, 항공우주센터, 컴퓨터 기술연구소 등 14곳에서 과학자들이 하는 일에 대해 재미있는 이야기가 가득 들어 있습니다.

오늘도 바쁜 과학자들. 무슨 일을 하는지 알아볼까요?

🌿 우리의 건강을 위해 일하는 과학자들

우리나라는 국가가 운영하는 건강보험의 혜택이 굉장히 큽니다. 다른 나라 사람들이 부러워할 정도지요. 국민들은 매월 적당한 보험비를 납부하고, 아플 때는 병원에서 아주 저렴히 치료를 받을 수 있습니다. 또한 국가에서는 국민들이 건강검진을 받을 수 있도록 법으로 정해 놓았습니다.

건강검진센터에 가면 기본적으로 혈액검사, 난청검사, 시력검사, 대소변검사, X-레이 촬영 등을 합니다. 추가 비용을 내고 위 내시경 및 대장 내시경 검사, 초음파 검사, 각종 암 검사를 할 수 있습니다.

《과학자들은 하루 종일 어떤 일을 할까?》에서 소개하는 건강검진센터에는 다양한 직업이 등장합니다. 의사와 약사, 치과 의사 외에도 환자의 귀와 청력을 검사하고 보청기를 맞추는 청각 전문가, 시력을 검사하여 잘 보이는 안경을 맞춰 주는 안경사, 증상에 맞는 운동법을 알려 주는 물리치료사가 있습니다.

또 아픈 사람들의 집을 방문하여 환자의 상태를 확인하고 필요한 약을 주는 가정 전문 간호사, 환자의 마음을 이해하고 대화하는 심리 치료사 등이 환자를 도우면서 같이 일하고 있습니다.

🌿 북극 기지에서 일하는 과학자들

북극 과학 기지에서 일하는 과학자들은 여러 달 동안 함께 살며 일합니다. 바닷속 동식물을 연구하는 연구원과 해양 생물학자, 동물학자들이 이곳에 있지요. 또 북극의 암석과 땅의 표본을 연구하는 지질학자, 얼음 아래쪽 세계를 탐사하는 탐사 잠수부, 수송 차량을 점검하는 수송 차량 정비사, 동료나 가족들 그리고 전 세계 다른 과학자들과 소통하는 통신기사, 위험한 북극에서 사람들이 안전하게 일하도록 돕는 북극 탐사 가이드가 함께 일하고 있습니다.

앞으로 지구온난화로 인해 북극의 얼음이 녹으면 북극 기지에서 일하는 과학자들이 더욱 바빠지고 더 많은 전문 인력이 필요할 수도 있습니다. 북극 동토층이 녹게 되면 얼었던 세균이나 바이러스가 활동할 것으로 보입니다. 그래서 세균과 바이러스를 다루는 과학자들이 필요합니다.

그뿐이 아닙니다. 새로운 북극 항로를 개척하기 위한 항로 전문가와 물류 전문가, 쇄빙선을 운행할 과학자들도 필요합니다. 또 북극의 해저에 있는 에너지를 연구할 에너지 관련 과학자도 꼭 필요하겠지요.

🌿 우주로 향하는 길목에서 일하는 과학자들

2022년 8월 18일 미국의 달 탐사 로켓인 '아르테미스 1호'가 달 궤도를 비행한 후 지구로 귀환했습니다. 아폴로 17호가 달 표면에 착륙한 지 50년 만에 미국은 다시 달 탐사를 시작한 것입니다. 달에 있는 에너지와 자원을 다른 나라보다도 먼저 확보하는 것이 목적입니다. 그리고 최종적으로는 화성을 탐사하여 화성을 먼저 선점하겠다는 목표를 가지고 있습니다.

이런 일을 하는 곳이 바로 우주비행 관제센터와 항공우주센터입니다. 두 기관은 '우주'라는 공통점이 있지만 조금씩 다른 부분도 있습니다. 우주비행 관제센터는 주로 우주 정거장에서 활동하며, 항공우주센터는 지상에서 로켓과 항공기 관련 일을 하는 곳입니다.

지구를 벗어나 우주 정거장에서 활동하려면 아주 많은 분야의 전문

과학

가가 필요합니다. 우주 통신 기술자와 항법 기술자, 항공 우주 의학자도 필요하지요. 그리고 우주 정거장을 관리할 책임자인 함장이 필요합니다. 1988년부터 세계 여러 나라가 지구 바로 위에 거대한 규모의 다국적 우주 정거장을 운영한 적이 있습니다. 이곳에서 우주인들이 상주하며 다양한 우주 실험을 하고 지구를 관측했지요.

지상에서 일하는 항공우주센터 역시 많은 전문가들이 모여 일합니다. 로켓 연구가, 항공 우주 공학자, 기계 공학자, 항공교통 관제사들이 일하고 있습니다. 비행기가 날아 다녀야 하기에 당연히 비행기 기장도 필요하며 비상시를 대비해 응급 의료 헬기 조종사도 있어야 합니다.

수많은 전문가들이 보이지 않는 곳에서 일하면서, 사람과 물자를 수송하고 다양한 실험과 연구를 한다니 감사하다는 생각이 듭니다.

🌿 컴퓨터 기술 연구소에서 일하는 과학자들

컴퓨터 기술 연구소는 현재 청소년들이 가장 관심을 보이는 연구소인 동시에, 우리의 미래를 이끌어 갈 연구소입니다. 인공지능이나 빅데이터라는 말을 들어 보았지요? 이런 정보통신기술을 사용해서 우리 경제와 사회 전체에 엄청난 변화가 일어날 텐데, 이를 4차 산업혁명이라고 합니다. 4차 산업혁명이 시작되는 곳이 바로 이곳입니다.

컴퓨터 기술 연구소에는 로봇 공학자와 새로운 컴퓨터 프로그램을 개발하는 소프트웨어 개발자, 컴퓨터 프로그래머가 함께 일합니다. 또한 컴퓨터와 각종 전자제품들을 연결하는 시스템 엔지니어, 컴퓨터 수리기사, 통신 시스템 책임자, 사운드 엔지니어와 발명가들이 서로 협업하며 함께 연구를 합니다.

4차 산업혁명은 어려운 것이 아닙니다. 이미 여러분의 손에 와 있습니다. 여러분이 손에 들고 있는 스마트폰을 보세요. 우리는 스마트폰으로 인터넷을 통해 다양한 프로그램을 연결하고, 메타버스에서 다른 사람들과 소통하기도 합니다.

앞으로 전개될 세계는 인공지능 시대가 될 것입니다. 도로에는 자율 주행 자동차가 달리고, 드론 택시를 타고서 하늘을 날아 빠른 속도로 목적지에 도착할 수 있겠지요. 가정과 학교, 직장에서는 로봇들이 인간을 대신해서 어렵고 위험한 작업을 할 것입니다.

어려운 외국어를 번역해 주고, 자신의 목소리로 말하는 언어기계를 상상해 보세요. 앞으로는 복잡한 컴퓨터 프로그래밍을 몰라도 아이디어와 마음만 있다면 누구나 쉽게 디지털 세계에서 독창적인 플랫폼이나 나만의 콘텐츠를 만들 수 있을 것입니다.

그런 4차 산업혁명의 시대를 이루기 위해 오늘도 과학자들은 컴퓨터 기술 연구소에서 다양한 일을 하고 있습니다.

🌿 우리 모두는 과학자

2022년 7월 교육부와 한국직업능력연구원에서 초중고 학생 2만 2,702명을 대상으로 직업에 대해 조사를 했습니다. 그런데 조사 결과가 놀랍습니다. 초등학생의 19.3퍼센트, 중학생의 38.2퍼센트, 고등학생의 27.2퍼센트가 희망 직업이 없다고 답했다고 하네요. 왜냐고 물었더니, '내가 뭘 좋아하는지 몰라서'라고 했답니다.

또 한 가지 걱정스러운 사실은 초등학생들의 희망 직업 10위에 2020년, 2021년, 2022년 3년 동안 과학 관련 직업이 하나도 없었다는 것입니다. 과학은 나라를 더 부유하고 힘 있게 만드는 아주 중요한 학문입니다. 그래서 과학 인재들을 키우는 과학고등학교, 카이스트나 포항공대처럼 과학이라는 학문에 집중하는 여러 공과대학이 존재합니다.

사실 우리는 알게 모르게 일상에서 과학적 활동을 많이 하고 있습니다. 갑자기 전기가 나갔을 때 부모님은 누전차단기나 전원 스위치 등을 확인합니다. 여러분은 복잡한 레고나 과학상자 조립을 아주 열심히, 재미있게 해냅니다. '누가 더 오래 날릴까?' 경쟁하며 접는 종이비행기 속에도 과학적 원리가 담겨 있지요. 이 모든 것이 과학적 활동입니다.

과학은 우리 주위에 항상 존재하는 사실 매우 즐겁고 신나는 일입니다. 과학의 원리로 세상에 없던 그 무엇을 만들어 내었을 때, 그리고 그 무엇이 사람들에게 중요한 도움을 줄 때 얼마나 뿌듯하고 기쁠까요? 이렇게 멋지고 대단한 과학의 세계에 관심을 가지고 도전해 보는 것은 어떨까요?

• book 25 •

《1도가 올라가면 어떻게 될까?》

땀 흘리는 지구가
우리에게 들려 주는 이야기

 크리스티나 샤르마허-슈라이버 | 책읽는곰 | 2022. 03.

🌿 겨우 1도인데?

4학년 과학 시간에 지구온난화 문제로 토론을 합니다. 선생님이 지구의 온도가 1도만 높아져도 지구 생태계는 크게 위협받는다고 얘기하자 학생들이 믿지 못하겠다고 합니다.

"아니, 선생님 겨우 1도인데요? 우리나라는 여름에는 엄청 덥고 겨울에는 엄청 춥잖아요. 그 차이만 해도 30도는 넘을걸요?"

나름대로 일리가 있네요. 우리나라의 여름은 38도까지 오르고, 겨울에는 영하 10도까지 내려가니까 여름과 겨울의 차이가 48도나 되지요. 그런데 겨우 1도 가지고 지구가 정말 위험할까요? 그것도 150년 동안 겨우 1도인데요.

과학

《1도가 올라가면 어떻게 될까?》는 이런 궁금증에 답해 주는 책입니다. 이 책에 따르면 기후변화는 자연스러운 현상이라고 합니다. 그러나 최근 들어 인간의 편리함을 위해 만든 문명이 지구온난화를 앞당기는 것이 문제라는 것이지요. 우리가 하는 모든 일들이 기후변화와 관련 있음을 이 책에서 쉽게 설명하고 있습니다.

여러분, 과연 겨우 1도의 변화가 기후 위기를 초래할까요? 또 어떤 이유때문에 그 1도의 변화가 발생할까요? 그것을 알아야만 우리는 대책을 세울 수 있습니다.

🌿 점점 길어지는 여름

여러분, 지구가 점점 더워지고 있는 걸 아나요? 여러분의 부모님이 어렸을 때만 해도 겨울에는 몹시 추웠습니다. 양말을 두 겹으로 신고 마을 앞 강가에 나가면, 강물이 두껍게 꽁꽁 얼어 있어서 스케이트도 타고 얼음 위에서 팽이치기도 했습니다. 그런데 요즘 아무리 추워도 강물이 얼지 않습니다. 물론 강물이 오염된 원인도 있겠지만, 그보다는 예전보다 추운 날이 짧아졌기 때문입니다. 반대로 더운 날은 점점 길어지고 있습니다. 왜 그럴까요?

태양이 모든 지역을 똑같이 비추는 것은 아니기 때문에 기후는 지역마다 차이가 있습니다. 지구에서 가장 햇빛을 많이 받아 무더운 열대지방과 햇살이 비스듬히 내리쬐어 추운 한대지방, 지구 자전축이 23.5도 기울어진 채 자전과 공전을 하기에 사계절이 뚜렷한 온대지방이 있습니다. 여기에 공기와 해류가 지구 전체의 열을 고르게 퍼지게 합니다. 그래서 수천 년 동안 지구는 안정된 기후 환경을 지켜왔습니다.

그런데 갑작스럽게 지구가 더워진 이유는 무엇일까요? 산업혁명 이후로 폭발적으로 늘어난 화석연료는 대기 중에 이산화탄소, 메탄, 유황 등의 온실가스 농도를 높였습니다. 온실가스는 태양열이 지구 밖으로 나가지 못하게 해서 지구의 온도를 높이고 있습니다.

🌿 기후는 늘 변해 왔어

공룡이 살던 때는 지금보다 훨씬 따뜻했습니다. 그러다 6,500만 년 전쯤 운석 충돌로 지구는 엄청난 기후변화를 겪습니다. 화산이 폭발하고 엄청난 양의 먼지와 재가 지구를 뒤덮으면서 햇빛이 땅에 닿지를 못하여 식물이 얼어 죽자, 결국 공룡도 멸종합니다.

지구가 꽁꽁 얼어붙었던 대빙하기가 10만 년쯤 이어지다가 1만 년 전쯤부터 지구는 따뜻해지기 시작합니다. 다양한 동식물이 지구에서 살게 되고 지구 환경을 구성합니다. 그런데 16세기 말부터 지구가 다시 몹시 추워지기 시작하는데 이를 소빙하기라 불립니다.

이때 전 세계적으로 혹독한 겨울이 찾아오고, 여름에도 선선하여 농작물이 자라지 않아 식량이 부족해졌습니다. 이를 '대기근'이라 합니다. 조선은 1670년 대기근을 맞습니다. 소빙하기로 찾아온 기후변화와 오랜 가뭄은 땅을 메마르게 하고 식물은 시듭니다. 갑자기 쏟아진 우박과 엄청난 홍수 때문에 그나마 남아 있던 곡식도 다 죽어 버리는 비참한 상황을 맞이합니다. 당시 조선의 인구는 1,000만 명쯤 되었는데 이때의 대기근으로 인해 인구의 10분의 1인 100만 명이 죽습니다.

지구는 수억 년 동안 빙하기 시대와 간빙기 시대가 번갈아 나타났습니다. 기후변화는 수십, 수백만 년에 걸쳐서 천천히 나타납니다. 지구가 태양 주위를 긴 타원형으로 돌 때 춥고, 원에 가까운 형태로 돌 때 따뜻해집니다. 그리고 지구 자전축도 일정하지 않아 자전축의 기울기에 따라 기후도 변합니다. 또 태양의 흑점에 따라 지구에 도달하는 햇빛의 양도 달라집니다. 온실효과도 기후변화에 중요한데 온실가스가 없다면 지구의 평균 기온은 영하 19도까지 떨어질 것입니다. 즉, 온실효과도 지구의 생명체 활동에 아주 중요합니다.

🌿 인간이 끊임없이 배출하는 이산화탄소, 어떻게 줄일 수 있을까?

사람이 살아가려면 많은 에너지가 필요합니다. 건물에서 사용하는 전기는 주로 화력발전소에서 생산됩니다. 자동차는 석유를 사용하고 집에서 난방은 천연가스를 사용하지요. 이들 에너지는 모두 화석연료에서 나옵니다. 화석연료는 먼 옛날 동식물이 땅속 깊이 묻혀 뜨거운 온도와 압력에 의해 만들어진 거지요. 특히 죽은 식물이 쌓여 만들어진 석탄은 이산화탄소를 다량 함유하고 있어 석탄 에너지를 사용할 경우 이산화탄소가 많이 배출됩니다.

그런데 인간이 살아가면서 배출하는 이산화탄소 양은 엄청납니다. 예를 들어 여러분이 자주 입는 옷인 청바지를 한번 볼까요? 면을 생산하고, 실을 염색하고, 염색한 실로 천을 짤 때마다 이산화탄소가 배출됩니다. 천을 자르고 바느질해서 청바지를 만들면, 운반하고 판매하여 여러분의 손에 들어오기까지 각 단계마다 이산화탄소가 또 발생하지요. 청바지 한 벌을 생산하는 데 무려 32.5킬로그램의 이산화탄소가 발생하며, 소나무 11.7그루를 심어야 없앨 수 있다고 합니다.

샤워하거나 빨래할 때도 에너지가 필요하다는 사실을 알고 있나요? 우리가 물을 사용할 때, 그리고 사용한 폐수를 처리하는 과정에서도 에너지가 듭니다. 한 가정이 일상생활에서 배출하는 이산화탄소는 1년에 5톤이 넘으며 이것을 흡수하기 위해서는 나무 30그루를 40년 동안 가꾸어야 합니다. 정말 힘들고 오래 걸리는 일이군요.

여러분, 인간은 살아가기 위해 어쩔 수 없이 탄소를 배출해야 하지만, 최선의 방법은 그 양을 지구가 견딜 수 있을 만큼 줄이는 것입니다. 결국 온실가스를 줄이기 위해서 우리는 생활 습관을 바꾸어야 합니다.

모든 쓰레기를 재활용한다면 원료와 에너지를 줄여서 온실가스도 줄일 수 있습니다. 매년 약 1,000만 톤의 플라스틱 쓰레기가 바다에 버려진다고 합니다. 1분마다 1톤 트럭 한 대 분량의 쓰레기가 버려지는 셈입니다.

고기 종류보다는 온실가스를 훨씬 적게 배출하는 과일과 채소를 자주 먹었으면 합니다. 하지만 먼 곳에서 배나 비행기로 오는 식품들은 신선도를 유지하기 위해 냉장 상태로 보관해야 하기 때문에 에너지를 소비하고 이산화탄소를 배출할 수밖에 없습니다. 그래서 제철 음식을 먹어야 하고, 가까운 우리 지역 농산물을 이용해야 합니다.

과학

🌿 지금 당장 행동으로 옮기자

현재 전 세계 인구는 80억입니다. 50년도 안 되는 기간 동안 40억이 늘었으니, 증가 속도가 폭발적입니다. 인구 증가는 결국 온실가스 증가와 지구온난화로 이어집니다. 집중폭우, 거대한 태풍, 이상 한파, 폭염 등 이상기후 현상이 더욱 잦아지고 있습니다. 전 세계 해수면도 계속 상승해서 지난 150년 동안 해수면이 20센티미터가량 높아졌습니다.

실제 남태평양에 여덟 개 섬으로 이루어진 나라 투발루는 섬 두 개가 이미 바다에 잠겨 없어졌습니다. 40년 이내에 투발루는 지구상에서 사라진다고 합니다. 투발루에 사는 사람들은 계속 밀려드는 바닷물에 고향을 떠나 낯선 국가에 정착해야 합니다. 우리가 편리를 위해 사용하는 화석연료 때문에 먼 나라 사람들이 재앙을 맞고 있는 것입니다.

그래서 2015년 195개 나라의 정치인들이 모여 '파리기후변화협약'을 맺었습니다. 내용은 이렇습니다.

- 지구의 평균기온이 1.5도 이상 올라가지 않도록 노력한다.
- 2050년부터 온실가스 배출량이 식물이 분해하거나 흡수할 수 있는 양을 넘지 않도록 한다.

그러나 일부 선진국과 강대국들은 자기 나라의 이익을 위해 이를 지키지 않고 심지어 탈퇴하는 국가도 있습니다. 이런 나라들의 변덕 때문에 파리기후변화협약의 앞날이 순탄치는 않을 것 같습니다. 그렇다고 낙심한 채 가만히 있을 수는 없습니다. 지금 바로 우리는 지구를 지키는 행동을 해야 합니다.

바람, 태양, 물 등으로 전기를 만드는 재생에너지 정책을 펼쳐야 합니다. 친환경 전기차나 수소차의 비중을 늘려야 합니다. 국가와 기업은 탄소배출권을 제도화해서 온실가스를 줄여야 합니다. 도시 곳곳에 자전거 도로를 만들어 친환경 도시정책을 펼쳐야 합니다. 이것은 한 개인이 할 수 있는 일은 아닙니다. 국가나 기업이 나서야 합니다.

물론 우리들 개인도 작지만 위대한 행동을 할 수 있습니다. 건물 옥상과 지붕에 식물을 심고 빈 땅에 과일나무를 심습니다. 집집마다 태양광 발전과 단열 난방을 통해 에너지를 절약하는 것도 좋습니다. 포장 쓰레기가 나오지 않게 장바구니도 가지고 다녀야지요. 또 지역에서 나는 농산물이나 제품을 사용하도록 노력해야 합니다.

🌿 제2의 지구는 없다

1980년대부터 많은 과학자들은 기후 위기에 대해 경고를 해 왔습니다. 사람들이 이것을 먼 훗날의 일로만 생각하는 동안 예상보다도 훨씬 빠르게 지구의 온도는 상승하고 있습니다. 그 결과, 바로 지금 위기가 찾아온 것을 사람들은 느낍니다.

우리들 학교에서는 기후 위기에 대응하기 위해 생태전환교육과 일상 속 탄소 중립을 위한 '탄소 제로 운동'을 실시합니다. 학생들은 학교 텃밭에서 식물을 재배하고 가꾸며, 숲 가꾸기를 하면서 자연을 직접 체감합니다. 이산화탄소 배출량을 줄이는 것도 중요하지만 배출된 이산화탄소를 없애는 것도 중요합니다. 그래서 교실에서 쓰레기 분리수거를 하고 공기 정화식물을 재배하기도 합니다.

《1도가 올라가면 어떻게 될까?》는 기후변화의 모든 것에 대해 초등학생들도 쉽게 알 수 있도록 안내하는 책입니다. 이 책은 우리에게 말합니다.

"오늘도 지구를 열 받게 했니? 그런데 알아 둬. 제2의 지구는 없어!"

지구를 구하는 행동은 나를 구하는 행동입니다. 우리의 미래는 우리가 지켜야 하니까요.

book 26

《발명이 팡팡》

역사를 바꾼 놀라운 발명들은
어떻게 탄생했을까?

EBS 발명이 팡팡 제작팀, 정서연 | (주)블루앤트리 | 2013. 11.

🌿 다 빈치만큼이나 멋진 학생들의 아이디어

아이들에게 '인간과 자연을 위한 과학 기계 구상하기' 과제를 내준 적이 있습니다. 일주일 동안 아이들은 자기만의 독창적인 과학 기계를 구상해서 도안을 그려 발표했습니다.

"이 발명품은 똥장군 같이 보이지만 '자동 인간 세척기'입니다. 이 통속에 머리를 넣고 파란색 버튼을 누르면 물줄기가 시원하게 나옵니다. 검정색 버튼은 비누칠, 빨간색 버튼은 샴푸가 나와요. 흰색 버튼을 누르면 솔과 스펀지가 나와서 세수를 시켜 주고 머리도 감겨 줍니다."

한 친구의 발표에 아이들은 획기적이라며 환호했습니다. 선생님이 '수건과 드라이기까지 설치하면 완벽할 것 같다'고 덧붙이자 발표한 학생은 '그런 서비스도 가능하다'며 그 자리에서 연필로 동그란 버튼을 그려 넣고 너스레를 떨어 교실을 한바탕 웃게 만들었습니다.

해마다 열리는 대한민국 학생발명대회가 있습니다. 여기서는 '자동 인간 세척기'만큼이나 창의적이고 실생활에 필요한 발명품들이 매년 쏟아집니다. '안경 김 서림 방지 장치', '중환자 생명 유지를 위한 안전 잠금 콘센트', '2차 사고 방지를 위한 바리케이드' 등 초등학생이 아이디어를 내어 만든 발명품들이 좋은 성과를 내어 상도 받았습니다.

정서연 작가의 《발명이 팡팡》은 역사 속의 획기적인 발명 이야기들을 소개하는 책입니다. 모두 열 명의 발명가가 등장하여, 어떤 발명을 했으며 그 발명품으로 역사를 어떻게 변화시켰는지를 설명합니다. 특히 책 속의 코너인 '곰곰이의 발명 노트'를 통해, 마치 다 빈치가 노트에 아이디어를 써 내려가듯 발명을 기획한 과정을 보여줘서 흥미를 갖게 합니다.

우리도 세상을 바꾼 발명 속으로 뛰어들어 볼까요?

🌿 전쟁이 만든 발명품들

간혹 전쟁에서 승리하기 위해 만든 발명품이 인류 역사를 바꾸는 경우가 있습니다. 대표적인 것이 인터넷입니다. 냉전시대에 미국은 소련이 핵 공격을 할 경우 모든 통신망이 파괴될 것을 우려하여 통신망을 분산할 계획을 세웁니다. 통신망을 그물망처럼 분산시켜 한 곳이 파괴되더라도 다른 경로를 통해 통신을 계속할 수 있도록 한 것입니다. 이것이 인터넷의 시작입니다. 지금은 인터넷 없는 일상을 상상할 수 없는 세상이 되었지요.

전쟁에서 이기기 위해 공격용으로, 혹은 방어용으로 만들어 낸 발명품들이 있습니다. 1775년 세계 최강의 영국 해군 함대 때문에 미국의 독립전쟁은 어려움에 부딪힙니다.

"폭탄을 영국 군함 밑에서 몰래 터뜨리면 어떨까?"

데이비드 부시넬은 영국 군함을 파괴하는 길만이 미국이 영국으로부터 독립할 방법이라고 생각했습니다. 그리고 '배가 꼭 물에 뜰 필요는 없다'는 역발상을 통해 물속을 다니는 배, 즉 잠수함을 만들기로 합니다. 파괴된 군함에서 나온 술통에서 아이디어를 얻어, 술통 모양의 배를 만듭니다. 술통, 즉 물탱크에 담긴 물의 양에 따라 물에 가라앉는 정도를 다르게 하고, 프로펠러를 이용해 움직일 수도 있게끔 합니다. 여기에 직접 만든 폭탄까지 설치하는 등 완벽한 계획을 세웁니다.

이렇게 완성된 최초의 잠수함 터틀호는 영국 군함을 실제로 공격합니다. 하지만 군함의 아래쪽이 구리판으로 되어 있어서 구멍을 뚫지 못했고, 결국 군함 주위에서 폭탄을 터뜨려 실패합니다. 예상치 못한 공격에 놀란 영국 해군은 후퇴를 합니다. 비록 작전이 완전히 들어맞지는 않았지만, 물탱크를 이용해 물속을 오르내릴 수 있는 터틀호는 이후 모든 잠수함의 기본 원리가 됩니다.

잠수함은 점점 발전하여 전쟁의 판도를 바꿀 정도로 군사력의 핵심이 됩니다. 특히 핵 잠수함은 에너지 보충도 없이 몇 개월을 바닷속에서 지낼 수 있으며, 장착한 핵무기는 상대국에게 공포의 대상이 됩니

과학

다. 지금도 수천 미터의 깊은 바닷속에는 군사, 경제, 연구 목적의 다양한 잠수함들이 조용히 헤엄을 치고 있습니다.

레이더는 대표적인 방어용 발명품입니다. 제2차 세계대전이 한창인 1940년 8월 13일 새벽, 독일 전투기 수백 대가 영국을 공습하기 위해 은밀히 영국 상공을 날 때였습니다. 갑자기 영국 전투기들이 독일 전투기를 포위하고 공격을 해서 독일 공군은 패하고 말았습니다. 어떻게 영국 공군은 독일의 공습을 알았을까요? 바로 죽음의 광선, '전파' 때문입니다.

로버트 왓슨 와트는 전파의 반사 원리를 이용하여 아주 먼 거리의 비행기도 찾아낼 수 있는 레이더를 개발합니다. 이후 레이더의 성능은 향상되어 기상 관측, 비행기의 길잡이, 철새의 이동 경로 관측, 달 관측, 몸속 장기 촬영 등 일상의 많은 분야에 활용되었습니다. 전자레인지도 레이더를 개발하다 우연히 탄생한 발명품입니다. 레이더는 완벽한 방어용 무기이자, 일상에 혜택을 주는 유익한 발명품입니다.

이처럼 전쟁은 과학의 발달에 많은 영향을 미쳤습니다. 인간은 위기 상황에서 생존 전략을 발휘하지요. 그래서 인간의 생존에 도움이 되는 많은 발명이 전쟁 중이 이루어졌습니다.

🌿 꿈과 열정이 만든 발명품들

조선의 4대 임금인 세종은 우리의 정확한 시간을 갖고 싶었습니다. 당시 중국에서 들여온 시계는 우리와 위도와 경도가 달라 틀린 경우가 많았습니다. 세종대왕의 명을 받은 장영실은 1424년 수동 물시계인 '경점지기'를 개발합니다. 그러나 경점지기는 수동이다 보니 관리들이 밤을 꼬박 지새우며 시간을 알려 주어야 했습니다.

"사람이 일일이 눈금을 읽지 않고도 때가 되면 저절로 시간을 알려 주는 물시계를 만들라."

장영실은 깜짝 놀랐습니다. 세상에 저절로 시간을 알려 주는 물시계라니요! 당시의 과학으로 자동 시계는 상상할 수도 없는 일입니다. 하지만 왕의 명을 거스를 수는 없습니다. 장영실은 둥근 쇠구슬이 마찰력이 작아 한번 힘을 주면 저절로 굴러간다는 과학적 원리를 이용하기로 했습니다.

물이 일정하게 들어오도록 크고 작은 항아리인 파수호를 세 개 설치한 후, 파수호에서 떨어진 물이 모이는 두 개의 긴 수수호에 물을 채웁니다. 수수호 안의 잣대가 떠오르면 항아리 벽에 놓인 구슬을 건드리면서 지렛대가 움직여 종과 북, 징을 치며 시간을 알려 주는 자격루를 개발합니다. 자격루는 스스로 움직여 시간을 알려 주는 매우 정밀한 기계입니다.

이 밖에도 장영실은 해시계인 앙부일구, 천체 관측기구인 혼천의, 비의 양을 재는 측우기 등 수많은 과학적 업적을 남깁니다. 이렇게나 능력이 뛰어난 과학자였기에, 노비 출신에서 세종임금 때 종3품 벼슬까지 오릅니다.

조선이 조선의 시간을 갖고 싶었듯이, 인류는 하늘을 날고 싶은 욕

과학

망을 수천 년 동안 품었습니다. 그 소망이 1900년 초, 드디어 이루어집니다.

라이트 형제는 어릴 때부터 손재주가 아주 좋았습니다. 라이트 형제는 하늘을 날 수 있는 기계에 관심을 가지기 시작했습니다. 비행기의 균형을 잡을 방법을 고민한 끝에 '바람 터널 실험 장치'를 만들어 바람의 세기에 따라 비행기 날개가 어떻게 바뀌는지 알아냈습니다. 날개 만들기에 성공한 라이트 형제는 엔진을 만들기 위해 또 궁리했습니다. 그리고 3년 동안 200번이 넘는 시험 비행을 하며 마침내 '플라이어 1호'라는 비행기를 만들었습니다.

1903년 12월 17일. 라이트 형제는 노스캐롤라이나 키티호크에서 12초 동안 36.5미터를 비행하고 착륙합니다. 그리고 1905년에는 플라이어 3호를 개발해서 38분 동안 38킬로미터를 나는 데 성공합니다. 라이트 형제가 처음 비행기를 만들어 성공한 이후 전 세계적으로 많은 비행기가 제작되고 비행에 성공했습니다. 제1차 세계대전과 제2차 세계대전을 겪으면서 비행기는 급속도로 발전했고 불과 50년 후 인류는 우주로 나아가게 됩니다. 인류가 발전하는 속도란 참 엄청나다는 생각이 절로 듭니다.

✿ 발명의 두 얼굴

알프레드 노벨의 아버지는 화약으로 무기를 만들어 많은 돈을 버는 사업가였습니다. 노벨은 전쟁이 아닌 산업에 쓰일 수 있는 화약을 개발하고자 했습니다. 그래서 수없이 시도한 끝에 니트로글리세린에 흑색화약을 섞어 안전하고 강한 화약을 만드는 데 성공합니다. 노벨의 화약은 산업 현장에서 찾는 이들이 많아 큰돈을 벌게 됩니다. 그러나 액체 니트로글리세린은 불안정했고 결국 공장에 큰 폭발이 일어나 많은 직원과 동생 에밀이 죽게 됩니다. 정부의 규제로 화약공장도 한적한 호숫가 근처로 옮겨야 했습니다.

어느 날, 액체 니트로글리세린이 땅바닥으로 떨어지는 것을 본 노벨은 폭발이 일어날 것을 예상하고서 급히 몸을 피했습니다. 그런데 아무일도 발생하지 않았습니다. 호숫가 근처의 흙인 규조토가 니트로글리세린을 안전하게 흡수한 것이죠. 이 사실을 알게 된 노벨은 니트로글리세린을 규조토와 섞어 안전한 고체 폭약인 다이너마이트를 개발하는 데 성공합니다.

다이너마이트는 수에즈 운하 건설, 산맥을 뚫는 공사 현장, 댐을 만드는 공사 현장 등으로 불티나게 팔려 나갔고 노벨은 엄청난 부자가 됩니다. 그러나 안타깝게도 다이너마이트가 가장 많이 사용된 곳은 전쟁터였습니다. 강력한 다이너마이트는 수많은 사람을 죽이거나 다치게 만드는 살상 무기로 변해 갔습니다. 사람들은 노벨을 '죽음의 장사꾼'이라고 비난했습니다.

355개의 특허를 낸 발명가이자 성공한 사업가이면서도 자신의 발명품이 전쟁에서 사람을 죽이는 무기로 사용되는 것을 본 노벨의 마음은 어땠을까요? 1896년 노벨이 죽은 후 공개된 유언장에는 그의 전 재산을 스웨덴 과학아카데미에 기부하여, 인류에 큰 공헌을 한 사람에게 상

과학

금과 메달을 수여하라는 내용이 있었습니다. 노벨상은 그렇게 탄생했습니다.

🌿 '호기심'과 '왜'에서 시작되는 위대한 발명

무엇이든 붙이는 순간접착제는 베트남 전쟁에서 부상자들의 상처를 빠르게 봉합하는 데 쓰였고 수많은 생명을 구합니다. 또한 레이더는 비행기의 안전한 길잡이가 되며, 통조림의 개발로 인간은 식량을 오랫동안 저장할 수 있게 되었습니다. 대부분의 발명은 인류를 위해 개발되지만 그것을 어떻게 사용하느냐에 따라 인류에게 치명적인 무기가 될 수도 있음을 《발명이 팡팡》을 보며 알 수 있습니다.

여러분, 발명은 인간의 고유한 특징이자 우리의 본능입니다. 우리 모두는 발명가이며 이미 발명을 매일 하고 있는지도 모릅니다. 집에 부모님이 안 계시면 '어떤 요리를 해볼까?' 하고 고민하며 색다른 요리를 하는 것도 발명입니다. 우리가 일상생활에서 불편한 것을 나름의 방법으로 고치는 것도 발명입니다. 여러분이 가진 물건이나 자신을 좀 더 보기 좋게 만드는 것도 물론 위대한 발명입니다.

그러니 항상 내 주변과 환경을 '호기심'의 눈으로 바라보세요. 그리고 '왜'라는 질문을 던지세요. 모든 학문과 발명은 '호기심'과 '왜'에서 시작합니다.

• book 27 •

《이유가 있어서 함께 살아요》

45억 살 지구와 함께 살아온
미생물을 만나요

🌿 아일사 와일드 | 원더박스 | 2021. 08.

🌿 옆 반 방울토마토가 잘 자라는 이유

4학년 교실에서 방울토마토를 키운 적이 있습니다. 큰 화분에 밭에서 흙을 담아 와 방울토마토 모종을 심었지요. 시간이 흘러 모종이 커 가면서 방울토마토가 열리는데, 옆 반 교실의 방울토마토가 너무 잘 자라고 많이 열리는 거예요. 똑같은 모종과 똑같은 흙인데 왜 이런 차이가 났을까요?

이유는 의외로 간단했습니다. 옆 반 교실에서는 흙에다가 썩은 낙엽과 함께 지렁이를 몇 마리 화분에 넣어 두었던 거지요. 그 효과는 실로 엄청났어요. 낙엽이 썩으면서 많은 곰팡이와 세균들이 흙에서 자라고, 지렁이가 흙 속을 다니면서 공기가 드나들 수 있는 숨구멍을 만들

214   과학

었던 겁니다. 그 속에서 방울토마토 모종 뿌리는 튼실하게 자랐지요.

우리 주위에는 수십만 종의 동물과 식물이 살아갑니다. 동물과 식물에 해당하지 않지만 버섯, 곰팡이, 세균들도 우리 주위에 살아가는 생물입니다. 곰팡이나 세균은 너무 작아서 실제 생활에서 관심을 잘 두게 되지 않습니다. 그런데 이 작은 생물들이 엄청난 일을 한다는 걸 여러분 알고 있나요?

《이유가 있어서 함께 살아요》는 나무와 곰팡이, 세균이 어떻게 서로 돕고 살아가는지 그림으로 상세하게 보여 줍니다. 책 속에서 '나'로 등장하는 주인공, 균근 곰팡이가 들려 주는 이야기를 따라가 봅시다.

🌿 나와 카카오나무 그리고 우리

숲속에 가면 왠지 기분이 좋습니다. 서늘하고 상쾌한 공기, 다양한 나무와 꽃의 향기, 그리고 흙에서 나는 건강한 내음에 절로 머리가 맑아지는 듯합니다. 그런데 숲이 이렇게 건강해지려면 보이지 않는 곳에서 엄청난 일들이 벌어진다는 사실을 알고 있나요? 보이지 않는 곳, 바로 숲의 땅속입니다.

숲속의 땅을 파 보면 여러 겹층의 낙엽들이 썩어서 부엽토 층을 형성하고 있지요. 계속 들추어내고 파 보면 개미, 지렁이, 달팽이, 곰벌레 등이 나옵니다. 그리고 표현할 수 없는 흙냄새가 번집니다. 수많은 곰팡이와 세균들이 나무뿌리와 부엽토, 흙 등과 섞여 내는 냄새의 하모니입니다.

여러분 혹시 곰팡이를 현미경으로 본 적 있나요? 5학년 과학 시간에는 곰팡이와 버섯 등 균류를 관찰합니다. 곰팡이는 식물에서 볼 수 있는 뿌리, 줄기, 잎, 꽃 등의 구조가 없습니다. 죽은 생물이나 다른 생물 등에 붙어서 살면서 포자로 번식합니다. 실체현미경으로 관찰해 보면 크기가 작고 둥근 알갱이와 함께 가는 실 같은 것이 거미줄처럼 서로 엉켜 있어요. 그것을 '균사'라 합니다. 곰팡이는 스스로 양분을 만들지 못하기 때문에 거미줄처럼 가늘고 긴 모양의 균사를 이용해 다른 생물이나 물체에서 양분을 얻습니다.

균근은 '균(곰팡이)'과 '근(뿌리)'을 합친 말로, 식물 뿌리와 공생 관계를 맺고 살아가는 곰팡이를 말합니다. 공생이란 '서로 도우며 함께 사는 것'입니다. 곰팡이와 나무뿌리가 서로 도와주는 관계라네요. 어떻게 서로 도울까요?

지금부터 균근 곰팡이인 책 속 '나'의 시각에서 살펴봅시다. 나는 나무뿌리에서 당분을 섭취해 살아갑니다. 빨리 당분을 찾기 위해 많은 식물의 뿌리를 만나야 합니다. 나는 균사를 계속 뻗어가다 카카오나무 뿌리를 만납니다. 균사는 나무뿌리 세포 속으로 들어가서 가지처럼 계속 뻗어 마침내 나무 속의 작은 나무처럼 됩니다. 나무도 이런 내가 좋습니다. 나로 인해 땅속에서 영양분과 물을 찾을 수 있으니까요.

이렇게 나와 '브로마'라 불리는 카카오나무가 함께하는 동안 나는 균사를 계속 뻗어 브로마 속에서 숲처럼 자라납니다. 그리고 브로마를 위해 더 먼 곳으로 균사를 뻗어 나갑니다. 도중에 다른 균근 곰팡이의 균사를 만나 서로 합쳐져 '글로무스 곰팡이'인 '우리'가 됩니다.

🌿 미생물이 건강한 흙을 만든다

브로마도 많이 자라서 이젠 열매를 맺어 땅 위로 떨어뜨리기도 합니다. 우리는 균사를 연결해서 굉장히 큰 네트워크를 만들고 수백 그루의 큰 나무와 어린나무의 뿌리를 이어 줍니다. 그리고 뿌리와 뿌리로 물과 영양분을 실어 나르면서 나무들이 가진 것을 서로 나누도록 돕습니다.

어느 날, 세균들이 우리 균사가 만든 도로를 따라 브로마의 뿌리를 찾아옵니다. 세균들은 브로마에게 영양분을 주고 브로마는 세균들에게 당분을 나누어 줍니다. 세균과 곰팡이 친구들은 땅에 떨어진 잎사귀와 나무껍질을 부지런히 분해해서 모두가 맛있게 먹을 수 있는 부식토도 만들고 흙 속에 작은 공기주머니도 여럿 만듭니다. 이렇게 건강한 흙이 만들어집니다.

초등학교 3학년 과학 시간에 흙이 만들어지는 과정을 배웁니다. 바위나 돌이 오랜 시간에 걸쳐 서서히 부서지고 깨지면서 점차 알갱이가 작아집니다. 이걸로 흙이 만들어지지 않습니다. 여기에 나무뿌리나 낙엽 등이 섞여 썩으면서 흙이 만들어집니다. 나무뿌리나 낙엽이 썩을 때 아주 작은 미생물들이 엄청난 일을 하는 거예요. 그 작은 미생물들이 이 책의 주인공인 곰팡이와 세균입니다. 그렇게 건강한 흙이 탄생하는 겁니다. 흙이 건강하면 그 흙 속에 사는 미생물에 의해 나무가 건강해지고 숲이 무성해집니다. 그러면 당연히 우리 인간도, 지구도 건강해지는 거지요.

🌿 흙 속에는 또 하나의 거대한 숲이

아, 그런데 숲에 문제가 발생합니다. 비가 내리지 않아 아기 나무들은 목이 말랐습니다. 비상입니다. 나무뿌리들이 부탁하자 우리는 균사 네트워크 주변 흙 속에 남아 있던 물을 찾아서 아기 나무들에게 주었습니다. 하지만 물이 부족하니 여러 미생물들도 물을 모으는 활동을 멈추고 맙니다. 틸리스 세균도 인을 공급하는 일을 멈추었습니다. 고통스러워하던 아기 나무 한 그루가 숨을 거두고 말았습니다. 브로마는 그 사실을 곧 깨닫습니다. 서로 연결된 숲 네트워크 전체가 함께 브로마를 안아 주었습니다.

인간의 눈에 보이지 않는 흙 속에서는 작은 미생물과 나무 한 그루한 그루, 그리고 숲 전체가 마치 하나의 유기체처럼 살아 움직이고 있습니다. 균사 네트워크에 의해 곰팡이와 버섯, 세균, 나무뿌리들이 서로 뒤엉켜 공생 관계를 이루고 커다란 숲을 이룬다는 것을 알 수 있습니다. 메말라 죽은 아기 나무를 보고 숲 전체가 슬퍼하는 모습은 감동을 줍니다. 특히 그 아기 나무가 자신의 나무인 걸 브로마가 알았다는 표현에 코끝이 찡합니다. 숲이 살아 있는 유기체라는 사실이 실감 납니다.

마침내 비가 내리자 나무뿌리들은 빗물을 흠뻑 빨아들이고 수많은 미생물이 바쁘게 움직입니다. 죽은 아기 나무에게로 미생물 수십억 개가 모여들어 아기 나무를 분해해서 비옥한 흙으로 만듭니다. 살아남은 브로마의 아이들은 더 많은 음식과 더 넓은 공간을 가지고 더 크게 성장할 것입니다.

빗방울이 땅속으로 스며들자 우리는 균사를 통해 빗방울을 땅속 더 깊은 곳으로 옮깁니다. 숲 네트워크에 있는 수백만 개의 비밀 저장고에 물을 담아 두어 가뭄에 대비해야 합니다. 우리는 점점 강해지고 있고 땅속 어두운 곳에서 이 지구를 만들어 가고 있습니다.

여러분 학교 텃밭에 가 본 적이 있나요? 한여름 뙤약볕에 시들어 가던 채소들이 비가 온 다음날이면 어제와는 완전히 다른 모습을 보여 줍니다. 눈에 띄게 훌쩍 커져 있지요. 옥수수 같은 경우에는 4월에 모종을 심을 때는 겨우 10센티미터 정도인데, 세 달 후에는 2미터를 훌쩍 넘어 버립니다. 그야말로 하루하루 크는 것이 눈에 보입니다. 태양과 비, 그리고 비옥한 흙이 식물들을 튼튼하게 자라게 합니다. 자연이 너무나 경이롭습니다.

🌿 지구는 살아 있다

6학년 과학 시간에 광합성 작용에 대해 배웁니다. 식물은 완벽한 친환경 에너지 공장입니다. 태양 빛이 물과 이산화탄소를 만나서 광합성 작용이 일어나면 산소와 포도당이 만들어집니다. 식물은 뿌리를 통해 포도당을 꾸준히 흙으로 보내고 세균과 균류 등 미생물들은 그걸 먹고 이산화탄소를 내놓습니다. 미생물은 더 큰 생물의 먹이가 되고, 큰 생물은 에너지와 필요한 원소를 소화한 뒤 남은 것을 배설합니다. 배설물에는 인과 질소를 비롯한 여러 영양소가 있습니다. 이 영양소는 흙으로 돌아갑니다.

균근 곰팡이들은 흙에서 물과 원소를 모아서 식물에게 가져다 줍니다. 어떤 세균은 공기에서 질소를 가져다가 식물에게 주고 당분을 얻습니다. 한편 미생물과 지렁이 등 작은 생명체들은 죽은 식물이나 동물을 분해하여 식물에게 필요한 물과 영양소를 담고 있는 부식토를 만듭니다. 부식토의 영양분과 물을 이용해서 식물은 뿌리와 잎을 새로 틔워, 잎이 더 많아집니다. 덕분에 식물은 더 많은 태양 에너지를 모아서 다시 흙 생태계 친구들에게 돌려줍니다.

이처럼 지구의 동식물들은 매일 유기적 작용을 합니다. 과학자 러브록은 지구를 하나의 커다란 유기체로 보는 '가이아 이론'이란 가설을 제시합니다. 지구를 기체에 둘러싸인 암석 덩이가 아니라 생물과 무생물이 상호작용하면서 스스로 진화하고 변화해 나가는 하나의 생명체이자 유기체로 보는 거지요.

숲속에서 아기 나무가 말라죽었을 때 '숲 네트워크 전체가 안아 주었다'는 표현에서 이 가설이 떠올랐습니다. 이 가설이 맞는지 안 맞는지는 중요하지 않습니다. 우리가 사는 이 아름다운 지구가 살아 움직인다는 사실이 중요한 것이죠.

《이유가 있어서 함께 살아요》에서는 45억 년의 지구 역사에서 인간의 눈에 잘 보이지도 않는 미생물이 지구에 생명을 불어넣고, 그 덕분에 지구는 곳곳마다 서로 다른 생명체가 가득한 곳이 되었음을 보여 줍니다. 조금 어려운 과학 용어가 가끔 등장하지만 친절한 그림과 함께 쉽게 설명하고 있어서 이해하기 충분할 것 같습니다.

어릴 때 우리가 쭈그리고 앉아 흙을 조몰락거리면 엄마는 항상 말했어요.

"에이, 지지! 얼른 손 씻어. 흙 속에 세균 있어."

지금 생각해 보면 틀린 말은 아닙니다. 흙 속에는 분명 세균이 있죠. 그러나 여러분, 시간 날 때 텃밭의 흙을 만져 보세요. 손으로 흙을 잘게 부숴도 보고, 두 손으로 뭉쳐도 보세요. 손은 씻으면 되잖아요. 그리고 냄새를 맡아 보세요. 그 흙 속에 숨어 있는 수많은 미생물의 호흡이 느껴지고, 수십억 년 지구의 역사를 들을 수 있습니다.

우리는 지구의 한 부분이며, 지구는 우리의 전부니까요.

• book 28 •

《어쩌지? 플라스틱은 돌고 돌아서 돌아온대!》

플라스틱과 함께하는 세상에서 안전하게 살아가려면?

🌿 이진규 │ 생각하는아이지 │ 2016. 07.

🌿 플라스틱으로 이루어진 세상

5학년 과학 시간에 친구들에게 태평양의 플라스틱 쓰레기 섬을 동영상으로 보여 줍니다. 그리고 플라스틱으로 인해 자연환경이 어떻게 훼손되는지, 미세플라스틱으로 생명체가 어떤 위험에 처하는지에 대해 토론을 합니다.

"옥수수 가루로 플라스틱과 비슷한 제품을 만들 수 있어요. 일회용품부터 바꾸어 나가야 해요."

"미세플라스틱이 인간을 죽일 수도 있어요. 플라스틱 없애면 좋겠어요."

"10년만 더 있어 봐요. 쓰레기섬이 호주 대륙만 하겠는데요. 모두 수

거해야 해요.”

영상을 본 아이들은 충격을 받았는지 플라스틱을 없애야 한다고 소리칩니다.

“그런데 우리 한번 생각해 보자. 아침에 일어나서 플라스틱 샤워기로 씻고 플라스틱 드라이기로 머리를 말리고 플라스틱 튜브를 짜서 로션을 바르지. 플라스틱 껍질과 내장재로 된 스마트폰을 들고 플라스틱 재질의 옷과 운동화, 가방으로 학교에 가고. 우리는 하루 종일 플라스틱과 함께 살고 있단 말이야. 집도 교실도 부모님의 직장도 온통 플라스틱 제품에 둘러싸여 있어. 이건 어떡할까?”

이진규 작가의 《어쩌지? 플라스틱은 돌고 돌아서 돌아온대!》는 플라스틱의 장단점을 비교하여 우리에게 생각거리를 던집니다. 플라스틱으로 인해 고통받는 동물이 있는가 하면, 플라스틱으로 인해 생명을 얻는 경우도 있습니다. 매일 매일 안 쓸 수가 없는 수많은 우리 주위의 플라스틱 제품에 대해 고민을 하게 됩니다.

여러분, 플라스틱 제품들 어떻게 해야 할까요?

🌿 환경을 위해 발명된 플라스틱이 왜 환경을 파괴하게 되었을까?

플라스틱이란 ‘형태를 만들기 알맞다’는 뜻을 지닌 그리스어 ‘프라스티코스’에서 유래된 말입니다. 이름처럼 딱딱하게도 물렁물렁하게도 변신할 수 있는 플라스틱은 마법의 물질 같습니다. 플라스틱을 알기 위해서는 먼저 ‘수지’에 대해 알아야 합니다. 수지는 식물이나 동물에서 나오는 끈적거리는 액체를 말하는데, 열이나 압력을 가하면 원하는 형태로 만들 수 있습니다. 자연에서 얻은 수지를 '천연수지'라고 부르며 대표적인 것이 천연고무입니다. 그리고 사람이 인공적으로 만든 수지를 '합성수지'라고 하며 플라스틱이 대표적입니다.

플라스틱은 우리 생활에 대혁명을 불러왔습니다. 전자기기, 식품, 의료품, 가구, 의복 등 플라스틱을 떼어 놓고서는 생활을 할 수가 없습니다. 그만큼 우리 인간에게 플라스틱은 싼값에 최고의 편리를 가져다주는 혁명적 발명품입니다.

그러나 플라스틱이 분해되고 해체되는 과정에서 자연생태에 너무도 큰 악영향을 일으킵니다. 죽은 바다 새의 배를 가르면 위 속에 엄청난 양의 플라스틱 조각들로 가득 차 있습니다. 잘게 분해되어 바다에 떠다니는 플라스틱을 먹이로 착각한 거지요. 어미 알바트로스가 먹이와 함께 플라스틱 조각을 먹고 그것을 토해내어 새끼에게 먹인다면 그 아기 새는 어떻게 될까요? 생각하기도 싫군요.

바다 새뿐만 아니라 고래, 펭귄, 물고기, 해달, 게 등 모든 바다 생명체들이 플라스틱 조각을 먹고 죽어 가고 있습니다. 비닐과 노끈, 낚싯줄, 그물은 바다 생물의 몸을 휘감아 질식하게 만듭니다. 가끔 유튜브 영상에서 그물에 목이 졸려 죽어 가는 바다 생물을 구하기 위해 노력하는 환경운동가들을 보면, 안도의 기쁨과 함께 인간의 욕심에 화가 나기도 합니다.

사실 플라스틱을 처음 발명한 것은, 환경을 위하고 동물을 위하는 순수하고 좋은 의도였습니다. 예로부터 코끼리의 상아는 부자들의 사치

과학

품이었습니다. 코끼리 상아로 머리빗, 보석함, 피아노 건반 등을 만들었는데 특히 상아로 만든 당구공은 고가의 사치품이었습니다. 무분별한 코끼리 사냥으로 상아를 구하기 힘들어지자 당구공을 만들기 위해 인간이 발명한 것이 '셀룰로이드'입니다.

미국의 발명가 하이엇은 면화와 녹나무에서 추출한 물질로 셀룰로이드를 만드는데 이것이 최초의 합성수지입니다. 셀룰로이드의 등장으로, 질 좋은 당구공을 저렴하고 빠르게 만들게 되었습니다. 덕분에 코끼리 사냥도 줄어들었지요. 플라스틱이 코끼리를 살린 셈이죠.

플라스틱의 등장으로 부자들만 사용하던 사치품은 일상 용품으로 바뀌게 됩니다. 누구나 당구를 치고, 누구나 양치질을 하며, 누구나 영화를 쉽게 보게 되었습니다. 플라스틱이 부자와 가난한 자 모두 평등하게 편리함을 누리게끔 해준 것은 사실입니다. 그런데 문제는, 너무 쉽게 만들고 너무 쉽게 접하다 보니 너무 많이 사용하게 되었다는 것입니다.

🌿 새로운 대륙, 플라스틱 섬

1997년 미국의 모험가 찰스 무어는 태평양 한가운데서 거대한 쓰레기 섬을 발견합니다. 해류를 따라 밀려든 온갖 쓰레기들이 쌓이고 쌓여 쓰레기 섬은 점점 커집니다. 현재는 한반도 면적의 일곱 배 크기로 커졌는데 〈뉴욕타임스〉는 이 섬을 '제8대륙'이라고 표현합니다.

매년 버려지는 플라스틱 쓰레기가 2억 8,000만 톤인데 그중 800만 톤이나 되는 쓰레기가 바다에 버려집니다. 이것의 90퍼센트 이상이 바다 밑으로 가라앉거나 작게 쪼개져 미세플라스틱으로 생물체의 몸속으로 들어갑니다.

한 해 플라스틱 쓰레기로 죽어 가는 바다 새가 100만 마리, 바다거북이 10만 마리나 된다고 하네요. 너무 가슴이 아픕니다. 그런데 플라스틱은 동물에게만 피해를 입히는 것이 아닙니다. 인간이 사용하는 화장품, 치약, 세안제 등에도 미세플라스틱이 포함되어 있습니다. 인간이 사용한 미세플라스틱은 그대로 바다로 흘러들어 바다 생물들의 먹이가 됩니다. 이는 인간에게도 위험하다는 경고를 보내는데 바닷물에서 얻은 소금을 분석해 보니 소금 1킬로그램에 미세플라스틱이 600개 정도 발견되었습니다.

우리는 플라스틱으로 인해 고통 받는 동물들을 불쌍하게 생각하지만 실제 플라스틱은 인간을 공격하고 있다는 걸 심각하게 알아야 할 때가 되었습니다.

환경 호르몬은 '내분비 교란물질'이라고 부릅니다. 남성의 몸이 여성의 몸처럼 변한다든지, 기형아를 출산한다든지, 한 지역에서 남자아이보다 여자아이가 훨씬 많이 태어난다든지 하는 것이 환경 호르몬의 영향입니다.

실제로 북극해 연안에서 바다표범과 고래를 주요 식량으로 하여 살아가는 이누이트족을 조사해 보니 여자아이가 남자아이보다 두 배 많이 태어났다고 합니다. 이누이트족 신생아는 미국의 신생아보다 약 일곱 배 많은 폴리염화비닐이 몸속에 축적된 것으로 보입니다. 미세플라스틱을 플랑크톤으로 착각해서 먹은 새우나 작은 물고기를 큰 물고기

과학

가 먹고 그 물고기를 바다표범과 고래가 먹어, 먹이피라미드 최상위층 이누이트족의 몸속에 미세플라스틱이 쌓인 것입니다.

🌿 플라스틱이 필요한 사람들

일회용 플라스틱 제품은 우리 일상에 요긴할 때가 많습니다. 미세먼지와 코로나로부터 우리를 보호해 주는 일회용 마스크나 부모님의 육아를 한결 쉽게 만들어 준 일회용 기저귀만 봐도 그렇지요. 손이나 팔이 불편한 사람들은 일회용 빨대가 꼭 필요하고, 전염병 예방과 환자의 안전을 위해서는 일회용 주사기가 필수입니다.

플라스틱은 아픈 몸을 치료하는 데도 많은 도움을 줍니다. 인공 각막, 인공 관절, 인공 치아, 인공 심장 등 플라스틱은 우리 인체를 대신합니다. 플라스틱이 없었다면 더 많은 사람들이 심하게 아프거나, 더 고통스러운 삶을 살고 일찍 죽었을지도 모릅니다.

'큐드럼'이라는 물통에 대해 들어 보았나요? 원통 가운데에 구멍이 뚫려 있어서 그 구멍에 끈을 연결해 잡아끌면 적은 힘으로도 많은 물을 실어 나를 수 있습니다. 양동이를 이고 수 킬로미터를 걸어가서 물을 긷는 아프리카 아이들을 위해 고안한 플라스틱 제품이지요. 이렇게 여러 모양으로 변화가 쉬운 플라스틱의 특성 덕분에 디자이너들은 상상력을 마음껏 발휘하여 편리한 제품을 만들 수 있습니다.

그 밖에도 더러운 물을 걸러서 깨끗하게 만들어 주는 '라이프 스트로'는 아프리카 어린이들의 생명을 구해 주었고, 전기가 없는 아프리카 몇몇 지역을 위해 발명한 간이 냉장고 '팟인팟쿨러', 인도에서 호흡기 질환을 예방하는 데 도움이 된 '출라 스토브', 추운 지역에 사는 몽골인들이 따뜻하게 지낼 수 있도록 개발된 '지세이브' 등은 모두 플라스틱으로 만든 제품들입니다.

🌿 지구를 살리는 길

플라스틱을 현명하고 올바르게 사용하기 위해서는 생각의 전환이 필요할 것 같습니다. 레고 회사는 2030년까지 친환경 소재의 레고 제품을 만들겠다고 선언했습니다. 미생물이 분해해서 썩어 없어지는 생분해 플라스틱을 만들려는 노력도 하고 있습니다. 옥수수나 감자 등에서 추출한 전분으로 만든 생분해 플라스틱은 가격이 비싼 단점은 있지만 우리에게 꼭 필요해 보입니다. 플라스틱을 대체할 수 있는 물질은 인류 미래를 위한 핵심 산업이 될 듯합니다.

그러나 무엇보다도 지금 당장 중요한 것은 플라스틱 제품을 재활용하는 일입니다. 또 기존 플라스틱 제품을 약간 가공하거나 디자인을 멋지게 해서 전보다 더 가치 있는 제품으로 만드는 업사이클링도 플라스틱을 줄이는 하나의 방법이 됩니다. 비닐봉지보다는 종이봉투를 사용하자는 의견이 있습니다만, 종이봉투를 위해 수많은 나무를 베어야 한다는 사실을 생각하면 온실가스 배출량이 종이봉투가 더 높을 수도 있습니다.

과학

여러분, 플라스틱은 '필요악'이라 말할 수 있겠군요. 나쁜 점도 있지만 꼭 필요하다는 의미지요.《어쩌지? 플라스틱은 돌고 돌아서 돌아온대!》는 플라스틱에 대한 편향된 시각을 지적하는 것 같습니다. 플라스틱의 좋은 점과 나쁜 점에 대해 많은 정보를 함께 주고, 인간이 만들고 사용한 플라스틱이 결국 돌고 돌아서 인간에게 다시 돌아오니 어떻게 할 것인가를 묻고 있습니다.

여러분도 오늘 할 수 있는 일부터 해보는 건 어떨까요? 종이컵 대신 개인 컵을 사용하고, 집이나 학교에서 분리수거를 철저히 해봅시다. 지구를 살리는 길, 먼 곳에 있지 않습니다.

• book 29 •

《로봇 박사
데니스 홍의 꿈 설계도》

상상을 현실로 이뤄 낸 로봇 박사

🌿 데니스홍 | 샘터 | 2014. 08.

🌿 달 착륙에 버금가는 성과

〈로보캅〉이라는 영화가 있습니다. 나쁜 짓을 저지르는 도시의 악당들을 로봇 경찰이 소탕하며 정의를 실현하는 장면이 참 짜릿합니다. 실제로 저런 로봇 경찰이 있다면 이 사회가 얼마나 안전할까? 하는 생각도 듭니다. 로봇 경찰까지는 아니지만 로봇 청소기는 집집마다 있을 만큼 이제 로봇은 우리 생활과 점점 함께하고 있습니다.

로봇 박사 '데니스 홍'이 어쩌면 우리들의 바람을 더 빨리 실현해 줄지 모르겠습니다. 미국 〈워싱턴 포스트〉로부터 '달 착륙에 버금가는 성과'라는 찬사를 받은 데니스 홍 박사. 도대체 어떤 일을 했기에 이런 찬사를 받았을까요?

《로봇 박사 데니스 홍의 꿈 설계도》는 로봇 과학자의 꿈을 이루기 위해 한 단계씩 계단을 올라가듯 꿈을 성취해 나가는 데니스 홍의 인생을 그립니다. 데니스 홍의 열정과 노력이 살아 움직여서, 책을 읽는 독자들도 함께 로봇을 개발하는 듯 몰입하게 됩니다.

어쩌면 이 책을 읽는 도중 여러분의 꿈이 로봇 박사로 바뀔 수도 있겠습니다. 데니스 홍의 꿈과 열정을 보면서 여러분도 자신의 꿈을 설계해 봅시다.

🌿 로켓과 함께 날아오른 꿈

만화 〈개구쟁이 데니스〉에서 이름을 따왔을 정도로 개구쟁이였던 데니스 홍은 책을 읽다가 생각나는 아이디어가 떠오르면 바로 실험을 해 봅니다. 실험을 하다가 집에 불이 난 적도 있지만, 아버지는 데니스 홍을 야단치지 않고 오히려 아들의 실험을 위해 공작대를 만들어 줍니다. 공상과학 영화 〈스타워즈〉에 등장하는 로봇을 보면서 일곱 살 데니스 홍은 '사람을 돕는 유용한 로봇'을 만들어야겠다는 꿈을 가집니다.

아이들이 집에서 무엇인가를 만들고자 할 때 부모님들은 대견해하며 도와주려고 합니다. 그러나 만드는 과정이 조금만 위험하거나 벅차면 대부분의 부모님은 그 일을 대신해 주려 하거나 아예 못하게 합니다. 만약 실험하다가 불을 냈다면, 보통 아버지들은 혼을 내고 더 이상 실험을 못하게 했을 겁니다. 그러나 데니스 홍의 아버지는 오히려 공작대를 만들어 주었습니다.

공작대는 책상하고는 다릅니다. 아이들이라면 누구나 갖고 싶은 물건입니다. 온갖 공작 도구들이 갖추어져 있어서 무엇이든 상상의 나래를 펼칠 수 있습니다. 학교에서 하지 못한 실험도 실컷 해보고, 만들고 싶은 조형물도 만들 수 있습니다.

물론 더 중요한 것은 데니스 홍처럼 아이디어가 떠오르면 바로 실험해 보는 실험정신과 과학적 탐구력입니다. 아무리 좋은 공작대가 있어도 실험하고 만들고 싶은 마음이 없다면 무의미하겠지요.

초등학교에 입학한 후 어느 날, 데니스 홍은 형과 누나와 함께 로켓을 만들 계획을 세웁니다. 로켓을 발사하려면 화약을 만들어야 하는데, 산화제인 질산나트륨과 연료인 탄소가 필요합니다. 또한 이 재료들이 서로 잘 화합하게 해주는 황 가루를 섞어야지요.

"황은 약국에서 사면 되고, 탄소는 숯을 빻아서 쓰면 되지."

어린이가 사기 힘든 질산나트륨은 아버지에게 요청해서 구입하고, 마침내 로켓을 만들어 냅니다. 로켓은 하늘 높이 쏜살같이 날아오르며 저 멀리 향해 가고 실험은 대성공을 합니다.

여기서 데니스 홍의 성격이 보입니다. 데니스 홍은 굉장히 긍정적으로 생각하는 사람입니다. 자신이 만들고 싶은 것은 계획을 세워 준비합니다. 준비 과정에서 해결하기 힘든 문제가 있어도 포기하지 않습니다. 여러 방법을 시도해 보고, 그래도 힘든 일은 부모님에게 부탁합니다.

무엇보다 아이가 과학 실험을 마음껏 할 수 있게끔 적극적으로 도와주는 부모님의 모습이 인상적입니다. 데니스 홍의 부모님은 어릴 때부터 데니스 홍이 무슨 놀이를 하든 어떤 실험을 하든 한 번도 혼낸 적이

과학

없었습니다. 그런 부모님 덕분에 데니스 홍은 '실패하지 않는 아이'로 클 수 있었습니다.

🌿 세상을 향해 한 걸음 더

데니스 홍은 버지니아 공대 교수가 되어 로봇 연구소를 세울 계획을 합니다. 그러나 연구소를 운영하려면 많은 연구비가 필요합니다. 연구비를 마련하기 위해서 데니스 홍은 아메바의 특징을 살린 재미있는 로봇을 개발할 계획을 합니다. '아메바가 움직이는 원리를 어떻게 로봇에 적용할지'를 고민하다가 우연히 장난감 가게에서 아이디어를 생각해 냅니다. 아이들이 장난감 풍선을 손으로 움켜잡으면 풍선이 뒤집어지는 것을 보고 번뜩 생각이 떠올랐던 거죠.

아이디어는 언제, 어디서든 찾아올 수 있습니다. 하지만 이를 실현하려면 해결책을 찾기 위해 노력해야 합니다. 그렇지 않으면 결코 아이디어를 잡을 수 없습니다. 많은 사람들은 아이디어가 떠오르면 '다음에 꼭 써먹어야지.' 하고 생각하지만 인간의 기억이 오래가는 것이 아닙니다. 다른 여러 가지 생각 때문에 그 아이디어는 사라져 버리기 일쑤입니다. 시간이 지나면 열정도 사그라지고 말지요.

데니스 홍은 문득 떠오르는 생각이나 아이디어를 하나도 버리지 않고 모두 기록해 둡니다. 그 아이디어가 어쩌면 훗날, 자신이 만들 로봇의 토대가 될지도 모를 일이기 때문입니다. 실제 그러한 일이 일어났습니다.

대학원 시절 여자아이의 머리카락을 세 갈래로 땋는 모습을 우연히 보고는 '복잡해 보이지만 사실은 어떤 동작을 계속 반복한다'는 사실을 노트에 기록해 둡니다. 훗날 이 아이디어로 복잡해 보이지만 정해진 규칙대로 움직이는 '스트라이더' 로봇을 만듭니다. 스트라이더는 다리가 세 개라 넘어질 위험이 없으며 사람처럼 우아하게 걸을 수 있는, 완전히 새로운 개념의 로봇입니다.

이러한 열정 덕분에 2004년 버지니아 공대에 '로멜라 로봇 연구소'가 설립됩니다. 이곳은 1년 365일, 24시간 언제나 환하게 불이 켜져 있습니다. '즐겁게 일하기'와 '열정적인 사람들'이라는 두 가지 철학이 연구소가 성공하기 위한 열쇠라고 데니스 홍은 생각합니다.

데니스 홍 자신도 그 철학에 따라 살고 있습니다. 좋아하는 일을 하니까 늘 즐겁습니다. 좋은 동료들과 일하고 연구하며, 함께 노는 곳이 곧 일터가 됩니다.

"연구소가 마치 놀이터 같아요! 하루 종일 놀아도 지루할 틈이 없어요."

로멜라 로봇 연구소의 연구원들은 이렇게 말합니다. 이런 곳이 바로 꿈의 직장 아닐까요? 창의적인 생각과 각종 아이디어가 넘칠 것만 같습니다. 문득, 학교도 이렇다면 얼마나 좋을까 하는 생각이 듭니다. 하루 종일 있어도 질리지 않는 놀이터 같은 학교. 공부와 놀이가 함께 있는 학교! 생각만 해도 짜릿합니다. 불가능할 것 같지는 않습니다. 많은 교육 관계자들이 데니스 홍처럼 생각한다면 말이지요.

🌿 시각장애인이 자동차를 운전하던 날

미국 시각장애인협회가 주관하는, 시각장애인을 위한 자동차 대회가 열렸습니다. 시각장애인이 직접 운전해서 목적지까지 무사히 도착할 수 있어야 합니다. 데니스 홍은 1년 동안 노력한 결과 시각장애인을 위한 자동차 '데이비드'를 탄생시킵니다.

2009년 5월 버지니아 공대 주차장에서 시각장애인 웨스가 데이비드를 타고 출발합니다. 헤드폰을 쓴 채 컴퓨터와 상호 교신으로 운전하여 목적지에 무사히 도착합니다. 데니스 홍은 운전하는 웨스의 얼굴에서 자유와 행복과 희망을 읽었습니다.

"내가 하는 일이 사람들에게 행복을 가져다줄 수 있구나!"

다음 날, 〈워싱턴 포스트〉 1면에는 '달 착륙에 버금가는 성과'라는 기사가 실렸습니다. 그야말로 최고의 칭찬이 아닐까요? 인간은 오래전부터 달을 보면서 상상의 나래를 폈습니다. 앞을 못 보는 시각장애인이 자동차를 직접 몰 수 있다는 것은 달 착륙과 같은 엄청난 사건입니다. 보통 사람들과 전혀 다를 바 없는 일상생활이 가능할 수 있다는 의미니까요.

민간 항공기는 오토 파일럿이라는 컴퓨터가 조종하지만, 비행기를 탈 때 승객들은 의심하지 않습니다. 그러나 시각장애인이 도로에서 자동차를 운전한다고 하면 우려하는 사람들이 많습니다. 이런 문제를 자율주행 자동차가 해결해 줄 수 있습니다. 데니스 홍은 데이비드보다 더 진화된 무인 자동차 '브라이언'을 만들어 냅니다. 브라이언은 앞으로 나올 자율주행 자동차에 많은 영감을 주었습니다.

시각장애인을 위한 자동차를 개발하고서 데니스 홍은 '테드(TED)'라는 세계 지식인의 무대에 섰습니다. 여기에서 데니스 홍은 '시각장애인을 위한 자동차를 만드는 일'이라는 감동적인 연설을 18분 동안 하여 큰 박수를 받았습니다.

🌿 세상과 나누는 꿈

여러분은 데니스 홍 교수님을 TV에서 본 적이 있나요? 데니스 홍이 TV 방송에서 '상상이 현실이 되는 로봇 세상'이라는 주제로 강연을 한 적이 있습니다. 그때 데니스 홍의 얼굴에서 자신감과 행복함이 넘치는 것을 보았습니다. 자신이 좋아하는 일을 할 때 사람은 저렇게 열정적이 되고, 또 저렇게 행복할 수 있구나 하는 생각을 했습니다.

여러분은 어떤 꿈을 가지고 있나요? 꿈이 없다면 지금부터라도 내가 뭘 좋아하는지, 뭘 하고 싶은지 천천히 고민해 보았으면 합니다. 꿈이라는 건 한번 정했다고 끝이 아닙니다. 얼마든 바뀌어도 상관없습니다. 만약 꿈이 있다면, 그것을 어떻게 실현할지도 생각해 보세요. 데니스 홍처럼 행복하게, 또 열심히 내 꿈을 이루는 사람들이 된다면 좋겠습니다. 혹시 아나요? 여러분 중에서 제2의 데니스 홍, 대한민국 최고의 로봇 박사가 나올지요.

과학

book 30

《재미있는 인공지능 이야기》

생각해 봐, 무엇이든 가능한 인공지능 세상

 송준섭 | 가나출판사 | 2018. 06.

🌿 인간이 무너지다

2016년 3월 9일. 전 세계 사람들이 TV 앞에 모였습니다. 대한민국을 대표하는 세계 최고의 바둑기사 이세돌 9단과 인공지능 알파고의 바둑 경기가 열렸기 때문입니다. 인공지능 딥블루가 체스 세계 챔피언 카스파로프를 이겼던 것이 1997년입니다. 그때도 많은 사람들이 놀랐지만 바둑은 체스와는 비교할 수 없을 만큼 경우의 수가 방대하기 때문에, 진정한 인공지능으로 인정받으려면 바둑으로 인간을 이겨야 한다고 사람들은 말했습니다.

알파고가 이세돌 9단에게 내리 세 판을 이기면서, 인간이 만든 인공지능에 인간이 지는 믿지 못할 상황이 벌어졌습니다. 그러나 네 번째 판에서 이세돌은 특유의 창의성과 전투적인 플레이로 역사상 최초이자 최후의 인간승리 한 판을 만들어 냅니다.

이때 참 신기한 일이 벌어집니다. 바둑에 '불계패'라는 것이 있습니다. 불계패는 도저히 이길 수 없다고 판단할 때 '졌다'라는 의미로 돌을 던지는 것을 말하는데, 4차전에서 알파고가 돌을 던진 것입니다. 인공지능이 보기에도 네 번째 판은 도저히 뒤집기가 어렵다고 판단한 것일까요? 최종 결과는 알파고가 4승 1패로 이세돌 9단에게 승리함으로써 세상에 인공지능의 등장을 알렸습니다.

송준섭 작가는《재미있는 인공지능 이야기》에서 인공지능의 개념과 역사, 인공지능의 현재와 미래를 초등학생들이라면 누구나 이해할 수 있도록 설명합니다.

여러분, 인공지능이란 무엇이며 어떤 원리로 작동하는 것일까요? 그리고 앞으로 세상은 어떻게 바뀔까요? 미래를 살아갈 여러분들은 반드시 인공지능을 이해해야 합니다.

🌿 스스로 학습하고 실력을 쌓는 인공지능

인공지능의 역사는 컴퓨터의 역사와 같습니다. 초기 인공지능은 연산 능력을 가진 컴퓨터였습니다. 컴퓨터는 0과 1의 숫자 조합을 통해 인간보다 훨씬 빠르고 정확하게 어려운 함수와 방정식을 풀어 냅니다. 그런데 학자들은 인간 뇌의 신경세포도 컴퓨터처럼 0과 1만으로 문제를 해결한다는 사실을 발견합니다. 그러니까 인간의 뇌를 컴퓨터로 재현할 수 있다는 이야기죠. 이 원리를 통해 인공 신경망을 만들어 냅니다.

컴퓨터와 인공지능의 차이라면 단 하나 '학습'입니다. 인공지능은 여러 경험과 자료를 통해 유형을 익혀서 다음 행동에 반영합니다. 이것은 인간의 학습 경험에서 아이디어를 얻은 것입니다. 그래서 연구자들은 인공지능 프로그램에 규칙을 가르치면, 언젠가는 모든 일을 잘하는 인공지능을 만들 수 있을 거라고 생각했습니다. 그런데 이상한 일이지요. 어렵고 복잡한 수학 계산은 척척하는 인공지능이 개, 호랑이, 고양이 등이 섞인 사진 속에서 고양이 사진을 골라내는 문제를 쉽게 해결하지 못했습니다.

이후 연구자들은 인공지능이 스스로 공부하는 방법을 찾았는데 이를 '기계학습(머신러닝)'이라고 합니다. 기계학습은 인공지능이 스스로 데이터를 수집하고 분석해서 규칙을 찾는 알고리즘입니다. 최근에는 인간의 신경을 모방한 '인공 신경망'을 기계학습에 많이 적용합니다. 이것이 바로 '딥러닝'입니다.

사람마다 눈, 코, 입이 다르게 생겨도 우리는 알아볼 수 있습니다. 그것은 대상의 특징인 평균값을 파악하는 학습 능력 덕분입니다. 딥러닝을 학습한 인공지능도 물체의 특징을 파악해 학습함으로써 인간처럼 평균값을 알 수 있습니다. 인공지능은 딥러닝 덕분에 창조적 영역인 미술, 음악, 소설까지 창작하는 놀라운 수준에 도달했습니다.

딥러닝은 인공지능에게 규칙을 설명하지 않고 대신 엄청나게 많은 데이터를 집어넣고 인공지능이 스스로 학습하도록 합니다. 이것은 굉장히 혁명적인 사건입니다. 이 방법으로 알파고는 짧은 시간에 엄청난 바둑 기보를 학습하여 인간에게 이긴 겁니다. 바둑 기보란 바둑 기사들의 대국 내용을 기록한 것입니다. 구글은 알파고에 16만 판이 넘는 바둑 기보를 입력했습니다. 그리고 알파고를 다른 버전의 인공지능과 대결하도록 했습니다. 알파고는 하루에도 수만 판씩 바둑을 두며 스스로 실력을 쌓아 갔던 것입니다.

세상에! 인공지능끼리 서로 대결하면서 바둑 실력을 키웠다니. 인간이라면 천년이 걸릴 일을 알파고는 단 며칠 만에 끝냈군요. 바둑기사들은 한 점을 놓을 때 짧게는 몇 초, 길게는 한 시간 이상을 생각합니다. 앞으로 전개될 바둑의 형세를 수십 번 머릿속에서 그려 가면서 여러 경우의 수를 계산하기 때문입니다. 그래서 프로 기사는 바둑 한 판을 두는 데 여섯 시간씩 걸립니다. 그런데 알파고는 단 몇 초 만에 자신에게 저장된 16만 판의 기보에서 다음에 선택할 최선의 수를 선택합니다.

🌿 약한 인공지능

알파고는 약한 인공지능입니다. 뛰어난 연산 능력으로 사람의 업무를 도와주는 인공지능을 약한 인공지능이라고 합니다. 약한 인공지능은 알고리즘과 기초 데이터, 규칙을 입력해야 합니다. 여러분이 일상에서 만나는 인공지능은 대부분 약한 인공지능입니다. 비록 약한 인공지능일지라도 창조적인 예술 영역까지 넘어섰고, 기초적이긴 하지만 이제 감정의 영역까지 발달하고 있습니다.

싱가포르에서 개발한 '나딘'은 사람과 감정을 나누는 인공지능 로봇입니다. 나딘은 사람과 이야기를 나누면서 감정을 표현할 수 있어 치매 환자나 자폐증을 앓는 사람, 혼자 있는 사람들에게는 좋은 친구가 될 수 있습니다.

약한 인공지능에서 마지막 영역은 직관입니다. '직관'은 어떤 대상을 한눈에 파악하는 능력을 말합니다. 논리적이고 이성적으로 결과를 따지지 않고 바로 파악하는 능력이지요. 인간은 과거의 경험과 현재의 본능적인 판단을 통해 어떤 일이 일어날지 즉시 예측을 할 수 있습니다. 그러나 인공지능에게 있어 이러한 직관은 프로그램 안에 들어 있지 않습니다.

예를 들어 시험을 치고 난 후, 문을 열고 들어오는 선생님의 걸음걸이와 표정을 보고서 우리는 '선생님이 오늘 과자 파티를 열 것 같다'고 짐작할 수 있습니다. 그러나 인공지능은 선생님에 대한 데이터, 선생님의 행동에 대한 패턴 분석, 과자 파티에 대한 자료가 아무리 많아도 선생님이 파티를 열 것인지 말 것인지를 즉각 판단할 수가 없습니다.

🌿 강한 인공지능

강한 인공지능은 사람처럼 자아를 가지고 있는 경우입니다. 자아를 가지고 있다는 것은 스스로 생각하고 판단하고 행동한다는 뜻입니다. 공상과학 소설이나 영화에 등장하는 인공지능 로봇들이 바로 여기에 해당합니다. 강한 인공지능이 세상에 등장하는 날은 아마 인류의 역사를 새로 써야 할지도 모릅니다.

강한 인공지능은 앞으로 다가올 미래 사회의 모습에 가장 가깝습니다. 강한 인공지능의 시대는 앞으로 펼쳐질 4차 산업혁명의 시대입니다. 그러나 장밋빛 전망만 있는 것은 아닙니다. 강한 인공지능 때문에 여러 가지 문제가 발생할 수도 있습니다.

인간의 모든 생활이 인공지능과 뗄 수 없는 시기가 오면 가장 큰 문제는 도덕적 문제가 될 것입니다. 예를 들어 자율주행 자동차가 인명 사고를 낸다면 그건 차에 타고 있는 사람의 잘못일까요, 아니면 자율주행 프로그램의 잘못일까요? 만약 로봇이 무기인 줄 모르고 무기를 운송하여 테러가 벌어진다면 누구에게 책임을 물어야 할까요?

근본적인 문제는 '로봇이 인간처럼 윤리적 행위를 할 수 있는가'입니다. 인간은 이성과 의식, 자유의지를 갖고 있기에 자율적인 존재입니다. 그러나 인간이 만든 로봇에게 이를 적용하기는 무리가 있어 보입니다. 아무래도 인간과 인공지능 둘 다를 모두 아우르는 새로운 도덕적 기준이나 관념이 필요할 것입니다.

🌿 우리는 무엇을 준비해야 하나?

〈터미네이터〉라는 재미있는 영화가 있습니다. 인간이 만든 강한 인공지능 로봇 기계에 의해 핵전쟁이 벌어지고 기계가 인간을 지배한다는 줄거리입니다. 인간은 저항군을 만들어 여기에 대항하지요. 이렇게 우울한 미래를 그리는 것을 '디스토피아'라고 말합니다. 디스토피아적 영화는 상당히 많은데요, 인공지능에 대한 인간의 두려움을 잘 보여 줍니다.

그러나 역사의 흐름을 보았을 때 과학기술은 늘 인간의 발전에 발맞추어 인간의 필요에 답해 줍니다. 다가올 4차 산업혁명의 시대. 그 선두에 인공지능이 설 것은 당연해 보입니다. 그러면 여러분은 어떤 준비를 해야 할까요?

4차 산업혁명 시대에는 창의적인 아이디어와 그 아이디어가 실현되는 플랫폼이 무엇보다 중요해집니다. 그래서 여러분은 디지털 세계에서 중심이 될 창의성과 컴퓨팅 문제 해결 능력을 키워야 합니다. 또 한 가지 아주 중요한 것이 있습니다. 전 세계적으로 연결된 사회에서는, 디지털 세계 안에서 서로 소통할 수 있는 능력도 꼭 필요합니다.

여러분, 이런 미래 어떨까요? 아침에 일어나면 요리사 로봇이 아침 식사를 입맛에 맞게 차려 줍니다. 아파트 앞에 자율주행 자동차가 와서 대기하고 있군요. 학교에 오니 선생님과 인공지능 선생님이 같이 맞아 줍니다. 수업 시간에는 메타버스로 과거와 현재, 미래를 자유롭게 오가며 공부합니다. 체육 시간은 어떨까요? 학교 운동장은 중요한 월드컵 경기가 열렸던 장소가 그대로 구현되어 있습니다. 손흥민 선수가 된 것처럼 몰입해서 옆 반과 경기를 합니다. 집에 오니 도우미 로봇이 따뜻한 목욕물을 준비해 두었네요. 오늘도 신나는 하루였군요.

참, 내가 학교에 차를 타고 갔는데 아빠는 뭘 타고 출근했냐고요? 깜빡하고 말을 안 한 것이 있네요. 이제 사람들은 아무도 차를 사지 않아요. 그냥 부르면 언제든 오도록 주민센터에서 준비해 두거든요. 자동차가 공공재가 되어 환경에도 도움이 되겠군요. 그리고 말입니다, 어쩌면 아빠는 회사에 안 갔을지도 몰라요. 인간이 노동에서 해방될 수도 있거든요.

어떤가요, 너무 멀리 나간 생각 같나요? 상상은 멀리 갈수록 좋은 거랍니다.

· 4부 ·

역사

• book 31 •

《10대를 위한 사피엔스》

인류는 어떻게 탄생하여
끝없이 진화해 왔을까?

 벵트 에릭 엥홀름 │ 미래엔아이세움 │ 2021. 04.

🌿 지구의 역사가 1년이라면?

5학년 사회 역사 수업 시간입니다.

"여러분, 지구의 역사를 1년이라고 한다면 우리 인류는 몇 월에 지구에 처음 등장했을까요?"

"반으로 딱 잘라 7월쯤 등장하지 않았을까요?"

"아니지, 지구 역사가 45억 년이나 되는데? 11월, 아니면 12월?"

"여러분, 놀라지 마세요. 인류의 역사는 12월 31일 밤 11시 23분에 시작됩니다."

역사는 지나간 시기에 있었던 사실들을 차례차례 기록하는 일입니다. 그러면 기록하기 이전의 역사는 역사가 아닐까요? 인간이 기록하기 이전의 역사가 훨씬 길지요. 그 역사를 '선사시대'라고 합니다.

뱅트 에릭 엥홀름 작가의 《10대를 위한 사피엔스》는 최초 인류의 시작부터 현재 인간의 모습까지를 설명합니다. 책의 첫 장에서는 지구 역사를 1년으로 쳤을 때 다양한 생명체가 언제 처음 등장했는지를 보여 주는데, 그 내용이 상당히 놀랍습니다.

45억 년 지구 역사를 12개월로 환산하면, 35억 년 전 바다에 최초의 생명체인 박테리아가 처음 등장한 날짜는 2월 17일이지요. 그리고 이 박테리아는 11월 22일까지 수십 억 년 동안 지구를 지배합니다. 11월 23일 무척추동물이 모습을 드러냅니다. 그리고 12월 2일에 몇몇 절지동물들이 바다에서 땅 위로 올라오기 시작합니다. 12월 7일부터 파충류의 시대가 시작되었고 여러분들이 좋아하는 공룡은 12월 13일인 2억 3,000만 년 전에 나타납니다. 유인원이 등장한 시기는 12월 26일, 그리고 지금으로부터 30만 년 전 현생 인류가 등장하는데 12월 31 밤 11시 23분입니다.

이제 1년이 아닌 24시간으로 지구의 시간을 환산해 볼까요? 인간의 직계 선조인 호모 사피엔스의 등장 시간은 밤 11시 59분 57초입니다. 3초라는 짧은 시간 동안 30만 년의 인류 역사가 이루어진 셈이지요.

여러분, 7분간의 역사, 또는 3초간의 역사가 우리 인류의 역사라니 긴 지구의 시간에서 보자면 너무 순간적이라는 생각이 듭니다. 그러나 인류는 진화와 혁명을 거듭하며 오늘날 찬란한 문명과 역사를 창조했습니다. 그 힘은 어디서 나왔을까요?

🌿 사라진 인류와 살아남은 인류

300만~400만 년 전, 인류 최초의 조상이라고 할 수 있는 오스트랄로 피테쿠스가 등장했습니다. '남쪽 원숭이'라는 뜻으로 직립보행을 하여 두 손이 자유로웠습니다. 약 150만~200만 년 전에 등장한 호모 하빌리스는 '손재주가 있는 사람'이라는 뜻으로 석기를 사용했습니다. 그리고 50만~150만 년 전에 나타난 호모 에렉투스는 '곧게 선 사람'으로 직립보행을 하며 불을 사용했습니다.

현생 인류의 직계 조상인 호모 사피엔스는 10만~40만 년 전에 등장합니다. 호모 사피엔스는 '지혜로운 사람'이라는 뜻으로 음식을 익혀 먹기 시작하여 뇌의 크기가 1,300~1,500cc에 이를 정도로 발달했으며, 언어와 도구를 능숙하게 사용했습니다.

여러분, 10만 년 전만 해도 지구에는 서로 다른 여섯 종의 인류가 살았지만 오늘날까지 살아남은 건 호모 사피엔스뿐입니다. 호모 사피엔스는 전 세계 구석구석 퍼져 나가면서 때로는 다른 종족과 전쟁을 하고, 때로는 같이 어울려 살면서 아이도 낳았습니다. 덕분에 인류의 유전자는 훨씬 풍성해졌으나 결국 다른 종의 인류는 똑똑한 호모 사피엔스에게 밀려 지구 역사에서 사라지고 맙니다.

🌿 더 많이 모여 더 크게 발전하다

유인원은 나무에서 내려와 직립보행을 하면서부터 손이 자유로워졌습니다. 손이 자유로워지자 다양한 도구를 만들 수 있었고 두뇌가 빠르게 발달하기 시작합니다. 인류는 더 많은 먹을거리를 얻기 위해 더 정교한 사냥과 채집 도구를 만들었고, 활동 범위도 더욱 넓어집니다.

인류가 직립보행을 하면 나타난 또 한 가지 변화는 골반이 점점 좁아졌다는 것입니다. 이렇게 되면 엄마가 아기를 낳을 때 둘 다 위험해집니다. 이때 중요한 진화가 일어나는데 아기의 머리가 커지기 전에 일찍 출산을 하게 된 거지요. 그래서 인간의 아기는 다른 동물의 새끼와 달리 준비가 덜 된 채로 태어나 오랫동안 보호자에게 돌봄을 받아야 합니다.

이제 인류는 여럿이 함께 공동생활을 하기 시작합니다. 그러면 적이나 야생 동물의 공격에 훨씬 안전해지지요. 어린 아기와 나이 든 노인을 함께 돌보고, 음식과 도구도 함께 만들면서 협력합니다. 서로 많은 정보를 나누다 보니 언어는 더욱 발달하고 인간의 뇌는 또 한 번 혁명적 진화를 합니다.

인류의 진화에서 빼놓을 수 없는 또 한 가지는 바로 '불의 발견'입니다. 인류는 불을 다루면서 추위를 이겨냈고, 깜깜한 밤에도 활동할 수 있게 되었습니다. 무엇보다 음식을 익혀 먹음으로써 더 많은 영양분을 섭취하게 되고 덕분에 뇌가 빠르게 진화합니다.

호모 사피엔스는 수십 년간 사냥과 채집을 하면서 살았습니다. 이런 생활방식에는 장점도 있지만 단점도 많았습니다. 근처에 사냥감이나 채집할 먹이가 떨어지면 이동해야 하는데, 아프거나 다친 사람들은 어쩔 수 없이 버림 받거나 죽임을 당했습니다. 이윽고 인류는 야생의 밀에서 밀을 재배할 수 있다는 사실을 알게 되었고 이로부터 농업혁명이 시작됩니다.

농경 문화는 팔레스타인과 시리아 지역 사이에서 최초로 시작되어 남쪽 이집트까지 퍼져 나갑니다. 농작물로 가축도 기를 수 있고, 거처를 옮길 필요가 없으니 농사짓는 땅도 점점 넓어집니다. 곡식을 저장하는 법을 알게 되고, 길들인 가축으로부터 우유와 고기 등을 얻게 되면서 인류는 정착을 하게 됩니다. 마을을 이루면서 도시와 사회가 성장하고 마침내 문명이 탄생합니다. 1만 년 전 최초의 메소포타미아 문명이 등장한 이후 중앙아메리카, 중국 북부, 페루, 파키스탄, 인더스 문명이 탄생합니다.

여러분, 우리는 학교 수업 시간에 4대 문명에 대해 배웁니다. 기원전 3000년경의 메소포타미아 문명과 이집트 문명, 기원전 2500년경의 인더스 문명, 기원전 1500년경의 황하 문명이 그것이죠. 그런데 여기에는 다른 의견도 존재합니다. 4대 문명 중 가장 늦게 시작된 문명이 황하 문명인데, 시간의 순서로 보자면 황하 문명보다 기원전 2,500년 전 그리스 에게해 문명이 훨씬 앞선다는 것이지요. 또, 지리적으로 큰 문명을 꼽자면 아메리카 대륙의 안데스 문명이 포함되어야 한다는 의견, 페르시아 문명이나 히타이트 문명 등이 들어가야 한다는 의견도 있습니다.

🌿 3,700년 전 부모님의 잔소리

큰 강을 끼고 문명이 발달하면서 정착 인구가 늘어나고, 농업혁명으로 생산물이 증가하면서 계급이 발생하기 시작합니다. 신을 위한 의식, 도

역사

시를 보호하기 위한 군사 조직과 정치 조직이 발달하면서 마침내 국가가 탄생합니다.

국가가 유지되기 위해서는 법을 만들어야 하지요. 또, 세금을 걷으려면 문자와 숫자가 필요합니다. 수메르인들은 그들의 법과 세금에 대해 점토판에 기록했습니다. 문자가 발달하면서 새로운 직업들이 생겨났으며, 수많은 점토판을 관리하기 위해 전문가를 키우는 학교도 세웁니다.

"도대체 왜 학교를 안 가고 빈둥거리고 있느냐? 제발 철 좀 들어라. …선생님을 존경하고 항상 인사 잘해라. 왜 수업이 끝나면 집에 곧장 안 오고 밖을 돌아다니느냐?"

부모님한테 방금 들은 잔소리 같지요? 그런데 3,700여 년 전 수메르에서 발견된 점토판 내용입니다. 점토판을 외우지 못하고 필기 연습을 게을리했다고 선생님에게 혼났다는 이야기, 부모님이 자식의 앞날을 위해 공무원이 되기를 바랐다는 이야기 등, 지금과 전혀 다르지 않은 당시의 재미있는 생활상이 담겨 있습니다.

🌿 우리는 호모 사피엔스 사피엔스

500년 전부터 시작된 근대과학 덕분에 인간이 만든 문명은 더욱 발전합니다. 인쇄기의 발달로 위대한 사상을 담은 책들이 대규모로 인쇄되어 시민 의식이 성장했으며, 신 중심의 세계관이 무너지고 철학과 과학에 의한 인간 중심의 세계관이 만들어집니다.

현대 국가에서 중요한 것은 '자본'이라고 하는 새로운 신입니다. 자본은 이 세상을 선진국과 후진국으로 나누었으며, 세계의 정치와 경제를 지배하기 시작합니다. 그리고 몇몇 국가들은 석유와 천연가스 등 자원의 힘으로 세계에 큰 영향력을 발휘합니다. 한국과 일본, 대만과 같은 나라는 풍부한 자원이 없이도 기술로 산업을 성공시켜 국제사회에 자리매김을 하기도 합니다.

앞으로 다가올 미래 세계는 컴퓨터 혁명과 AI혁명으로 4차 산업혁명의 시대가 될 것입니다. 이전과는 완전히 다른 시대가 되리라고 사람들은 예상합니다.

여러분, 앞으로는 호모 사피엔스를 넘어 호모 디지털리스가 출현할지도 모릅니다. 지금까지의 어떤 인류보다도 똑똑하며, 사고의 체계나 생활방식 자체가 디지털 방식으로 바뀔 수 있습니다. 그러나 기후환경 위기와 에너지 전쟁, 인간의 노동을 AI가 대체하는 문제 등, 우리가 해결해야 문제도 한두 가지가 아닙니다.

호모 사피엔스가 지구에 최후의 인류로 남았던 것은 의사소통을 통해 협동했기 때문입니다. 덕분에 그들보다 신체 능력이 뛰어난 네안데르탈인을 이길 수 있었습니다. 우리도 불확실한 미래를 두려워하지 말고 당당하게 부딪히며 미래에 도전한다면 좋겠습니다. 우리는 '호모 사피엔스 사피엔스'이기 때문입니다.

역사

book 32

《초등학생이 알아야 할 세계사 100가지》

고대부터 최근까지, 세계 곳곳의 놀라운 이야기들

알렉스 프리스, 제롬 마틴, 로라 코완 | 어스본코리아 | 2018. 05.

🌿 노예와 주인의 '야자 타임', 상상해 봤니?

사회 시간에 아이들에게 불쑥 이렇게 질문을 던졌습니다.

"얘들아, 옛날에 말이야. 귀족이 노예의 시중을 드는 경우도 있었을까? 귀족이 노예 심부름도 하고, 음식도 대접하는 거지."

"네? 지금도 아니고 옛날이면 큰일 났을 것 같은데요? 그때 노예들은 인간 취급을 받지 못했잖아요. 바로 사형당하는 거 아니에요?"

우리의 예상과 달리, 철저한 신분사회였던 고대 로마 시대에도 '야자 타임'이 있었다고 합니다. '야자 타임'이란, 정해진 시간 동안 나이 어린 사람이 나이 많은 사람에게 말을 놓을 수 있는 일종의 장난입니다. 서로 허물없이 농담을 던지며 벽을 없애고 즐기는 거지요.

고대 로마 시대에는 1년에 한 번 축제 기간에, 주인과 노예가 서로 역할 바꾸고서 선물도 주고받으며 즐거운 시간을 가졌다고 합니다. 이런 전통이 중세 영국과 프랑스에서도 축제로 이어져 귀족과 소작농, 성직자들이 서로 역할을 바꾸는 놀이를 하곤 했습니다.

《초등학생이 알아야 할 세계사 100가지》는 세계사의 크고 작은 이야기가 가득 담긴 책입니다. 역사가 처음 시작된 이야기, 가장 넓은 영토를 차지한 제국, 종교와 전쟁 등 인류 역사의 중요하고 굵직한 장면들뿐 아니라 로마 시대 주인과 노예의 역할 놀이처럼 소소하고 재미있는 이야기들도 찾아볼 수 있습니다. 국가 간 최초의 스포츠 대회, 튤립꽃의 가격이 집보다 비쌌던 사연, 경찰과 매일 학교에 다니는 여섯 살 여자아이 이야기 등도 흥미롭지요. 때로는 사소해 보이는 이야기가 역사의 중요한 전환점이 되기도 하거든요.

"선생님, 그럼 우리도 '야자 타임' 해봐요!"

"응? 역사상 사제 간에는 그런 경우가 없었어. 너희들이 역사책에서 그런 사례를 찾아 오면 그때 해볼게."

인류 역사에는 여러분이 생각하지 못한 기상천외한 이야기와 상상을 초월한 사건들이 있습니다. 그 100가지 장면 속으로 들어가 볼까요?

🌿 역사는 어떻게 시작되었을까?

"여러분, 고조선은 지금으로부터 몇 년 전에 생긴 국가일까요?"

5학년 사회 수업 시간에 많은 학생들이 헷갈려하는 부분이 있습니다. 고조선이 건국된 시기가 현재 시점에서 몇 년 전인가 하는 거지요. 고조선은 '기원전' 2333년에 건국되었으니 여기에 '기원후'인 올해의 연도를 더해야 합니다. 기원전과 기원후를 이해하지 못하면 누구든 헷갈릴 수 있습니다.

고대 사회에 어떤 일이 벌어졌는지를 알기 위해서는 기준이 있어야 합니다. 그래서 《초등학생이 알아야 할 세계사 100가지》에서도 첫 번째 사건으로 기원전과 기원후를 다룹니다. 각 나라마다 시점이 다르고 그에 따라 기록도 저마다 다르게 한다면, 현재에 살고 있는 우리는 과거의 역사를 정확히 비교할 수가 없습니다. 그래서 모든 나라가 공통으로 '그레고리력'이라는 달력을 사용합니다.

그레고리력에서는 예수가 탄생한 첫 번째 해를 '기원후 1년'으로 봅니다. '기원후'를 'A.D.'라고 표시하는데 라틴어 'Anno Domini(예수의 해)'의 약자입니다. 그리고 '기원전'은 'B.C.'라고 표시하는데 영어 'Before Christ(예수 이전)'의 약자입니다. 이렇게 기준이 분명하기 때문에 오래전 서로 다른 나라에서 벌어졌던 사건을 나란히 비교할 수 있습니다.

지금으로부터 약 2,440년 전, 그리스의 작가 헤로도토스는 과거의 중요한 사건과 정보를 모아서 기록한 방대한 책을 썼습니다. 이 책에 《히스토리아이》라는 제목을 붙였고 이것이 최초의 '역사(History)'가 됩니다. 이 책을 통해서 우리는 그리스와 페르시아의 전쟁, 아테네와 스파르타의 전쟁, 알렉산더 대왕에 대한 이야기를 역사적 사실로 알 수 있게 되었습니다.

🌿 코끼리들이 알프스산맥을 넘었다고?

지중해에서 그리스의 힘이 약해지자 북아프리카의 강자 카르타고와 떠오르는 신흥 강자 로마가 지중해 패권을 두고 100년 동안 경쟁하게 됩니다. 카르타고의 명장 한니발은 B.C. 200년경 코끼리 40마리가 포함된 군대를 이끌고 로마를 공격하기 위해 원정을 떠납니다. 카르타고에서 로마까지 가려면 지중해 바다를 건너야 합니다. 여기서 한니발은 역사상 그 누구도 시도해 보지 않은 작전을 펼칩니다. 바로 스페인과 프랑스를 지나 알프스산맥을 넘어 로마로 진격하는 작전입니다.

세상에, 코끼리 부대를 이끌고 알프스산맥을 넘는다니, 대단하지 않나요? 여러분, 코끼리는 열대지방에 사는 동물입니다. 덩치는 또 얼마나 큰가요?

한니발의 이 과감한 작전은 대성공을 거두고 로마는 충격과 공포에 빠집니다. 한니발의 군대가 지나간 자리는 쑥대밭이 되었고 15년 동안 한니발은 이탈리아 대부분을 점령해 나갑니다. 한니발 군대는 이제 로마의 입구까지 들이치게 되었고 로마는 멸망 직전의 위기에 몰립니다.

이때 로마에 불세출의 영웅이 등장하는데, 스키피오입니다. 로마 장군 스키피오는 한니발 못지않은 대단한 작전을 세웁니다. 적군의 허를 찌른 스키피오의 작전은, 바로 한니발이 없는 카르타고를 직접 공격하는 것입니다.

조국이 위기에 처하자 한니발 군대는 이탈리아에서 배를 타고 급하게 돌아왔지만 로마와의 전면전에서 패하고 맙니다. 이렇게 포에니 전쟁에서 승리한 로마는 지중해의 패권을 차지함으로써 이후 '팍스 로마

역사

나(로마에 의한 평화)' 시대를 열게 됩니다.

　로마는 A.D. 395년, 동로마와 서로마로 분열되고 서로마는 게르만족에게 476년 멸망합니다. 그리고 동로마는 이후 1,000년 동안 지속하다 1453년 오스만제국에 의해 역사에서 사라집니다. 그러나 동로마제국에서 건너온 그리스와 로마의 철학과 과학기술은 이후 유럽 사회에 큰 영향을 끼치고 르네상스 운동으로 이어져서 근대 유럽 문화의 밑바탕이 됩니다.

🌿 피라미드가 가장 많은 곳이 이집트가 아니었다니

피라미드는 지구 곳곳에서 발견되는데 가장 오래된 피라미드는 메소포타미아(이라크) 지역에 있는 것입니다. B.C. 3000년부터 B.C. 500년까지 수메르, 바빌로니아, 아시리아 문명에서 만들어진 피라미드는 약 30개 정도로, 신전의 형태를 하고 있습니다. 인류 최초의 문명을 만들었던 수메르인들이 쌓은 '지구라트'라는 계단식 피라미드는 이후 모든 피라미드의 기원이 되었지요.

　그러나 피라미드 하면 떠오르는 것은 역시 이집트입니다. B.C. 2600년에서 B.C. 1600년까지 이집트에는 약 130개의 피라미드가 있었습니다. 고대 이집트 왕들의 무덤인 피라미드 중 가장 큰 것은 쿠푸 왕의 피라미드로, 평균 2.5톤이나 되는 큰 돌을 무려 230만 개가량 쌓아 올렸습니다. 사람이 죽으면 또 다른 세계로 간다고 믿었던 이집트 사람들은 왕의 시신을 미라로 만들고 죽음 이후의 세계에서 쓸 보물과 물건을 피라미드 안에 함께 묻었습니다.

그런데 이집트보다 피라미드가 더 많은 곳이 있다고 합니다. 멕시코와 과테말라, 온두라스 등 중앙아메리카에는 약 1,000개의 피라미드가 있습니다. B.C. 1000년에서 A.D. 1697년 사이에 이들 지역에는 올멕 문명, 마야 문명, 아즈텍 문명이 발달했습니다. 이때 수많은 피라미드를 만들었는데 왕의 무덤보다는 신전으로 활용했습니다. 그리고 바로 아래 지역인 페루에도 모체 문명, 치무 문명, 잉카 문명 시기의 피라미드가 약 250개 정도 존재합니다.

이렇게 아메리카 대륙에만 1,250여 개나 되는 피라미드가 있었다니, 놀랍습니다. 이들은 과연 무엇을 신에게 빌고 싶어서 이렇게 많은 피라미드를 만들었을까요?

사실 동북아시아에도 피라미드는 있습니다. 중국과 만주 쪽에 수많은 피라미드가 존재하는데, 발굴이 제한되어서 아직은 역사적으로 평가를 할 수가 없습니다. 중국 지역에 존재하는 피라미드는 황하 문명보다도 앞서 건설된 것이라고 하니, 상당히 궁금해집니다. 언젠가는 그 문명의 비밀이 밝혀지겠지요?

🌿 함께 모여 걸으며 세상을 바꾼 사람들

세계사를 공부하다 보면 사람들의 단결과 연대의식이 얼마나 중요한지를 깨닫게 됩니다. 20세기 들어 세계 여러 나라 사람들은 함께 모여 행진하는 것만으로 세상을 바꾸었습니다.

1917년 3월 8일, 러시아 상트페테르부르크에서 20만 명의 사람들이 전쟁에 반대하고 러시아 혁명을 지지하기 위해 '여성의 날 파업'을 벌였습니다. 러시아군까지 파업에 참여하면서 결국 로마노프 왕조의 니콜라이 2세가 폐위되고 러시아제국은 멸망합니다. 이후 몇 년간 혁명과 내전을 거치면서 역사상 처음으로 공산주의 국가인 소비에트 사회주의 공화국(소련)이 건국됩니다.

비슷한 사례는 또 있습니다. 1930년, 간디는 영국이 식민지 인도에서 소금 채취를 금지한 것에 항의하기 위해 78명의 사람들과 함께 '소금 행진'을 했습니다. 이후 수만 명의 사람들이 동참하면서 380킬로미터를 걸어 마침내 바다에 도착해 소금을 직접 만들었습니다. 이 과정에서 수천 명의 사람들이 체포되고 구금되었지만 이 행진으로 인도의 독립운동은 비폭력 저항운동으로 전 세계의 지지를 받았습니다.

1963년으로 가 봅시다. 미국 워싱턴 D.C.에서는 20만 명의 사람들이 모여 흑인들의 일자리와 투표할 권리 등을 요구했습니다. 흑인 노예 해방을 위해 남북전쟁까지 치른 미국이지만 1960년대까지 여전히 흑인들의 권리는 보장받지 못한 상태였습니다. 이때의 워싱턴 행진에서 마틴 루터 킹 목사는 '나에게는 꿈이 있습니다'라는 위대한 연설을 했지요. 이런 노력이 이어져 마침내 1965년 흑인들의 권리를 개선하는 법이 새로 만들어집니다.

2000년대에 들어서도 일반 시민과 국민들이 연대하고 행동하는 사례는 계속됩니다. 2002년 베네수엘라의 카라카스 행진과 2003년 전 세계 30여 개국에서 일어난 반전 시위 등이 대표적인 예입니다.

이렇게 우리들 한 명 한 명의 작은 행동과 사회적 연대들이 모여 거대한 역사의 물줄기를 바꿀 수 있다는 것을 역사는 증명합니다. '나 하나 동참한다고 뭐가 달라질까?' 하는 생각으로 아무것도 하지 않으면 아무 일도 일어나지 않습니다. 그러나 무언가를 하면 반드시 어떤 일이 일어납니다. 나비의 작은 날갯짓이 태풍을 만들 수 있듯, 여러분의 작은 행동이 세계의 역사를 바꿀 수 있습니다.

book 33

《아하! 그땐 이런 인물이 있었군요》

우리나라를 움직인 인물들의 삶과 업적을 들여다보자

🌿 지호진 | 주니어김영사 | 2003. 09.

🌿 역사의 주인공은 누구일까?

우리는 역사의 발전에 특별히 큰 도움을 준 사람을 가리켜 '위인'이라 합니다. 그런데 아이들과 역사 수업을 하다 보면 존경하는 위인이 수시로 바뀌는 것을 봅니다. 예를 들어 삼국시대를 공부하면 광개토대왕, 을지문덕, 김유신 장군을 최고의 위인으로 꼽고 고려 시대로 넘어오면 서희 장군, 강감찬 장군, 정몽주 등으로 마음이 바뀝니다.

조선 시대로 오면 위인이 많아지기 시작합니다. 천재 과학자 장영실, 한의학의 아버지 허준, 성리학자 이황과 이이, 개혁 군주 정조 대왕, 실학자 정약용 등이 대표적입니다. 절대 빼놓을 수 없는 인물로는 한글을 창제하여 우리 민족에게 글자를 선물한 세종대왕과, 동아시아 최대 전쟁을 승리로 이끈 이순신 장군이 있습니다. 초등학생뿐 아니라 우리 국민 모두가 가장 존경하고 좋아하는 위인이자 영웅입니다.

지호진 작가의 《아하! 그땐 이런 인물이 있었군요》는 아이들의 이런 특징을 가장 잘 이해한 책입니다. 삼국시대와 고려 시대, 조선 시대, 일제강점기의 위인 33명을 소개하고 있습니다.

여러분은 우리 역사에서 단 한 명의 위인을 뽑는다면 누구를 뽑고 싶나요? 혹시 자신이 생각하는 민족의 위인이나 영웅이 《아하! 그땐 이런 인물이 있었군요》에 있는지 한번 살펴볼까요?

🌿 을지문덕 장군, 수나라를 물리치다

400여 년 동안 분열된 중국을 통일한 수나라는 612년, 100만 대군을 이끌고 고구려를 침공합니다. 고구려 영양왕이 중국 요서 지방을 공격했기 때문이지요. 수나라는 30만 별동대를 구성해 평양성을 공격합니다. 그러나 수나라는 고구려에 패하고 오랜 전쟁으로 병사들은 지쳐 갑니다. 을지문덕 장군은 적장 우중문에게 시를 지어 보냅니다.

신기한 계책은 하늘의 이치를 꿰뚫었고 기묘한 책략은 땅의 이치를 통달하였네. 싸움에 이겨 공이 이미 높으니 그만 만족하고 돌아간들 어떠리.

겉으로는 적장 우중문을 칭송하여 물러날 명분을 주면서도, 속뜻은 더 공격해 봤자 이기기 힘들다는 조롱을 담고 있습니다. 사기가 꺾인 수나라 군대는 후퇴하다가 살수(청천강)에서 을지문덕 장군에 의해 대패합니다. 30만 병사 중에 살아 돌아간 병사는 2,700명 정도였다고 합니다.

을지문덕 장군의 살수대첩 승리는 당시 대륙을 통일하고 영토를 팽창하려던 수나라에게 치명타를 날린 동북아 최대의 전쟁입니다. 수나라는 총 네 번에 걸쳐 고구려를 침공했으나 실패했으며, 결국 건국한 지 38년 만에 멸망하고 맙니다.

🌿 말 한마디로 땅을 차지하다

을지문덕 장군처럼 전쟁을 벌여 적을 물리친 경우도 있지만, 고려에는 전쟁 없이 말 한마디로 승리한 외교의 달인 서희가 있습니다. 거란이 발해를 멸망시키고 중국 대륙의 북쪽을 장악하자 송나라는 고려와 연합하여 거란에 대항합니다. 거란은 80만 대군으로 고려를 침공합니다. 이때 서희 장군이 거란 장수 소손녕과 담판을 짓기 위해 적진으로 갑니다.

소손녕: 나는 대국의 귀한 사람이니 그대가 뜰에서 내게 절하라.
서 희: 신하가 임금에게 절할 때나 뜰에서 하는 것이오. 나는 협상하러
　　　왔소.
소손녕: 고려는 신라 땅에서 일어난 나라인데, 거란이 소유하고 있는
　　　옛 고구려 땅을 침범하고 있지 않은가.
서 희: 고려는 고구려를 이어받아 나라 이름도 '고려'라 하고 평양을

도읍으로 삼은 것이오. 따지고 보면 거란의 도읍 동경도 옛 고구려의 영토에 있으니 고려의 땅이 아니겠는가.

소손녕: 고려는 거란과 땅을 접하고 있으면서도 어찌 바다 건너 송나라를 섬긴단 말이오.

서 희: 거란과 교류를 하지 못하는 것은 압록강 유역에 여진이 가로막고 있기 때문이오. 여진을 내쫓고 우리 옛 땅을 돌려준다면 어찌 교류하지 않겠는가?

서희의 논리적인 답변에 소손녕은 반론을 제기하지 못하고 고려가 강동 6주를 개척하는 데 동의하면서 군사를 되돌립니다. 서희는 말 한 마디로 전쟁에서 승리했으며 여진족을 몰아내고 군사적 요충지인 강동 6주를 설치합니다. 이후 거란은 요나라를 세우고 40만 대군으로 다시 고려를 침략하지만 강감찬 장군이 귀주대첩으로 거란을 물리칩니다.

🌿 고려에서 지고 조선에서 꽃피다

고려 후기에 두 세력이 등장하는데 성리학이라는 새로운 유학을 배운 신진사대부들과, 중국 홍건적과 왜구를 토벌하면서 백성의 지지를 받은 신흥 무인세력입니다. 정몽주와 이색, 길재 등의 신진사대부는 기울어가는 고려를 개혁하려 한 온건개혁파였으며, 정도전, 남은 등은 신흥무인세력 이성계와 손을 잡고 새로운 나라를 만들려는 급진개혁파입니다.

정몽주는 학문이 뛰어났으며, 가난한 백성을 구제하기 위한 의창제도를 계획하고, 교육을 위해 5부 학당과 향교를 세웠으며, 법전을 간행하여 법질서를 바로 잡았습니다. 또한 외교에도 능해 고려와 명나라의 국교를 회복하였고 일본에 가서 왜구의 침략을 막습니다.

이성계가 위화도 회군으로 권력을 잡고 새 왕조를 건설하려 하자 정몽주는 이성계 일파와 맞섭니다. 이성계의 병문안을 간 정몽주에게 이성계의 아들 이방원은 새 왕조 건설을 위해 동참해 주기를 원하는 내용의 시 〈하여가〉를 씁니다. 정몽주는 〈단심가〉를 지어 죽어도 고려를 향한 마음은 변하지 않는다며 거절합니다.

"이런들 어떠하며 저런들 어떠하리, 만수산 드렁칡이 얽혀진들 어떠하리. 우리도 이같이 얽혀져 백 년까지 누리리라."
"이 몸이 죽고 죽어 일백 번 고쳐 죽어, 백골이 진토 되어 넋이라도 있고 없고 임 향한 일편단심이야 가실 줄이 있으랴."

결국 정몽주는 이방원이 보낸 자객에게 철퇴를 맞고 죽고 맙니다. 이후, 이성계와 정도전은 조선을 건국하고 이색과 길재 등은 조선 건국에 반대하여 지방에 은거하며 제자들을 키우는데, 이들의 제자가 조선 중기부터 정치 권력을 장악한 성리학자들 '사림'입니다.

🌿 개혁을 꿈꾼 실학자, 정약용

조선이 임진왜란과 병자호란을 치르면서 백성들의 삶은 더욱 힘들어지고 성리학의 한계가 드러나기 시작합니다. 성리학은 백성들의 실생활에 도움을 줄 수 있는 학문이 아닙니다. 일부 학자들 사이에 서양의 학문과 기술이 소개되고, 이를 실생활에 이용하여 백성들에게 도움을 줄 수 있는 방법을 연구했는데 이를 '실학'이라 부릅니다.

정조 임금은 아버지 사도세자를 기리고 정치 세력을 분산할 목적으로 수원화성을 만들 계획을 세웁니다. 그리고 책임자로 정약용을 임명합니다. 정약용은 '어떻게 하면 무거운 돌을 들어 올릴지' 고민합니다. 어릴 적부터 실학을 공부했던 정약용은 청나라에서 들어온 서양 책 《기기도설》을 바탕으로 거중기를 만들어 냅니다. 도르레의 원리로 만든 거중기는 무거운 돌을 쉽게 들어 올리며 2년 만에 수원 화성을 완성합니다.

정약용은 백성들의 삶에 직접 영향을 주는 실학에 관심을 가지고 연구한 실학자입니다. 그래서 수원화성을 건설할 때 거중기나 녹로 등의 기기를 쉽게 만들 수 있었지요. 수원화성은 현재 유네스코 세계 유산으로 등록될 정도로 문화적 가치를 인정받고 있습니다.

성리학의 조선은 왕과 양반, 일반 서민 모두가 도덕을 바탕으로 생활해야 하는 도덕 사회입니다. 그래서 성리학을 제외한 나머지 학문을 공부하면 귀향을 가거나 심지어 사형을 당하기도 했습니다. 정약용 역시 형제들이 천주교를 믿었다 하여 모함을 받아 18년 동안 귀양살이를 했습니다. 귀향살이 동안 정약용은 조선을 개혁할 내용을 담은 《목민심서》《경세유표》《흠흠심서》등 수많은 저서를 남깁니다.

역사

🌿 하나 된 조국을 이루고자 했던 김구

개혁에 실패한 조선은 멸망하고 우리 민족은 일본에 35년간 식민 통치를 받게 됩니다. 뜻있는 우국지사들은 중국 상해에 망명정부를 세우고 우리나라 독립을 위해 투쟁을 벌입니다.

김구는 젊은 시절 동학농민운동에 참가했으며 일본의 군사 간첩을 죽이고 감옥에 투옥되기도 했습니다. 3.1 운동이 일어나자 중국 상해 대한민국 임시정부의 경무국장이 됩니다. 한인애국단을 조직하여 이봉창의 일본 왕 저격 사건과 윤봉길의 폭탄 투척 사건을 일으켜 우리 민족의 독립 정신을 세계에 알립니다. 중국 지도자 장제스는 중국의 100만 대군도 하지 못한 일을 조선의 한 청년이 해냈다고 극찬하면서 임시정부에 지원을 하게 됩니다.

임시정부의 주석이 된 김구는 한국광복군을 창설하여 일본과 전쟁을 준비했으나 1945년 일본은 패망합니다. 남한을 점령하여 통치하던 미군정은 중국에서 활동한 상해임시정부를 승인하지 않았기 때문에 김구는 광복이 되고도 석 달이 지난 뒤에야 개인 자격으로 조국에 와야 했습니다. 국민은 열렬히 환영했지만 당시 우리나라는 북쪽은 소련이, 남쪽은 미국이 통치를 하고 있었습니다. 민주주의와 공산주의로 국론이 분열된 상태였지요. 이렇게 독립할 능력이 없는 나라를 강대국이 일정 기간 통치하는 것을 신탁통치라고 합니다. 김구는 신탁통치를 반대하며 임시정부가 직접 행정을 장악하려고 했지만 미군정에 의해 저지당하고 맙니다.

김구는 민족의 국론을 하나로 모으고 하나 된 통일국가를 만들기 위해 노력하던 중 안타깝게도 육군 장교 안두희의 총을 맞고 숨집니다. 김구를 암살한 안두희는 자신의 뒷배경이 누군지 끝내 침묵하였고 지금까지 베일에 싸여 있습니다. 한국전쟁 이후 군수물품 사업을 해서 큰돈을 번 안두희는 숨어서 살다가, 그의 얼굴을 알아본 한 시민이 휘두른 '정의봉'에 맞아 죽습니다.

일제강점기 동안 일본과 맞서 치열하게 싸웠던 임시정부가 대한민국의 정권을 잡고 하나 된 국가를 수립했다면 어땠을까요? 대한민국의 역사는 많이 달라졌을 것입니다.

🌿 역사의 주인공은 바로 나!

여러분, 옛날의 왕과 권력자들은 역사책을 많이 보았습니다. 역사에서 교훈을 배워야 했기에 역사책은 왕들의 교과서였지요. 역사는 단순히 과거의 일이 아니라 현재를 설명해 줄 수 있는 거울이자 지혜이기 때문입니다. 과거 역사를 통해 현재의 문제를 해결할 수 있는 것이죠.

그런데 역사책 속에 기록된 내용들은 누군가가 쓴 것이며, 그 속에는 책을 쓴 사람의 관점이 들어 있습니다. 강자의 논리, 승자의 논리, 글쓴이의 논리가 숨어 있는 셈입니다. 그래서 역사는 해석이 필요합니다. 그 해석의 주인공은 바로 여러분입니다. 역사의 중심에 선 인물들이 어떻게 사회와 국가를 변화시키고 역사의 방향을 바꾸었는지를 살펴보아야 합니다. 그리고 현재 우리의 삶에 어떤 영향을 미치는지도 살펴볼 수 있겠죠.

요즘은 인터넷과 스마트폰, SNS 등이 발달하면서 일반인 중에서도 세계적인 영웅이 탄생하는 시대가 되었습니다. 디지털 세계에서 독창적인 플랫폼을 만드는 시대, 누구나 여론을 형성하고 영향력을 발휘하는 시대, 세계인의 유행을 주도하는 시대가 왔습니다. 전 세계인 중 누구라도 주인공이 될 수 있는 시대입니다.

그러니 앞으로 펼쳐질 미래의 주인공은 바로 여러분입니다. 지난 역사에서 배우며, 새로운 역사를 써 나갈 준비를 하세요, 여러분!

• book 34 •

《유네스코가 선정한 한국의 세계 유산》

세계가 인정한 소중한 우리 문화

🌿 이경덕 | 미래엔아이세움 | 2010. 09.

🌿 문화를 잃으면 나라를 잃는다

얼마 전, 한국과 중국 사이에 김치와 한복의 원조 논쟁이 있었습니다. 5,000년 한민족 역사와 함께한 한복과 김치를 중국이 자기들 문화라고 우기는 것입니다. 중국 연변에는 우리 동포인 조선족이 200만 명 정도 살고 있습니다. 그런데 중국은 조선족도 중국 국민이니 한복과 김치는 중국 문화의 한 종류라고 합니다. 엄연히 대한민국이 존재하는데도 중국은 이렇게 문화 침탈을 시도하고 있습니다. '문화 전쟁은 역사 전쟁이며, 문화를 잃으면 나라를 잃는다'는 말이 크게 와닿습니다.

중국과 이웃하여 한때 중원을 장악하며 제국으로 성장했던 고대의 많은 민족과 국가들이 역사 속에서 사라졌습니다. 여진족의 금나라

역사

와 청나라, 거란족의 요나라, 그리고 선비족, 흉노족 등입니다. 중국이라는 거대 제국 안에서 동화되어 사라져 버린 민족들입니다.

그러나 대한민국은 5,000년 이상 이어져 온 한민족이라는 정체성과 독자적인 문화, 그리고 한글 같은 고유의 자산에 힘입어 현재 세계 속에서 문화 대국으로 자리잡고 있습니다.

이경덕 문화인류학자가 쓴《유네스코가 선정한 한국의 세계 유산》은 왜 대한민국이 문화 강대국이 될 수밖에 없는지를 보여줍니다. 그 힘을 여러분이 직접 확인하세요.

🌿 고인돌의 나라, 불국토의 나라

예전에 전라도 고창과 화순 지방으로 여행을 간 적이 있습니다. 가는 길에 드문드문 엄청난 크기의 바위들이 있었는데 그 바위들이 세상에, 고인돌이었습니다. 전 세계 고인돌 6만 기 중에 3만 기 이상이 한반도에 있습니다. 한반도는 고인돌의 나라라고 할 수 있겠네요.

고인돌은 '괴다'와 '돌'을 합친 말로 돌을 괴어 세운 유적입니다. 고인돌은 청동기 시대 지배계층의 무덤으로 알려져 있습니다. 유네스코에서 우리나라의 고인돌을 세계 문화유산으로 지정한 것은 당시의 기술과 사회를 생생하게 보여 주는 유적이기 때문입니다.

한반도 전체가 고인돌의 나라라면, 신라의 수도였던 경주는 '불국토'의 나라입니다. 경주 역사유적지구는 불교 발달을 잘 보여 주는 중요한 유적과 건축물, 기념물을 보유하고 있습니다. 세계적으로 1,000년 가까이 왕조를 유지한 나라도 드물지만 그동안 국가의 수도가 바뀌지 않고 유지된 경우도 드뭅니다. 그래서 세계 4대 역사 도시로 로마제국의 콘스탄티노플, 중국의 시안, 이슬람제국의 바그다드, 그리고 신라의 서라벌(경주의 옛 이름)이 꼽힙니다.

경주의 남산은 불교미술의 시작과 끝을 보여 준다 할 만큼 부처상과 석탑이 즐비합니다. 그래서 남산 전체가 불국토 즉, '부처의 땅'이라고 불리지요. 그만큼 불교 문화재의 보물창고입니다. 그 밖에 천년 왕조의 궁궐터와 첨성대, 황룡사 절터, 거대한 대릉원, 천마총 등 신라의 유물들이 경주 지역 곳곳에 살아서 숨 쉬고 있습니다.

사회 교과서에도 등장하는 석굴암과 불국사는 불교문화의 정수를 보여 줍니다. 불국사는 불교 교리가 사찰 건축물을 통해 형상화된 독특한 건축미를 지니고 있습니다. 또 불국사에는 석가탑과 다보탑이 있으며 특히 석가탑에서는 현존하는 가장 오래된 목판 인쇄물인 '무구정광대다라니경'이 발견되어 세계를 깜짝 놀라게 했습니다.

경주 토함산에 흰 화강암으로 인공 동굴을 만들어 석가여래불상과 38체의 불상을 조각해 놓은 석굴암은 신라 시대 최고 걸작으로 꼽힙니다. 석굴암은 건축, 수리, 기하학, 종교, 예술이 총체적으로 실현된 우리 유산입니다.

🌿 위대한 건축물들의 나라

예전에 합천 해인사에 현장 체험학습을 간 적이 있습니다. 학생들에게 팔만대장경의 우수성을 열심히 설명하는데, 정작 팔만대장경의 집이라고 할 수 있는 장경판전을 잘 모르는 친구들이 많았습니다. 해인사 장경판전은 몽골군의 침략을 막기 위해 제작한 세계기록유산인 팔만대장경을 보관하는 건축물입니다. 나무로 만들어진 대장경을 잘 보호할 수 있게끔 온도와 습도를 조절하는 기능까지 갖추었습니다. 그 외에도 여러 과학적인 장치가 건축물에 녹아 있습니다.

세계 문화유산으로 지정된 것 중 조선 시대를 대표하는 유산도 많습니다. 자연적인 조형미를 간직한 대표적인 궁전 창덕궁, 왕을 기리는 유교 사당의 표본이자 조선 왕조의 뿌리인 종묘, 조선 왕조의 유교 이념이 서린 조선 왕릉은 모두 조선 왕가와 관련된 건축물입니다.

수원화성은 정조대왕이 아버지 사도세자를 기리기 위해 만든 성입니다. 실학을 바탕으로 과학적 원리가 이용되었는데 실학자 정약용은 도르레의 원리로 거중기를 제작하여 수원화성을 만드는 데 큰 공을 세웠습니다.

🌿 기록의 나라

한글날을 맞아 세종대왕과 훈민정음의 위대함을 생각하면서 '세종어제 훈민정음' 서문을 복사하여 학생들과 함께 크게 읽었던 일이 있습니다. 모두들 정말이지 교실이 떠나가라 목소리를 높였고, 재미있다고 다 외우는 학생도 있었습니다.

"나랏말싸미 듕귁에 달아 문자와로 서로 사맛디 아니할세…."

1443년 백성을 가르치는 바른 소리라는《훈민정음》이 세상에 나오던 날은, 33쪽짜리 책에 담긴 우리의 소리를 우리의 문자로 나타낸 혁명적인 날이었습니다. 현재 전 세계 언어학자들도 한글의 위대함과 과학성에 찬사를 보내고 있습니다.《훈민정음》은 유네스코가 세계기록유산으로 지정한 우리나라의 대표적인 문화재이기도 합니다.

또 한 가지 중요한 우리의 세계기록유산으로《조선왕조실록》이 있습니다.《조선왕조실록》은 조선왕조가 시작된 태조부터 25대 왕인 철종까지 472년의 역사를 시간 순서대로 기록한 책입니다. 1,893권 888책의 방대한 분량으로 6,400만 자가 담겨 있습니다. 정치, 경제, 사회, 외교, 천문, 지리, 과학 등의 내용과 당시 있었던 자연재해, 왕과 신하, 서민들의 생활상까지 포함되어 있어 중요한 역사적 가치를 지닙니다.

《승정원일기》도 있습니다. '승정원'은 왕의 뜻을 전하고 신하들의 뜻을 왕에게 전하는 중요한 기관입니다.《승정원일기》는 승정원에서 매일 일어나는 나랏일을 하나하나 일기처럼 기록한 책입니다. 임진왜란과 화재 등으로 불에 타 버리고 일부만 남아 있지만 총 3,243책에 글자수가 2억 4,250만 자에 이르러《조선왕조실록》보다 더 방대합니다. 지금까지도 번역을 하고 있는 중입니다.

우리나라의 세계기록유산인데도 우리나라가 아닌 프랑스 국립도서관에 보관 중인 문화재가 있습니다.《직지심체요절》과《조선왕조의궤》입니다.《직지심체요절》은 세계에서 가장 오래된 금속 활자본입니다. 백운화상이 쓴《직지심체요절》은 '공부를 해서 사람의 마음을 직접 보게 되면 그 마음이 부처의 마음임을 깨닫게 된다'는 의미를 가지고 있

역사

습니다.

《조선왕조의궤》는 나라의 공식 행사가 시작부터 끝까지 어떤 내용으로 어떻게 진행되었는지, 경비는 얼마나 들었는지 등을 정리해서 기록한 문서입니다. 조선 왕조의 행사나 의례뿐만 아니라 동아시아의 유교 행사나 의례를 이해하기 위해서도 필수적인 자료입니다. 그러나 병인양요 때 프랑스 군대가 약탈해 갔습니다. 언젠가는 반드시 돌려받아야 하는 우리의 문화유산입니다.

팔만대장경도 한번 볼까요? 대장경은 불교의 경전을 모두 모아 놓은 것을 말합니다. 우리나라 팔만대장경은 몽골 침입기에 만들어진 것으로 현재 합천 해인사에 보관 중입니다. 아시아에서는 유일하게 완벽한 형태로 보관된 대장경인 데다가, 고려의 뛰어난 문화를 엿볼 수 있기 때문에 세계기록유산으로 지정되었습니다.

허준이 쓴 《동의보감》도 빼놓을 수 없지요. 《동의보감》은 '동쪽의 의학을 정성껏 살피고 연구했다'는 뜻입니다. 우리나라 의학책과 중국의 의학책 86종을 비교 연구해서 우리나라 실정에 맞게 만든 의학서입니다.

🌿 소중한 무형유산들

'종묘 제례' 및 '종묘 제례악'은 종묘에서 행하는 국가 행사인 제례의식과 그때 연주하는 음악과 노래, 무용을 뜻합니다. 세계 문화유산이기도 하지요. 장엄하고 아름다울 뿐 아니라, 500여 년의 오랜 문화적 가치를 가지고 있습니다.

유학의 나라 조선은 양반 또는 선비 문화가 발달했습니다만 그에 못지않게 서민 문화도 뛰어나서 수많은 무형의 유산들이 세계 무형유산으로 등재되었습니다. '판소리'는 소리꾼이 북소리에 맞추어 노래(창)와 이야기(아니리), 몸짓(너름새)을 섞어 가며 공연을 합니다.

천년의 역사를 자랑하는 종합축제인 '강릉 단오제'도 있지요. 단오굿, 가면극, 농악과 더불어 그네뛰기, 씨름, 창포로 머리 감기 등 민속놀이가 어우러진 독창적인 우리의 풍속입니다. '남사당놀이'라는 민속공연도 아주 흥겹습니다. 남자들로만 이루어진 사당패들이 이곳저곳 떠돌며 공연을 했는데요, 사람들이 많이 모이는 큰 시장에서 풍물놀이, 줄타기, 탈놀이 같은 공연을 펼치며 생계를 유지했습니다.

'영산재'라고 들어본 적이 있나요? 영산재는 죽은 사람과 살아 있는 사람이 모두 행복하기를 비는 장엄한 불교 의례로, 세계에서 유일하게 우리나라에서만 거행하고 있습니다. 그 밖에 해녀들을 위한 제주 칠머리당 영등굿, 나쁜 기운을 몰아내는 춤인 처용무, 우리의 전통 노래 가곡이 세계 무형유산으로 등재되었습니다.

🌿 문화 강국을 꿈꾸다

상해 임시정부의 주석을 지낸 김구 선생님은 《백범일지》에서 이렇게 이야기합니다.

"우리의 부력은 우리의 생활을 풍족히 할 만하고, 우리의 강력은 남의 침략을 막을 만하면 족하다. 오직 한없이 가지고 싶은 것은 높은 문화의 힘이다. 문화의 힘은 우리 자신을 행복되게 하고, 나아가서 남에게 행복을 주겠기 때문이다."

그렇습니다, 여러분. 우리는 높은 문화의 힘을 가진 민족입니다. 세계 최초 금속활자를 만들었고 세계 최초로 백성을 위해 글자를 만든 민족입니다. 그런 DNA를 가졌기에 지금 대한민국은 K-POP, K-영화, K-드라마 등으로 전 세계에 한류의 물결을 드높이고 있습니다. 지금 세계의 젊은이들이 한국어를 배우고 한국말로 노래 부르며 춤을 춥니다. 예전에 우리가 팝송을 불렀듯이 말입니다.

여러분, 문화를 지배하는 자가 세상을 지배한다고 합니다. 우리의 문화가 세상을 움직이는 현장에 함께할 수 있다는 사실이 참 뿌듯하지 않나요?

book 35

《세계 역사 진기록》

알아 두면 상식이 되는 특별한 역사의 순간들

🌿 김무신 | 뜨인돌어린이 | 2011. 03.

🌿 기네스 기록보다 신기한 역사 속의 진기록

《기네스북》은 전 세계의 최고 기록들을 모아 해마다 발간하는 책입니다. 세계에서 자신이 최고 기록을 보유하고 있다고 하는 사람들이 많습니다. 이런 사람들은 TV에서 종종 '별난 사람'으로 소개되기도 합니다.

　37년간 머리를 길러 머리 길이가 5.63미터나 되는 사람, 입에 빨대 많이 넣기 대회에서 400개를 기록한 사람 등 도전하는 분야도 다양합니다. 우리나라에서도 얼마 전에 한 방송인이 252벌의 티셔츠를 입어 이 부분 신기록을 세웠습니다. 또 세계적인 기업 테슬라 CEO 일론 머스크는 주식 폭락으로 227조 원의 재산을 잃어 기네스북 최대 재산 손실 부분 세계 신기록을 세웁니다.

기네스북은 아니지만, 여러분이 재미있어할 만한 신기한 기록들을 소개하는 역사책이 있습니다. 바로 김무신 작가의 《세계 역사 진기록》입니다. 세상이 깜짝 놀란 진기록에는 '한 끼에 반찬 수만 128가지', '1만 5,000장의 메모를 남긴 만능 재주꾼', '9,999개의 방이 있는 궁궐', '남극에서 634일을 버틴 기적의 탐험대' 등 지난날 세계 곳곳에서 벌어졌던 아주 특별한 이야기들이 가득합니다.

여러분, 세상이 깜짝 놀란 역사의 진기록 현장으로 들어가 볼까요?

🌿 '신의 분노'를 최초로 실험하다

하늘에서 번쩍이며 천둥과 번개가 칠 때 '번개를 모을 수 없을까?' 하는 생각을 해본 적 있나요? 지구온난화를 불러오는 화석연료 대신 청정에너지인 번개를 활용한다면 어떨까요?

미국 독립선언서를 작성하여 미국 건국의 아버지라 불리는 벤저민 프랭클린도 비슷한 생각을 했습니다. 프랭클린은 번개가 전기인지 아닌지 확인하고 싶었습니다. 그래서 연줄에 '라이덴 병(정전기를 저장할 수 있는 축전기)'을 달아 하늘로 연을 날려 번개가 전기인 것을 증명했습니다. 번개가 신의 분노가 아닌 정전기가 일으키는 방전 현상이었던 거지요.

그때까지 하늘에서 내려치는 천둥과 번개는 인류에게 무서운 공포이자 신의 분노로 해석되었습니다. 벼락을 맞은 곳은 부서지고 불에 탔기 때문에 아무도 번개의 정체를 알고자 선뜻 나서지 못했습니다. 프랭클린의 이 실험은 인간 스스로 자연현상을 알고 극복하려는 시도로, 꿍

장히 위험이 따르는 실험이었습니다. 실험 결과를 토대로 프랭클린은 번개가 금속을 따라 흐른다는 사실을 이용해 피뢰침을 만들었고, 번개로 인한 피해를 막는 데 큰 역할을 했습니다.

번개는 하늘에서 양전하와 음전하가 충돌할 때 순간적으로 발생하는데, 번개가 한 번 칠 때의 전기에너지는 100와트짜리 전구 10만 개를 한 시간 동안 켤 수 있는 전력량이라고 합니다. 그런데 번개는 순식간에 지나가는 에너지로 지속 시간이 100분의 1초 정도입니다. 그래서 번개 에너지를 모아서 저장하는 것은 현대 과학으로는 불가능합니다. 언제 어디서 번개가 발생할지 예측하기도 어려워 번개 에너지를 전기에너지로 활용하기는 어렵습니다. 그러나 인간은 상상력을 실현하는 데 뛰어나지요. 언젠가는 자연에서 발생한 청정 에너지인 번개를 전기에너지로 만들 날이 올 것입니다. 인간은 언제나 불가능에 도전했으니까요.

🌿 우주에서 극적으로 살아 돌아오다

인류 최초로 아폴로 11호가 달 착륙에 성공하고 미국의 나사는 본격적으로 달을 탐사하기 시작합니다. 그런데 이후 발사된 아폴로 13호의 모험은 순탄치 않았습니다. 발사 직후 2단 로켓에 문제가 발생해서 컴퓨터가 스스로 엔진을 멈추었기 때문입니다. 고비를 넘기고 달을 향해 날아가던 아폴로 13호는 지구로부터 32만 킬로미터 멀어졌을 때 갑자기 기계선 쪽에서 산소 탱크 하나가 폭발합니다. 이 폭발로 우주선 안에 산소가 고갈될 수도 있는 위기 상황에 처합니다. 아폴로 13호는 달 표면에 착륙이 불가능했습니다. 그뿐 아니라 지구로 돌아가지 못하고 영원히 우주를 떠도는 미아가 될 수도 있는 상황이었습니다.

이런 경우를 대비하여 우주인들은 수많은 생존 훈련을 지구에서 했습니다. 아폴로 13호는 나사와 지속적으로 연락을 취하면서 하나의 희망에 모든 것을 겁니다. 달의 중력을 이용하는 자유 귀환 궤도를 통해 지구로 신속히 돌아오는 것입니다.

하지만 로켓이 얼마나 손상됐는지 알 수 없었고, 로켓엔진이 분사되기 위해서 필요한 산소, 우주선에 필요한 전력 등 모든 것이 예측 불가능한 상황이었습니다.

아폴로 13호는 살아서 지구로 돌아오기 위해 불확실한 도전을 시도합니다. 로켓은 다시 점화되고 달의 중력을 이용해 지구로 무사히 귀환합니다. 그런데 귀환 후, 우주선을 살핀 나사의 직원들은 깜짝 놀랍니다. 산소탱크과 수소탱크를 안전하게 덮고 있던 덮개가 모두 떨어져 나간 것입니다. 자칫 우주에서 대폭발로 이어질 수 있었던 것이죠. 하늘이 도왔다고 해야 할까요? 이 이야기는 1995년에 〈아폴로 13호〉라는 영화로 만들어집니다.

🌿 믿기 힘든 전쟁의 신기록을 세우다

여러분, 전쟁의 역사를 보면 세상이 깜짝 놀랄 정도로 말도 안 되는 기록들이 많습니다. 임진왜란 때 이순신 장군은 명량해전에서 대장선 한

척으로 적선 133대와 맞서 백병전을 벌입니다. 뒤이어 12척이 합세하여 왜선 총 333척을 물리치는 승과를 올립니다. 이순신 장군은 세계 해전사에 23전 23승이라는 대기록을 세웁니다. 이순신 장군과 같은 기록이 기원전 480년에도 존재합니다. 당시 그리스와 페르시아 사이의 전쟁에서 1대 100의 싸움이 벌어집니다.

페르시아의 왕 크세르크세스는 15만 명이나 되는 엄청난 군사를 동원해 그리스를 침공합니다. 스파르타는 약 1,500명의 병사로 맞서는데 비율로 따지면 1 대 100의 싸움입니다. 스파르타 왕 레오디나스와 병사들은 좁은 테르모필레 계곡에서 페르시아 군대와 맞섭니다. 용감한 스파르타군은 맹렬히 싸워 페르시아군을 무찔렀으나 그리스의 첩자로부터 계곡을 돌아서 가는 길을 알게 된 페르시아 군대에 결국 전멸하고 맙니다.

테르모필에서 전사한 스파르타 군대를 기리는 비석에는 '여행자여, 가면서 전하라. 우리는 조국의 명을 받들어 여기에 잠들었노라'라고 쓰여 있다고 합니다.

말도 안 되는 전쟁의 역사가 1206년 몽골 고원에서도 펼쳐집니다. 몽골제국은 인류 역사상 단일제국으로서는 최대 규모였으며 중국 대륙과 중앙아시아, 동유럽 일대까지 지배하에 두게 됩니다. 약 200만 명 정도에 불과한 인구로 2억이 넘는 인구를 지배한 몽골족의 저력은 어디서 나왔을까요?

몽골의 어린이들은 일찍부터 말 타는 법을 배웁니다. 칼과 활은 다루기 편하게 작게 만들었으며, 병사들은 가벼운 갑옷을 입어 뛰어난 기동력을 발휘했습니다. 몽골의 말은 작지만 지구력이 뛰어나 하루에 70킬로미터를 달렸다고 합니다. 식량인 보르츠는 소나 양 등의 고기를 찢어 건조시킨 후 소의 위장이나 방광에 보관하여 휴대가 편하도록 했습니다. 부피는 작지만 고열량이라 보르츠 한 자루면 열 명의 병사가 2주를 버틸 수 있었다고 합니다.

전쟁에 특화된 몽골제국은 160여 년간 제국으로 번성하다가 중국 명나라에 의해 원나라가 멸망합니다. 제국은 분열되었지만 몽골제국은 세계사에 깊은 영향을 남겼습니다.

🌿 세계 최대의 궁궐

원나라는 97년간 중국을 지배한 후 명나라에 의해 몽골 고원으로 쫓겨 납니다. 명나라의 3대 황제인 영락제는 북방 민족의 침입을 막기에 좋은 베이징을 도읍으로 정하고 거대한 궁전 자금성을 세웁니다.

자금성을 짓기 위해 14년 동안 10만 명의 장인들과 연간 100만 명에 이르는 백성들이 동원되었습니다. 만리장성에 버금가는 중국의 대공사입니다. 궁궐을 짓는 데 1억 개의 벽돌과 2억 개의 기왓장이 사용되었으며, 약 800채의 건물과 1만 개에 가까운 방을 만들었습니다.

이곳 자금성에서 명나라와 청나라 황제 24명이 490년간 중국을 다스렸습니다. 자금성은 유네스코 세계 유산으로 등재되었으며 현재는 전 세계에서 찾아오는 관광지가 되었습니다.

🌿 인간의 한계를 넘어서다

여러분, 인간의 한계가 어디까지일까요? 인간은 만리장성을 쌓고, 피라미드와 자금성을 만들었습니다. 그리고 여기, 영하 50도가 넘는 남극에서 634일간의 사투를 벌인 탐험대가 있습니다.

"어려운 탐험에 함께할 동료를 구함. 여러 달을 어둠 속에서 보낼 수 있으며 수많은 어려움과 난관을 극복해야 함. 탐험을 끝내고 무사히 돌아올 수 있다는 보장 없음."

신문에 이런 광고를 낸 사람은 어니스트 새클턴이었습니다. 새클턴은 이미 두 번이나 남극을 탐험했지만 최초의 남극점 정복은 노르웨이의 아문센이 이루었기 때문에 자신은 최초로 남극 대륙 횡단을 하겠노라고 계획합니다.

새클턴은 27명의 대원을 모집해서 탐험대를 만들고 1914년 8월 1일 남극 횡단을 위해 영국을 출발합니다. 하지만 목적지를 150여 킬로미터 앞두고 인듀어런스호는 얼어붙은 바다에 갇혀 버리고 맙니다. 탐험대는 짐의 무게를 줄이기 위해 돈뭉치를 버리고, 탐험을 기록한 400여 통의 사진 필름도 포기합니다. 이제 탐험대의 목표는 남극이 아니라 집으로 무사히 돌아가는 것입니다.

탐험대는 온종일 썰매를 끌고 때로는 세 척의 보트에 나눠 타고서, 잠도 자지 못한 채로 파도를 헤쳐 나갔지만 구조선은 오지 않았습니다. 추위와 배고픔은 대원들을 더욱 힘들게 했고, 새클턴은 1,000킬로미터나 떨어진 사우스조지아 섬에 가서 구조를 요청하기로 합니다.

떠난 지 석 달이 지나 새클턴이 구조선을 타고 대원들을 구하러 나타납니다. 634일간의 '위대한 실패'이자 '위대한 항해'가 끝났습니다. 2022년 영국 BBC 방송국은 인듀어런스호가 남극 바다 수심 3,008미터에서 107년 만에 발견되었다고 보도했습니다.

여러분, 인류 역사에서는 이처럼 상상을 초월한 일들이 수없이 벌어졌다는 것을《세계 역사 진기록》을 통해 알 수 있습니다. 역사의 진기한 장면뿐 아니라 그 역사적 배경과 사건의 원인까지 관심을 가지고 들여다보면 좋겠습니다.

이런 말이 있습니다. '기록은 깨어지기 위해 존재하는 것'이라고요. 인간은 또 다른 신기록을 세우기 위해 다시 엄청난 노력을 할 것입니다. 물론 그 노력이 인류와 세계에 도움이 되는 기록이어야 하겠지요. 여러분은 어떤 진기록을 남기고 싶나요? 어느 날엔가는, 여러분의 기록이 역사가 될 수도 있으니까요.

book 36

《세계사를 한눈에 꿰뚫는 대단한 지리》

세상이 어떻게 돌아가는지 알고 싶다면 지리를 기억해

🌿 팀 마샬 | 비룡소 | 2020. 02.

🌿 지리가 세계를 지배한다

"울릉도 동남쪽 뱃길 따라 87K, 외로운 섬 하나 새들의 고향. 그 누가 아무리 자기네 땅이라 우겨도 독도는 우리 땅."

사회 시간에 독도 관련 수업을 하다가 〈독도는 우리 땅〉이란 노래를 불러 봅니다. 이 노래가 1982년도에 처음 나왔는데 아이들은 신기하게도 이 노래를 전부 알고 있습니다. 그런데 2012년에 이 노래 가사 중 일부를 바꿉니다. 대표적으로 뱃길 따라 '200리'를 '87K'로, 평균기온 '12도'를 '13도'로, 강수량 '1,300'에서 '1,800으로', '대마도는 일본 땅'을 '대마도는 조선 땅' 등으로 변경합니다.

이렇게 가사를 변경한 이유는, 독도를 계속 자기네 땅이라고 우기는 일본을 향해 우리 땅 독도에 대한 정확한 정보와 수호 의지를 보여 주는 것이라고 볼 수 있습니다. 일본은 국방문서와 외교문서에 독도를 일본 땅이라고 표기하여 계속 외교적 마찰을 일으키고 있습니다.

여러분, 독도는 굉장히 작은 섬이지만 엄청난 해저 자원과 수산 자원 그리고 환경적 가치를 가지고 있습니다. 또 독도는 군사 안보적 차원에서 아주 중요합니다. 독도의 방공 레이더 기지를 통해 러시아와 일본의 해군과 공군의 이동 상황을 손쉽게 파악할 수 있습니다. 무엇보다 독도를 통해 우리의 영토와 영해, 영공을 넓힐 수가 있습니다. 이는 우리의 주권이자, 우리의 안보와 직결되는 문제입니다. 이처럼 독도의 지리적 가치는 정말 중요합니다.

팀 마셜의 《세계사를 한눈에 꿰뚫는 대단한 지리》는 지리가 왜 중요한지를 말해 줍니다. 지리를 어떻게 이용하느냐에 따라 세계 최강국이 될 수도 있고 약소국으로 전락할 수도 있음을 보여 주지요.

여러분, '지리는 세계를 지배한다'고 합니다. 왜 그런지 알아볼까요?

🌿 가장 넓은 땅을 차지한 러시아

러시아는 한국의 170배, 미국의 두 배 정도 크기에 달합니다. 면적이 1,700만 제곱킬로미터이며 14개 국가와 국경을 맞대고 있습니다. 그런데 러시아는 1,000년 전만 해도 사람이 살기 힘든 척박한 땅이었습니다. 러시아의 역사는 9세기경, 현재 우크라이나 수도인 키예프 대공국(키이우)에서 시작합니다. 1547년 이반 4세 때부터 얼지 않는 부동항과 천연 방어벽인 산맥을 찾아 영토 확장을 시작합니다. 동쪽으로는 우랄산맥을 넘어 시베리아, 남쪽으로는 카스피해까지 진출합니다. 18세기에는 동쪽으로 태평양, 서쪽으로는 카르파티아산맥 넘어까지 진출합니다. 서쪽을 제외하고 동쪽, 남쪽, 북쪽이 자연적 방어막으로 둘러싸이게 된 거지요.

다른 나라가 러시아로 진출할 수 있는 길은 서쪽 대평원뿐입니다. 1708년 스웨덴, 1812년 프랑스 나폴레옹 군대, 제2차 세계대전 때 독일이 침략하지만 드넓은 러시아 영토에서 보급에 어려움을 겪어 모두 실패하고 맙니다. 광활한 러시아 영토 자체가 방어막이 된 것입니다.

현대에 이르러 척박하고 광활한 영토에서 원유와 천연가스가 대량으로 발견되어 러시아는 에너지 강국으로서 전 세계에 영향력을 행사합니다. 2014년 우크라이나의 크림반도를 침공하여 많은 국가들이 러시아를 비난했지만 러시아로부터 천연가스를 공급받는 유럽의 다수 국가들은 침묵합니다.

러시아는 워낙 추워서 겨울이 되면 항구들이 전부 얼어 버려, 배가 바다로 진출하기가 어렵습니다. 그래서 러시아는 지금도 얼지 않는 부동항을 찾아서, 그리고 서쪽 지역의 방어벽을 위해서 영토 확장을 꿈꿉니다. 2022년 러시아의 우크라이나 침공이 그 예입니다.

러시아는 우리에게 아주 중요한 국가입니다. 아시아와 유럽을 동서로 길게 연결할 수 있는 국토를 가졌기 때문이지요. 국제 질서가 안정되고 국가 간 신뢰가 바탕이 된다면, 우리나라는 북한, 러시아와 공동으로 남한과 북한, 러시아를 잇는 철도를 건설하여 중앙아시아와 유럽의 수많은 국가들과 직접 교류할 수 있습니다. 그리고 풍부한 러시아의 원유와 천연가스를 파이프 망으로 싼값에 공급받을 수 있습니다. 우리에게는 엄청난 기회가 될 수도 있습니다.

🌿 세계 일인자를 꿈꾸는 인구 대국, 중국

14억의 인구를 가진 나라, 오랜 문명과 전통을 가진 나라, 세계 일인자가 되기 위해 굴기(우뚝 일어서다)하는 나라, 중국입니다. 중국은 북쪽으로는 고비 사막, 서쪽으로는 히말라야산맥, 남서쪽으로는 빽빽한 밀림으로 둘러싸여 있고, 남쪽과 동쪽은 대한민국과 일본, 그리고 동남아 국가들과 태평양 바다를 마주보고 있습니다.

기원전 2000년경에 황하와 양쯔강이 만나는 화베이평야에서 황화 문명이 시작됩니다. 중국은 이민족의 침략을 막기 위해 천연 방어벽이 있는 쪽으로 영토 확장을 했으며, 천연 방어벽을 확보하지 못할 경우 인공 방어벽까지 건설합니다. 그것이 바로 만리장성입니다. 그런데도 수많은 이민족들의 침략을 받았고 지배를 당했지만, 워낙 한족의 인구가 많아 이민족들은 중국에 동화되고 맙니다.

지금까지 중국은 우리에게 엄청난 상업적 이익을 준 나라입니다. 우리나라 무역 1위 국가가 중국입니다. 그러나 중국은 경제와 정치 전반에서 우리와 경쟁을 벌이고 있기도 합니다. 우리는 오랫동안 교류해 온 중국과 국익을 바탕으로 신뢰를 쌓고, 서로에게 이익이 되는 경제구조를 만들어야 합니다. 중국은 우리에게 언제나 위기이자 기회입니다.

🌿 지리적인 축복을 받은 나라, 미국

'팍스 아메리카!' 미국의 정치, 경제의 영향력 아래서 세계가 평화를 이룩했다는 뜻입니다. 미국은 세계 최강대국이면서 세계 경찰국가로 불립니다. 1789년 건국한 미국은 150년밖에 안 되는 시간 동안 최강국으로 올라섭니다. 어떻게 이렇게 빠르게 성장할 수 있었을까요? 미국은 침략이 불가능한, 축복받은 조건을 갖춘 나라이기 때문입니다. 미국은 동쪽으로는 대서양, 서쪽으로는 태평양으로 둘러싸여 있습니다. 북쪽은 캐나다, 남쪽은 사막으로 보호받고 있습니다. 자기 나라 영토에서는 전혀 피해가 없이 미국은 제1차, 제2차 세계 대전을 거치면서 최강대국이 된 거죠.

유럽인들은 1600년대 초에 북아메리카에 들어오기 시작합니다. 이후 영국은 여러 곳에 식민지를 세운 후 원주민인 인디언 부족들을 몰아내고 서쪽으로 영토를 확장합니다. 이주민들은 1775년부터 8년간 영국에 맞선 미국 독립전쟁을 치른 끝에 승리하고, 프랑스가 차지하고 있던 미시시피 서쪽 땅을 사들입니다. 이어서 1848년 멕시코와의 전쟁에서 승리하여 서부 지역으로 영토를 확장하여 태평양에 이릅니다. 러시아로부터 알래스카를 싼값에 사들였으며, 1898년 스페인과의 전쟁에서 승리하면서 쿠바, 푸에르토리코, 괌, 필리핀을 넘겨받고 하와이까지 편입시켰습니다. 이제 미국의 국경은 더없이 안전해졌습니다.

국경이 안전해지자 미국은 해외로 눈을 돌립니다. 전 세계 주요 항구에 미 해군 기지가 있으며 세계 주요 영토에 미 공군기지와 미군이 주둔하고 있습니다. 이런 기지들 때문에 동맹국들을 위협하는 충돌에 적극적으로 대처하며 세계 경찰로서 역할을 수행합니다. 현재 미국을 위협하는 나라는 없습니다. 중국이 빠른 성장으로 미국과 충돌할 것으로 예상되지만 미국이 이를 주의 깊게 보고 있으며 대비책으로 우리나라 및 일본과 동맹을 강화하고 있습니다.

현재 미국은 예전만큼 국제사회에서 영향력을 발휘하지 못하는 실정입니다. '미국 우선주의'라는 정치로 여러 동맹국들 간에 신뢰가 손상되었지요. 그러나 미국은 언제든 세계 정치, 경제, 군사적 상황에 개입하고 영향을 미칠 수 있는 유일한 국가입니다.

🌿 해양 강국 대한민국의 미래

오늘날, 세계는 곳곳에서 전쟁과 내전이 벌어지고 수많은 사람이 죽고 난민이 발생합니다. 아시아, 아프리카, 유럽 등 전 세계의 분쟁 지역은 수없이 많지만 가장 위험한 지역 중 하나가 바로 우리가 살고 있는 한반도입니다.

36년간 일본 제국주의 식민 지배에서 벗어나자마자 북한 지역에는 소련을 중심으로 한 공산주의 국가가, 남한 지역에는 미국을 중심으로 한 자유민주주의 국가가 건설됩니다. 미국과 소련이 대치한 냉전체제 때문에 한반도에서는 한국전쟁이 벌어졌고, 그 결과 현재까지 남한과 북한은 서로 갈라져 휴전 상태로 남아 있습니다.

우리나라는 러시아와 중국, 일본에 둘러싸여 있습니다. 그리고 우리나라 안에 주한 미군이 존재합니다. 세계 최강대국들이 우리 주위에 있는 셈입니다. 게다가 휴전 상태이므로 언제 전쟁이 일어나도 이상하지 않은 일입니다.

그러나 한반도라는 지리적 특수성 덕분에 우리는 21세기에 새로운 도약을 길로 나아갈 수도 있습니다. 혹시 세계지도를 거꾸로 본 적이 있나요? 세계지도를 거꾸로 보면 우리나라가 유라시아 대륙의 끄트머리에 있는 게 아니라 우리나라 앞에 태평양이 펼쳐져 있는 것이 보일 것입니다.

맞습니다. 우리나라는 해양 강국입니다. 국내 물류 교역량의 99퍼센트가 해상에서 이루어집니다. 원료를 수입하고 완제품을 수출하는 대한민국에서 해양 물류는 생명과도 같습니다. 발상의 전환이 필요합니다. 현재 북극의 얼음이 줄어들면서 북극 땅을 서로 차지하기 위해 세계 각국이 경쟁을 벌이고 있습니다. 북극항로를 개척하면 물류비가 싸지기 때문에 많은 나라들이 이곳을 통해 무역을 할 수밖에 없습니다.

우리나라도 북극다산기지를 설치하여 적극적으로 개발하고 있습니다. 이제 우리는 세계 강대국들과 동등한 입장에 서기 위해, 그리고 지속적인 경제 성장을 이루기 위해 외교와 국방력을 강화해야 합니다. 여러분이 어른이 되는 그날에, 대한민국이 세계 속의 강대국이 되어 있다면 얼마나 좋을까요? 여러분이 그곳으로 가는 길에 작은 한걸음을 보탠다면 더욱 좋겠습니다.

역사

·5부·

사회
예술

book 37

《시간에 쫓기는 아이, 시간을 창조하는 아이》

나의 가장 강력한 무기, 시간을 현명하게 사용하는 법

🌿 나일영 | 해냄주니어 | 2009. 05.

🌿 1초 동안 벌어지는 일

도덕 수업 중에 1초가 모여 1분이 되고, 1분이 모여 한 시간이 되니 1초가 중요하다고 설명하자 아이들 반응이 시큰둥합니다. '그깟 1초 아껴서 뭐해요?' 하는 표정입니다. 그래서 칠판에 '1초'를 크게 썼습니다.

"여러분, 1초를 3초처럼 쓸 수 있다면? 1분을 3분처럼 쓸 수 있다면? 1시간을 3시간처럼 쓸 수 있고, 하루를 3일처럼 쓸 수 있지 않을까요?"

아이들은 '정말 그런가?' 의구심을 가지며 서로 쳐다볼 뿐 말이 없습니다.

여러분, 1초는 일상생활에서 가장 짧은 시간입니다. 단 1초 만에 일어날 수 있는 일들은 무엇이 있을까요? '땅을 적시는 비 420톤이 내리는 시간', '우주에서 79개의 별이 사라지는 시간', '지구에서 2.4명의 아기가 탄생하는 시간', '자동차 사고 열 건이 발생하는 시간'. 무엇보다도 스포츠에서 1초 차이는 메달의 색깔이 바뀔 수 있는 시간입니다.

《시간에 쫓기는 아이, 시간을 창조하는 아이》는 시간을 잘 관리하는 사람이 꿈을 이룰 수 있다고 말하는 책입니다. 시간 감각 기르기-시간 정복 시작하기-시간 정복 실천하기의 3단계 연습을 6일간 지속하면 시간을 올바로 사용하는 습관을 들일 수 있다고 합니다.

우리도 이 책을 따라서 '시간관리'라는 것을 한번 해볼까요?

🌿 시간 낭비는 인생 최대의 실수

마이크로소프트 창시자 빌 게이츠는 '시간 낭비는 인생 최대의 실수'라고 말합니다. 그는 모든 일에 계획을 세웠으며, 시간에 쫓기지 않고 늘 시간을 통제했다고 합니다. 그런데 시간을 통제했다고요? 시간은 흘러가는데 어떻게 통제하지요?

옛날 한 귀족이 여행을 떠나기 전 자신의 일꾼 세 명에게 은전을 한 닢씩 주면서 알아서 투자하여 돈을 벌어 보라고 시킵니다. 일꾼들은 은전을 각자 알아서 썼는데, 그 결과는 완전히 달랐습니다. 한 일꾼은 열심히 장사해서 10배의 이익을 남겼고, 한 일꾼은 5배의 이익을 남겼습니다. 나머지 일꾼은 한 푼의 이익도 남기지 못했는데 그 은전을 수건으로 싸서 보관만 했던 겁니다.

몇 달 후 여행을 마치고 돌아온 귀족은 10배의 이익을 남긴 일꾼에게는 10개 면의 군수 자리를, 5배의 이익을 남긴 일꾼에게는 5개의 면의 군수 자리를 주었습니다. 아무런 이익도 내지 못한 일꾼은 귀족의 집에서 쫓겨나고 말았습니다.

성경을 바탕으로 한 이 이야기는, 시간을 어떻게 사용해야 하는지를 잘 보여 주는 예입니다. 10배의 이익을 낸 일꾼은 하루를 48시간처럼 열심히 장사를 했습니다. 5배의 이익을 낸 일꾼은 하루를 36시간처럼 일했고요. 그러나 아무런 이익을 내지 못한 일꾼은 하루를 24시간처럼 일한 게 아닙니다. 아무런 노력도 하지 않았으니 그의 하루는 12시간, 아니 그보다 더 짧을지도 모릅니다.

여러분, 하루는 24시간으로 정해져 있습니다. 모든 사람에게 똑같이 주어진 그 시간을 어떻게 사용하느냐에 따라 누군가에게는 48시간이 될 수도 있고, 누군가에게는 10시간이 될 수도 있습니다. 그 시간이 모이고 모여서 20년 후 여러분의 인생을 바꾼답니다.

🌿 하루 5분, 인생이 바뀌는 시간

미국의 래리 크랩이라는 사람은 초등학교 시절 아주 말썽쟁이, 개구쟁이였어요. 어느 날 선생님이 래리가 훌륭한 작가가 될 수 있다며 두꺼운 사전을 건네며 말했습니다.

"매일 수업이 끝난 후, 사전에 있는 모르는 단어를 이용해서 5분간만 문장 하나씩 써 보자."

래리는 매일 수업이 끝난 후 남아서 선생님과 5분 글짓기를 했어요. 어느덧 글쓰기에 재미를 느끼고 집중하다 보니 말썽쟁이 버릇이 사라졌습니다. 이 사람은 훗날 유명한 심리학자가 되었고, 13권이나 되는 책을 썼는데 전부 베스트셀러가 되었습니다.

여러분, 학교에서 쉬는 시간은 10분이에요. 10분 동안 화장실에 가고, 친구와 장난치다 보면 너무 짧다는 생각이 들어요. 그런데 5분은 그 절반이에요. 너무 짧네요. 하지만 응급환자에게 5분은 생명을 살리는 시간입니다. 5분은 300초입니다. 300초면 운동경기에서 역전할 수 있는 엄청난 시간입니다.

말썽꾸러기 학생을 유명한 학자로, 교수로, 베스트셀러 작가로 만든 것은 매일 5분간 글을 쓰던 습관이었습니다. 여러분은 하루 5분 동안 무슨 일을 할 수 있을까요?

🌿 127가지 인생 목표

15세 소년 존 고다드는 127가지의 인생 목표를 세우고는 '나의 인생 목표'라고 적었어요.

- 배울 것 : 의술, 비행기 조종법, 말타기 등
- 악기 : 플루트, 바이올린, 피아노(베토벤 월광 소나타)
- 외국어 배우기 : 프랑스어, 스페인어, 아랍어
- 등반할 산 : 에베레스트산, 킬리만자로산, 아콩카과산 등

존은 47세가 되던 해에 자신이 세운 목표 127가지를 모두 달성합니다. 그의 이야기는 잡지에 실렸고 존은 자신의 모험담으로 돈도 벌고 더 많은 곳을 여행할 수 있게 됩니다.

목표를 세운다는 것은 내가 무엇을 할 것인지 정확하게 안다는 소리입니다. 그래서 목표는 우리 속에 숨어 있는 가능성을 최대한으로 끌어내는 거지요. 그런데 목표를 올바르게 세우는 사람은 100명 중 세 명밖에 안 된다네요. 올바른 목표를 세우는 방법은 '나는 무엇을 언제까지 이룬다'라고 정확하게 기록하는 것입니다. 기록은 자기 자신과의 약속을 증거로 남기는 행동이거든요.

🌿 시간을 창조하는 법

옛날 어떤 임금님이 며느릿감을 구하고자 '임금의 며느리가 되려면 쌀 한 말을 가지고 자신과 남자 일꾼, 여자 일꾼이 한 달을 살아야 한다'는 방을 붙였습니다. 전국의 수많은 아가씨들이 임금님의 며느리가 되고 싶어 도전했지만 쌀 한 말로는 셋이 열흘 정도밖에 견딜 수가 없었어요. 그때 한 아가씨가 도전을 했는데 다음과 같은 계획을 세웁니다.

1. 첫째 날 : 하루 세 끼 밥을 지어서 함께 배불리 먹고 푹 쉰다.
2. 둘째 날 : 남자 일꾼에게 산에 가서 땔감 나무를 해 오게 해, 그걸 시장에 팔아 돈을 번다. 여자 일꾼에게는 동네 삯바느질할 일들을 모아 오게 해서 함께 일하고 돈을 번다.

사회예술

3. 일주일이 지나면 먹을 쌀이 없을 것이다. 그때 그동안 번 돈으로 쌀을 사온다.

4. 이렇게 날마다 일하고 돈을 벌어서 마지막 날에는 최소한 100냥 을 남긴다.

아가씨는 계획대로 실행했고 당연히 이 아가씨가 임금님의 며느리 가 되었습니다. 이 이야기는 왜 계획을 세우는 것이 중요한지를 말해 줍니다. 다른 아가씨들은 임금님의 며느리가 되고자 하는 바람만 있었 지, 구체적인 계획이 없었습니다. 쌀 한 말로는 세 사람이 도저히 한 달 을 살 수 없습니다. 임금님의 며느리가 된 아가씨는 그 사실을 분명히 알았고, 여기에 맞추어 현실적인 계획을 세운 것입니다.

여러분, '자투리 시간'이란 것이 있습니다. 자투리 시간은 어떤 일을 하고 남는 시간을 말합니다. 자투리 시간이 5분이면 수학 한 문제 풀기, 이메일 확인, 책상 정리 등을 할 수 있겠네요. 자투리 시간이 10분이면 영어 회화 연습, 영어 단어 세 개 외우기, 줄넘기 등을 할 수 있지요. 자 투리 시간이 30분이면 뭘 해볼까요? 도서관 가기, 책 읽기, 휴식하기가 가능합니다.

오전에 자투리 시간 10분, 오후에 10분이면 수학 문제를 네 문제나 풀 수 있네요. 한 달이면 120문제를 풀고 1년이면 1,440문제를 풀 수 있습니다. 이 정도면 수학 시험 100점도 문제없지 않을까요?

이렇게 자투리 시간을 꾸준하게 이용하고 관리한다면 여러분은 시 간을 창조할 수 있습니다.

어떤 학생이 성악 공부를 하러 이탈리아에 유학을 갔어요. 넉넉지 않은 집안 형편에도 유명한 성악가가 될 꿈을 안고 열심히 살았습니다. 유학 가서 처음 맞는 방학에 한국인 관광객들을 안내할 기회가 생겼어요. 막상 해보니 이 일이 제법 돈벌이가 되고 재미도 있었어요. 그래서 성악 공부는 뒤로 미룬 채 관광 가이드 일로 분주하게 뛰어다녔지요. 3년의 세월이 흐른 뒤였습니다. 문득 돌아보니, 원래의 목표는 온데간데없고 돈벌이에만 열중하는 자신의 모습이 한심하게 느껴졌습니다. 다시 성악 공부를 하려 했지만 너무 오래 노래 연습을 하지 않아서, 자신의 꿈은 이미 멀어졌음을 깨닫습니다.

이 학생의 상황이 참 안타깝습니다. 집안 사정 때문에 가이드 일을 그만두지 못했나 봅니다. 하지만 애초에 큰맘 먹고 이탈리아에 유학 온 것은 성악가로 성공하기 위해서입니다. 그것이 목표입니다. 그러니 지금 당장 고달프더라도, 목적에 맞는 우선순위를 계획적으로 세워야 했습니다. 이 학생은 어떤 일을 먼저 하고 어떤 일을 나중에 할지 순서를 제대로 정하지 않은 탓에, '성악가로서의 성공'이라는 중요한 목표를 이루지 못하게 되었습니다.

우선순위란 일의 중요한 정도에 따라 순서를 정하는 일입니다. 우선순위는 사람에 따라서, 나이에 따라서, 때와 장소에 따라서, 상황에 따라서도 다릅니다.

일본이 조선을 침략했을 때 선조 임금은 이순신 장군에게 바다를 버리고 육지로 올라와 싸우라는 명령을 내립니다.

"아직, 신에게는 12척의 배가 있습니다. …만약 우리 수군이 모두 육지로 가 버린다면 이것이야말로 적들이 바라는 일이 될 것입니다."

이순신 장군은 바다를 지키는 것이 최우선순위라고 생각했습니다. 남해 바다를 빼앗기면 일본군들이 전라도로 상륙해서 우리 국민이 큰 피해를 입을 것이고 자칫하면 한양까지 위험해지기 때문입니다. 이 중요한 순간, 이순신 장군의 결정으로 조선은 전쟁에서 승리하게 됩니다.

여러분은 자신에게 엄청난 무기가 있다는 걸 알고 있나요? 그 무기는 바로 여러분이 초등학생이라는 사실입니다. 초등학생은 세상에 대한 호기심과 열정이 넘쳐서 모든 것을 하고 싶은 때입니다. 여러분에게는 미래를 대비할 시간이 너무나 많습니다. 이 많은 시간을 구체적인 계획을 세워 사용하면 어떨까요?

어떤 목표를 세울까? 목표를 이루기 위해 무엇을 할까? 지금 나에게 어떤 것이 우선순위일까? 구체적으로 적어 보고 하나하나 실천해 나가기 위해 계획을 세워 보세요. 그러면 시간에 쫓기는 아이가 아닌, 시간을 창조하는 아이가 될 것입니다.

book 38

《누가 내 치즈를 옮겼을까?》

어느 날 갑자기 치즈 창고가
텅 비어 버린다면?

🌿 스펜서 존슨 | 진명출판사 | 2015. 05.

🌿 세상은 너무 빨리 변해

스펜서 존슨의 《누가 내 치즈를 옮겼을까?》는 항상 넉넉할 거라고 믿었던 치즈가 어느 날 갑자기 사라져 버리면서 꼬마 인간과 생쥐들이 겪는 일에 관한 이야기입니다. '변화'라는 큰 파도를 어떻게 바라보느냐에 따라 우리의 인생이 얼마나 달라지는지를 잘 보여 줍니다.

고등학교 동창 모임에서 마이클과 친구들이 '변화'라는 주제로 이야기를 나눕니다. 학교를 졸업하고서 가정을 꾸리고 직장생활을 하는 친구들은 한결같이 변화를 거부하는 듯합니다. 그저 직장에서 정해진 월급을 받는 생활이 편하다며, 변화보다는 안정이 좋다고 하네요. 하지만 다가오는 변화 앞에서 위기감을 느끼는 것은 어쩔 수 없습니다. 여기서 마이클이 말합니다.

"아마 내가 이 짧고 재미있는 우화를 듣지 않았다면 우리 회사는 문을 닫고 말았을 거야."

그렇게 치즈 이야기는 시작됩니다.

여러분, 어떤 이야기일지 한번 들어 볼까요?

🌿 치즈를 찾는 서로 다른 방법

스니프와 스커리라는 두 생쥐와 헴과 허라는 두 꼬마 인간이 있습니다. 이들은 매일 미로 속에서 그들이 가장 좋아하는 치즈를 찾아다닙니다.

두 생쥐는 생각은 단순하지만 직관력이 매우 뛰어납니다. 이들은 치즈를 찾기 위해 계속 시도합니다. 예를 들어 길을 가다 치즈가 없으면 바로 다른 방향으로 갑니다. 때로는 길을 잃기도 하고, 방향을 잘못 틀어 벽에 부딪히기도 합니다. 좀 비효율적으로 보이기도 하네요.

그에 비해 꼬마 인간들은 인간만이 가질 수 있는 이성과 경험을 살려서 'C'라는 이름의 치즈를 찾아다닙니다. 때로는 판단이 정확하지 못할 때도 있고 감정이 앞서 혼란에 빠지기도 하지만, 결국 치즈 창고 C를 찾습니다.

생쥐들은 동물 특유의 본능에 따라 행동합니다. 자기들이 원하는 치즈가 없다면 미련 없이 다른 곳으로 이동합니다. 치즈를 찾는 생존 경쟁은 '누가 더 빨리 찾느냐'의 문제입니다. 늦게 찾으면 치즈는 사라져 버리니까요. 그래서 후각을 사용하여 치즈 냄새를 맡고 그곳으로 뒤도 돌아보지 않고 바로 달려갑니다.

반면에 꼬마 인간들은 본능보다는 이성에 따라 행동합니다. 지금까지의 경험을 돌아봤을 때 'C'라는 치즈가 자신들에게 행복과 성공을 가져다 준 것을 알고 있으며 또 믿고 있습니다. 이성적인 인간은 항상 관찰하고 검증한 후 행동합니다. 그래서 관찰과 검증이 끝난 사건에 대해서는 '항상 그럴 것'이라며 믿습니다. 어떻게 보면 합리적일 수도 있습니다. 치즈는 어제도 있었고, 오늘도 있었기에 경험상 내일도 있을 것이라고 확신하는 겁니다.

생쥐들은 항상 일찍 일어나고 C창고에 도착하면 언제든 다시 뛸 수 있게끔 운동화를 끈으로 묶어 목에 겁니다. 꼬마 인간들은 시간이 지나자 조금씩 늦게 일어나고 옷도 천천히 입고서 C창고로 갑니다. 그곳에는 치즈가 언제나 많기 때문에 느긋한 생활을 즐깁니다. 이제 운동복은 벽에 걸어 두고 운동화 대신 슬리퍼로 바꿔 신습니다.

사실 모든 인간이 다들 그럴 거예요. 내 보물 창고에 필요한 물건이 잔뜩 쌓여 있으면 마음이 느슨해지겠지요. 바쁘게 살았던 시절을 생각하며 이제는 좀 편하게 살고 싶죠. 그럴 때면 더 이상 노력하거나 수고하려 하지 않는 습성이 인간에게는 있습니다. 어린이 여러분도 그럴 것이고 그건 어른들도 마찬가지입니다.

생쥐들은 하지 않는, 인간만이 하는 일이 또 있습니다. 자신의 성공을 친구들이나 주변에 자랑하고 싶어 하는 것 말이지요. 인간은 동물과 달리 생존보다는 남에게 인정받고 싶어서 치즈를 찾아다니는 경우가 더 많을지도 모릅니다. 하지만 중요한 사실은, 어떤 것이든 영원하지는 않다는 거지요. 어느 순간 예고 없이 내가 가진 것들이 사라질 수 있고, 전혀 생각지 못했던 상황에 처할 수도 있습니다.

🌿 누가 내 치즈를 옮겼어!

어느 날 아침, C창고의 치즈가 전부 사라져 버렸습니다. 생쥐들은 놀라지 않았고 곧장 목에 건 운동화 끈을 질끈 동여매고서는 새로운 창고를 찾아 나섭니다. 그날 밤늦게 C창고에 뒤뚱거리며 도착한 꼬마 인간 허와 헴은 눈앞에 펼쳐진 현실을 믿을 수가 없었습니다. 헴은 고래고래 고함을 지르고 흥분했습니다.

"누가 내 치즈를 옮겼을까?"

언뜻 보면 생쥐와 꼬마 인간들의 일상은 비슷해 보입니다. 아침에 C창고에 와서 치즈를 배불리 먹고 놀다가 저녁에 집으로 돌아가는 것이죠. 하지만 생활방식은 완전히 다릅니다. 생쥐들은 치즈를 조금씩 갉아 먹으면서 C창고에 있는 치즈의 상태와 양, 그리고 C창고 주변에서 일어나는 일들을 매일 관찰합니다. 또 몸을 늘 민첩한 상태로 유지합니다. 그랬기에 치즈가 조금씩 줄어들고 있다는 걸 알았으며, 치즈가 사라졌을 때도 놀라지 않고 새로운 치즈를 찾기 위한 행동에 바로 돌입했습니다.

반면에 꼬마 인간들은 시간이 지남에 따라 C창고에 오는 시간도 점점 늦어지고 치즈의 상태나 양, 창고 주변 상황에 대해서도 관심이 없어집니다. 왜냐고요? 창고에는 언제나 치즈가 가득했으니 앞으로도 계속 그럴 것이라고 믿었던 것입니다. 그런 믿음이 몸과 마음을 나태하게 만들었으며, 조금의 변화도 싫어하게끔 만든 것입니다.

✿ 변하지 않으면 살아남을 수 없어

다음 날, 꼬마 인간 허와 헴은 혹시나 하고 C창고를 찾지만 상황은 변한 게 없습니다. 허와 헴이 결정을 내리지 못하고 갈팡질팡하는 사이 생쥐들은 수많은 시행착오 끝에 온갖 종류의 치즈가 어마어마하게 쌓여 있는 N치즈 창고를 발견합니다.

생쥐들이 새로운 치즈를 맛보며 감격에 빠져 있는 동안, 꼬마 인간들은 배고픔과 분노에 차서는 C창고에서 일어난 일을 분석합니다. 헴이 여전히 C창고에 미련을 버리지 못하는 동안, 허는 여기엔 더 이상 희망이 없다는 걸 뒤늦게 깨닫습니다. 불안하고 두렵지만 허는 새로운 치즈를 찾기 위해 미로 속으로 들어갑니다. 간신히 발견한 창고에 치즈가 몇 조각밖에 없는 것을 보고 허는 깨닫습니다.

'조금만 더 빨리 왔더라면 치즈를 훨씬 더 많이 발견했을 텐데…'

결국 치즈는 '부지런한 자에게 주어지는 선물'임을 깨달은 것이죠. 허는 헴을 찾아가 이 이야기를 전하지만 헴은 여전합니다. '새 치즈는 좋아하지 않는다'며 자신이 좋아하는 치즈가 나타날 때까지 기다리겠다고 합니다. 외부 상황이 완전히 바뀌었는데도 헴은 조금도 변하지 못하고 있습니다. 스스로 도전하여 기회를 만들지 않고 기회가 찾아오길 기다릴 뿐입니다. 그러나 도전하지 않으면 기회는 오지 않습니다. 반면에 허는 새로운 치즈를 찾는 과정에 흥미를 느끼기 시작합니다. 새로운 인생의 즐거움을 찾게 되자 두려움도 자연히 극복합니다.

마침내 허는 온갖 종류의 치즈로 가득 찬 N창고를 발견합니다. 그곳엔 통통하게 살이 오른 친구 생쥐들도 있습니다. 이제 허는 매일 아침 N창고를 둘러보며 치즈를 점검합니다. 창고에 아직 치즈가 충분히 있지만 가끔 새로운 곳에 가서 변화의 조짐을 살피곤 합니다.

그때 저 멀리서 누군가 뛰어오는 소리가 들립니다. 혹시 헴?

🌿 내 치즈는 어디에 있을까?

마이클의 이야기는 여기서 끝납니다. 마지막에 미로에서 들리는 발소리는 누구일까요? 친구들은 헴이 아니라며, 변화를 똑바로 마주하지 않는 사람들은 언제나 남 탓만 하다가 훨씬 더 큰 것을 잃게 된다고 말합니다.

이 말이 참 뼈아픕니다. 사실 헴과 허는 전형적인 우리들의 모습입니다. 헴은 변화를 거부하고 지금 그대로 있기를 원하는 사람, 허는 늦었지만 변화에 도전하여 새로운 치즈를 찾는 사람입니다. 허의 모습에서 바쁘게 살아가는 우리들의 모습이 보입니다. 그러면 두 생쥐는 누구일까요? 그들은 현실에 안주하지 않고 내일을 준비하는 사람입니다. 그들 목엔 언제나 운동화가 걸려 있으니까요.

《누가 내 치즈를 옮겼을까?》는 변화를 두려워하지 말고 도전하면 새 치즈를 찾을 수 있다고 말합니다. 치즈는 계속 움직입니다. 그에 따라 우리도 움직여야 합니다. 변화에 도전하는 자만이 새로운 치즈를 가질 수 있기 때문입니다.

여러분, 사람이 살아가는 동안 변화는 원하든, 원치 않든 우리를 찾아옵니다. 두려워 말고 먼저 나서서 도전해 보는 것은 어떨까요? 어쩌면 어른들보다도 초등학생인 여러분이 더 쉬울지도 모릅니다. 어른들보다 더 민첩하게 방향을 바꾸고 더 재빨리 움직일 수 있거든요. 새로운 맛의 치즈에도 더 즐겁고 쉽게 적응할 수 있을 테고요.

여러분의 치즈는 무엇인가요? 여러분은 새로운 치즈를 찾기 위해 현재 무슨 준비를 하고 있나요?

사회예술

• book 39 •

《실패 도감》

성공 스토리만큼이나 대단한
실패와 실수 스토리

🌿 이로하 편집부 | 웅진주니어 | 2020. 04.

🌿 실패는 성공의 어머니

선생님이 어렸을 때 어른들에게서 수백 번은 들은 말이 있습니다. 바로 '실패는 성공의 어머니'라는 말입니다.

뭐, 생각해 보면 틀린 말은 아닙니다. 성공하기 위해서는 이런저런 시행착오를 거치고 실패도 해보아야 하니까요. 그 모든 경험을 거친 어른들은 '실패를 거울 삼아 다시 해보니 결국 되더라.' 하고 말하는 것이지요.

하지만 한번 실패하고 나면 너무 괴로워서, 그 경험을 두 번 다시 하고 싶지 않다고 생각하는 경우도 있습니다. 그러면 실패 없이 곧장 성공으로 건너뛰기만을 바라거나, 아니면 실패가 두려워 아예 시도조차 해보지 않게 되겠지요.

《실패 도감》은 제목 그대로 다양한 실패의 이야기들을 한데 모은 것입니다. 발명가, 예술가, 기업가, 학자, 모험가, 운동선수들의 재미있는 실수와 실패 이야기뿐만 아니라 다람쥐, 박쥐, 하이에나, 거미, 쇠똥구리 같은 생물들 또한 어떻게 실패를 거듭하며 살아가는지를 보여줍니다.

여러분이 관심 있는 분야의 사람들은 어떤 실패와 실수를 거치며 그 길을 헤쳐 나갔는지 이 책에서 찾아 봅시다. '사람 사는 건 다 똑같구나.' 하는 위안과 함께 '나도 해볼 수 있을 것 같은데?' 하는 용기가 생겨날 듯합니다.

🌿 발명가의 실수? 새로운 부의 기회!

하그리브스가 발명한 '제니 방적기'는 한 번에 80가닥의 실을 짤 수 있어 당시에 최첨단 기계였습니다. 그런데 방적기 덕분에 이제 더 효율적으로 일하고 더 많은 실을 생산하리라 생각한 하그리브스는 그만 동네에서 쫓겨나고 맙니다. 방적기를 본 노동자들이 기계가 자신들의 일거리를 빼앗을 거라 생각했고, 불안한 나머지 기계를 파괴했거든요. 편리한 것을 만들려다 시행착오를 겪은 '발명가의 실수'라 할 만합니다.

1811년부터 1817년까지 영국 노팅엄에서 시작해 전국으로 확대된 '러다이트 운동'은 '기계 파괴 운동'을 말합니다. 방적 작업의 기계화로 실을 대량생산 할 수 있게 되면서 수많은 숙련된 노동자들이 일자리를 잃고 실업자가 됩니다. 고용주들은 숙련공 대신 저임금의 비숙련 노동자들을 고용했습니다. 직물공장 노동자들의 임금은 계속 하락했지만 물가는 계속 상승하여 많은 노동자들이 굶주림에 시달립니다. 이를 견디지 못한 직물공장 노동자들이 공장에 불을 지르고 기계를 파괴하기 시작했습니다.

러다이트 운동으로 많은 사람들이 처형을 당하고 구속되기도 했지만 시간이 흘러 방적기의 성능이 널리 알려지게 됩니다. 다른 공장과 일반 시민들도 방적기를 사용하기 시작하면서 영국 산업혁명에 큰 영향을 미쳤고 영국은 세계에서 가장 부유하고 강한 나라가 됩니다.

지금도 비슷한 상황이 펼쳐지고 있습니다. 공장이 자동화되고 인공지능이 발달하면 미래에 어떤 직업이 사라질지 모두들 관심을 기울이고 있습니다. 200년 전의 영국처럼, 제2의 러다이트 운동이 다시 일어날 수도 있습니다. 하지만 새로운 첨단과학 때문에 일자리를 잃는 사람이 생기는 한편, 새로운 일자리가 생겨나기도 한다는 것을 영국의 러다이트 운동은 우리에게 말해 줍니다.

🌿 우연한 실수가 인류에게 희망을

초등학교 5학년 과학 시간에 세균, 곰팡이 등 미생물에 대해서 공부를 합니다. 그런데 실제로 아주 작은 미생물을 연구하는 학자들은 우연한 기회, 우연한 실수로 인류에게 엄청난 희망을 주는 대발견을 하기도 합니다. 이때 반드시 꼽히는 두 명이 있으니, 백신을 개발한 파스퇴르와 페니실린을 발견한 플레밍입니다.

파스퇴르의 실험 조수가 실험용 닭에게 콜레라균을 주입하는 것을 깜빡 잊고는 며칠 후에 주사를 놓았습니다. 그런데 닭은 죽지 않고 오히려 콜레라균에 저항력을 갖게 되었네요. 여기서 파스퇴르는 약해진 균이 닭에게 병을 일으키지 못하고 오히려 닭이 항체를 만드는 데 도움을 준다는 사실을 알게 됩니다. 파스퇴르는 죽거나 약해진 세균을 생물에게 미리 주사해서 병을 이기도록 하는 예방접종, 즉 백신을 개발합니다. 백신의 개발은 수천만 명의 인류에게 새 생명의 기적을 선사하게 됩니다.

그런데 이 위대한 파스퇴르도 세균 실험을 하다가 결벽증이 생깁니다. 주위에 있는 미생물이 병의 원인이라는 사실을 알고 나니 너무 불안해진 것이죠. 남과 악수하기를 꺼리고, 접시나 컵에 조금이라도 뭐가 묻으면 견딜 수 없을 정도였습니다. 세균과 미생물이 얼마나 무서운 존재인지를 알아 버린 게 병의 원인이 되었네요.

플레밍의 이야기도 한번 볼까요? 플레밍은 실험실에서 열심히 연구 중이었습니다. 위층 실험실에서는 포도상구균을 접시에 배양하여 세균 실험을 했고, 아래층에서는 곰팡이 알레르기를 치료할 방법을 연구하고 있었습니다. 그런데 실수로 창문을 닫지 않고 장기간 여름휴가를 가게 됩니다. 휴가를 마치고 돌아왔을 때는 어떻게 되었을까요?

위층에서 배양하던 세균이 성장을 전혀 못 한 것을 발견합니다. 오랫동안 열어 놓은 창문으로 푸른곰팡이가 날아와 세균 배양접시에서 번식해서, 포도상구균의 성장을 방해했던 것이죠. 이렇게 우연한 실수로 푸른곰팡이에서 페니실린을 발견하게 됩니다. 플레밍은 페니실린으로 질병을 치료하는 약을 개발하여 인류를 전염병과 세균감염으로부터 해방시켰습니다.

　세상의 진리를 탐구했던 학자들이 우연찮은 실수로 위대한 발견을 해낸 이야기가 흥미롭습니다.

🌿 실패에서 아이디어를 얻다

추운 겨울, 국숫집 앞에 길게 줄을 선 사람들을 보고 안도 모모후쿠는 언제 어디서든 간편하게 먹을 수 있는 음식을 개발하기로 결심합니다. 면을 햇볕에 말리거나 훈제로 만드는 등 다양한 실험을 1년 내내 밤낮 없이 했지만 모두 실패하고 맙니다. 그러던 중에 아내가 튀김 요리를 하는 것에서 아이디어를 얻어, 면을 기름에 한번 튀겨 보기로 합니다. 그리하여 탄생한 것이 지금의 인스턴트 라면입니다.

　안도 모모후쿠가 수십 번의 실패를 하지 않았다면 어땠을까요? 아내가 튀김 요리 하는 것을 늘 해 오던 평범한 일로 여기고 새로운 아이디어를 떠올리지도 못했을 것입니다. 계속된 실패가 모모후쿠에게 '면을 튀겨 보자'는 발상의 전환을 안겨 준 것이죠. 이렇게 반짝이는 순간은, 실패를 경험한 사람들에게 흔히 나타납니다.

　또 다른 이야기가 있습니다. 어릴 때부터 생계를 위해 40가지 이상의 일을 했던 커넬 샌더스는 고생 끝에 레스토랑을 차렸는데 화재로 모두 불타 버립니다. 매장을 다시 수리했지만 고속도로가 뚫리는 바람에

손님이 더 이상 찾지 않게 되죠. 실패의 연속이지만 그는 포기하지 않았습니다. 레스토랑에서 인기 있던 메뉴 프라이드 치킨을 다른 가게에서 팔도록 미국 곳곳을 다니면서 영업했습니다. 거절당한 횟수는 무려 1,009번이나 됩니다. 그리고 마침내 치킨 조리법을 가르치는 대신 프랜차이즈 매장을 차려서 대성공을 거둡니다. 이 치킨이 바로 누구나 다 아는 KFC입니다.

🌿 마이클 조던과 처칠의 공통점

축구 하면 떠오르는 사람이 펠레, 마라도나, 그리고 2022 월드컵의 메시입니다. 농구에도 그런 사람이 존재합니다. 전 세계 농구를 지배했던 농구의 신, 마이클 조던입니다.

"9,000번 이상 슛을 놓치고, 300번 패배하고, 승패를 결정할 슛을 26번이나 놓쳤다."

조던의 이 말을 통해, 세계 최고의 선수도 그토록 많은 실패를 겪는다는 것을 알 수 있습니다. 그는 지는 것을 싫어해서 끝까지 승부욕을 불태웠고, 사소한 실수도 반성의 계기로 삼아 극복해 나갔습니다. 그 결과 모두 여섯 차례 NBA 우승을 이끌며 전설의 농구 스타로 기록되었습니다.

영국의 존경받는 정치가 처칠의 초등학교 성적은 늘 밑바닥이었습니다. 중학교 시험에서도 제일 낮은 성적으로 열등반에 겨우 들어갔습니다. 그곳에서도 늘 꼴등을 했고 네 번이나 낙제하기도 했습니다. '적어도 문장 정도는 쓸 수 있도록 해야지!'라고 생각하며 국어 수업을 겨우 들었는데, 그때부터 단련된 문장력으로 훗날 노벨 문학상을 수상했습니다.

처칠은 고등학교때도 학과 공부에 흥미를 느끼지 못하여 사관학교를 삼수 끝에 입학합니다. 늘 열등생, 문제아라는 소리를 들었던 윈스턴 처칠은, 그러나 언제나 자기 자리에서 최선을 다했습니다. 군인이었을 때도, 기자로 일했을 때도 마찬가지였습니다. 그렇게 실패를 딛고 뚜벅뚜벅 걸어서 두 차례나 영국 수상을 역임하고, 제2차 세계대전을 승리로 이끌었으며, 노벨 문학상이라는 엄청난 문학적 지성까지 뽐내게 되었습니다.

🌿 자연 속의 모두가 겪는 일

실패와 실수는 인간만 하는 게 아닙니다. 동물들도 사냥감을 놓쳐 쫄쫄 굶기도 하고, 천적에게 잡아먹히기도 합니다. 사랑에 실패하기도 하고, 타고난 습성 때문에 고생하기도 하지요.

다람쥐는 가을 동안 열심히 나무 열매를 모아서 땅속에 묻어 두고 겨울을 날 준비를 합니다. 그런데 가끔 자신이 열매를 어디에 묻었는지 까먹기도 하는데, 이 열매가 싹을 틔워 나무가 되고 숲을 이루게 됩니다.

박쥐의 사연도 참 재미있습니다. 박쥐는 초음파를 보내 장애물을 피하고 먹이를 잡기도 하지요. 가끔은 게으름을 피우는데, 자주 지나가는 장소나 잘 아는 곳에서는 초음파를 보내지 않거나 대충 보내는 경우가 있다고 합니다. 그러다가 전에 없었던 장애물이 생기면 미처 피하지 못하고 부딪히는 거지요. 이렇게 실수하며 살아가는 것은, 자연의 일부인 우리 모두가 겪는 일인가 봅니다.

여러분, 아직 초등학생이라 '인생', '삶' 같은 단어들이 익숙하지 않을 것입니다. 그런데 살다 보면 재미있고 신나는 일만 일어나지는 않습니다. 때로는 실수를 자꾸 해서 주눅이 들기도 하고, 어떤 실패를 했을 때는 다 그만둬 버리고 싶을 만큼 속상해지기도 합니다. 여러분의 부모님도, 세상의 모든 어른들도 다 그렇게 인생을 살아 왔습니다.

그런데 어른들은 여러분이 너무나 부럽습니다. 왜냐고요? 여러분은 실수해도, 실패해도 괜찮아요. 왜 그럴까요? 그 이유는 여러분은 아직 얼마든지 일어설 수 있는 힘과 시간을 가지고 있기 때문이에요. 어른이 되면 그 힘과 시간이 차츰 줄어듭니다. 그래서 여러분은 몇 번이고 다시 도전해도 됩니다. 혹시 아나요? 실수와 실패가 모여 나중에 여러분에게 아무도 상상하지 못했던 놀라운 성공을 가져다 줄지 말이에요.

사회예술

book 40

《경제를 알면 정말 부자가 되나요?》

엄마의 지갑부터 나라 정책까지, 지금부터 알아 둬야 하는 경제 상식

🌿 함윤미 | 예림당 | 2013. 08.

🌿 저축을 할까? 투자를 할까?

즐거운 명절인 설날입니다. 친척들에게 열심히 세배를 하고 세뱃돈으로 20만 원이나 받았네요. 엄마는 그 돈을 저축하라고 하고, 아빠는 주식에 투자해 보라고 합니다. 투자란 이익을 얻기 위해서 돈을 대는 일을 말합니다. 어떤 투자 방법이 좋을지 고민하면서 부모님과 저축과 주식 등에 대해 알아보았습니다.

　은행에 예금하면 1년에 3퍼센트의 이자를 준다고 합니다. 그러면 1년이 지나면 약 20만 6,000원 정도 됩니다. 한 달에 받는 이자가 500원이네요. 이자 수익이 너무 적다는 생각이 들어 이번엔 주식을 알아보았습니다. 어린이 주식계좌를 개설하여 주식을 했는데, 한 달에 10퍼센트 정도 올랐어요. 2만 원을 벌어 총 22만 원이 되었습니다. 기분이 좋아 주식에 계속 투자하기로 했습니다. 그런데 세 달 후, 내가 산 주식이 30퍼센트 정도 떨어져 6만 6,000원이나 손해를 보았습니다. 주식 잔고가 22만 원에서 순식간에 15만 4,000원이 되었습니다. 당황스럽고 너무 큰 손해를 본 것 같습니다.

아버지께서는 '투자라는 것은 이익을 볼 수도, 손해를 볼 수도 있다'고 하십니다. 그래서 경제의 흐름을 알아야 한다고 합니다. 보통 어른들은 저축, 주식, 부동산 등에 투자를 합니다. 주식과 부동산에 투자를 하면 많은 돈을 벌 수도 있지만 반대로 돈을 잃는 경우도 많습니다. 그래서 경제가 좋지 않으면 오히려 은행에 예금하는 게 더 이익입니다.

함윤미 작가의 《경제를 알면 정말 부자가 되나요?》는 다양한 분야의 경제 이야기를 친절히 설명합니다. 어른이 되면 여러분은 용돈이나 세뱃돈을 받는 것이 아니라, 직접 일을 해서 돈을 벌게 되겠지요. 그 돈을 필요한 데 쓰기도 하고, 투자를 통해서 더 크게 불리기도 할 거예요. 현명한 부자가 되기 위해서 알아야 할 경제 이야기, 어떤 것인지 한번 들어 봅시다.

🌿 돈은 움직인다

우리는 하루를 살아가기 위해 다양한 활동을 하며, 그래서 필요한 것들도 많습니다. 밥도 먹어야 하고, 옷과 신발도 있어야 하며, 버스나 지하철도 타야 합니다. 친구랑 떡볶이를 먹거나 시원한 음료수를 사 마실

수도 있지요. 이 모든 활동에 반드시 필요한 것이 돈입니다. 이렇게 물건을 만들고, 나누고, 쓰는 모든 과정을 경제라고 합니다. 우리 생활 대부분이 경제활동으로 이루어지지요.

결국 돈을 벌어야만 경제활동이 가능합니다. 그래서 많은 사람들이 회사에서 일을 하고 임금(월급)을 받습니다. 물론 본인이 가게를 차리거나, 전문적인 분야의 일을 해서 월급이 아니라 일한 만큼 돈을 버는 사람도 있습니다. 또 돈을 빌려주거나 투자를 해서 이자를 받는 경우도 있지요.

이 돈을 보관하고 주고받거나 빌려주기도 하는 곳이 은행입니다. 우리는 은행에 돈을 맡기는데 이를 예금이라고 하지요. 은행은 그 돈을 필요한 개인이나 회사에 빌려줍니다. 이를 대출이라고 합니다. 은행이 이런 일을 하려면 은행도 돈을 벌어야 합니다. 그래서 대출을 해 주면서 이자를 받습니다. 그 이자가 은행이 벌어들이는 수익입니다. 증권회사, 농협, 우체국, 보험회사, 신용카드 회사 등도 은행과 비슷한 일을 하는데, 이들을 모두 금융기관이라고 합니다.

🌿 나가는 돈, 들어오는 돈

여러분, 엄마와 함께 마트에 가 봤지요? 엄마는 같은 종류의 제품을 계속 들었다 놓았다 하면서 가격을 비교합니다. 가격, 양, 성분 등을 비교하면서 여러 회사 제품을 꼼꼼이 살펴봅니다. 엄마가 왜 이럴까요?

엄마가 이렇게 조금이라도 저렴한 가격에 물건을 사려고 하는 이유는, 한 가정에 들어오는 돈과 나가는 돈의 균형을 맞추기 위해서입니다. 엄마가 가계부를 작성하는 이유도 수입과 지출을 바로 알 수 있기 때문이지요. 수입보다 지출이 많으면 가정경제가 적자가 나서 엄마는 걱정이 많아지지요. 그러나 수입이 지출보다 많아져 흑자가 되면 마음이 여유로워집니다. 미래를 위해서 여윳돈을 저축하거나 투자할 수 있으니까요.

그렇다고 소비를 줄이고 절약만 한다고 좋을까요? 꼭 그렇지는 않습니다. 아껴 쓰는 것은 좋으나, 모든 사람들이 돈을 쓰지 않고 아끼기만 한다면 회사나 공장에서 만든 제품들이 팔리지가 않습니다. 제품이 팔리지 않으면 회사는 수입이 줄어드니 일하는 노동자들의 임금이 줄어듭니다. 심한 경우 회사가 파산하여 노동자들은 직장을 잃게 됩니다.

회사가 제품을 생산하고 그 제품을 소비자들이 사 주어야 회사도 수익이 나고, 회사에서 일하는 노동자들에게 임금을 줄 수 있겠지요. 그래야 회사는 국가에 세금도 낼 수 있습니다. 그 세금으로 국가는 국민을 위해 복지정책과 산업정책을 펼치는 등 나라 살림을 해 나갈 수 있습니다. 경제는 이렇게 돌아갑니다.

🌿 물건 값은 누가 정하는 걸까?

마트에 다녀온 엄마가 식료품 값이 일주일 만에 너무 많이 올랐다고 걱정합니다. 식료품 가격이 갑자기 오른 것은 러시아와 우크라이나 전쟁으로 곡식 가격이 크게 올랐기 때문입니다.

사회예술

그럼, 이 모든 물건의 값은 누가 매길까요? 궁금해집니다. 물건을 만드는 생산자와 물건을 사는 수요자, 물건을 파는 공급자가 서로 만족하는 수준에서 물건의 가격이 결정됩니다. 이것을 '공급과 수요의 법칙'이라고 합니다. 물건이 살 사람이 넘쳐서 물건이 부족해지면, 그 물건 값은 점점 올라갑니다. 반대로 물건이 너무 많이 공급돼서 그걸 사려는 사람의 수보다도 많으면 물건 값은 내려갑니다. 이렇게 가격이 결정되는 장소가 시장입니다.

경제학의 창시자 애덤 스미스는 '보이지 않는 손'에 의해 가격이 결정된다고 설명합니다. 공급과 수요에 의해 시장에서 자연적으로 가격이 형성된다는 것이죠. 우크라이나와 러시아의 전쟁 때문에 우크라이나에서 생산하는 밀을 수출하기 어려워지자 전 세계 밀 가격이 폭등합니다. 덩달아 빵 가격도 오르지요. 필요한 사람은 많은데, 생산량이 부족해지니 가격이 올랐던 것입니다. 물가가 계속 오르기만 하면 저소득층 사람들이 힘들어집니다. 반대로 물가가 오랫동안 계속 내리기만 하면 회사가 힘들어지고 실업자가 늘어납니다. 그래서 물가는 아주 조금씩 오르는 게 국가 경제에 좋습니다. 그 '조금'이란 걸 잘 조정하는 게 국가와 금융기관에서 할 일입니다. 경제가 참 어렵습니다.

❧ 애플 주식이 왜 1등이야?

주식회사는 주식을 발행해서 여러 사람의 자본을 모아 만든 회사입니다. 회사 운영이 잘되어 이익이 많이 생기면 주식을 가진 사람들이 그만큼 이익을 볼 수 있습니다. 현재 가장 인기 있는 주식 중 하나는 미국의 스마트폰 회사 애플입니다.

하나의 상품으로 세계 최일류 기업으로 성장하는 회사들은 많습니다. 예전에 세계적으로 인기 있던 핸드폰 회사 중에 모토로라와 노키아가 있었습니다. 이 두 회사는 잘 만든 핸드폰 하나로 10여 년 동안 세계 1, 2위를 다투며 승승장구했습니다. 그러나 이 두 회사는 변화의 흐름을 제대로 파악하지 못했습니다. 그 틈을 타고 애플과 삼성은 새로운 형태의 휴대폰을 내놓았습니다. 바로 '스마트 폰'입니다. 애플의 아이폰과 삼성의 갤럭시폰은 기존의 1등들을 몰아내고 세계 1, 2위로 올라서며 지금까지 치열하게 경쟁하고 있습니다.

애플이 주식 가치가 높은 것은, 사람들이 애플이라는 회사의 기술과 혁신을 신뢰한다는 증거입니다. 앞으로도 회사를 잘 운영할 것이고 이익이 많이 생기리라 믿는다는 것이죠. 그래야 이 회사의 주식을 가진 사람들도 그만큼 이익을 보게 됩니다.

기업이든 국가든 변화하지 못하고 안주하면 얼마든 밀려나거나 뒤처질 수도 있음을 스마트폰 시장을 통해서 알 수 있습니다.

경제를 알기, 부자 되는 첫걸음

여러분, 우리나라는 1997년 국가가 부도나기 직전의 상황에 몰린 적이 있습니다. 그래서 IMF(국제통화기금)로부터 비싼 이자를 주고서 돈을 빌렸고 국가 경제 전체가 구조조정을 당했습니다. 그때 많은 기업들이 문

사회예술

을 닫고 수많은 사람들이 직장을 잃었고, 세상을 떠난 사람들도 있었습니다. 또다시 그런 일이 일어나면 안 되겠지요.

그러기 위해서는 내가 내는 세금에 관심을 가져야 합니다. 정치와 경제에 관심을 가지고 경제 정책에 대해 잘 알아야 합니다. 잘못된 국가정책은 비판할 줄도 알아야겠지요. 그것이 곧 국민 전체가 부자가 되는 길입니다.

무엇보다 국가 정책을 잘 알고, 세계 경제의 흐름이 어떻게 흘러가는지를 예측할 수 있다면 현명한 투자를 할 수 있게 됩니다. 그러므로 경제를 알면 부자가 된다는 말은 사실입니다. 여러분도 경제라는 것을 너무 어렵거나 멀게만 생각하지 말고, 꾸준히 관심을 가진다면 좋겠습니다. 여러분이 설날에 받는 세뱃돈에도, 마트에서 집어드는 샴푸 한 통에도, 매일 들여다보는 스마트폰에도 경제는 살아 있답니다.

book 41

《세상을 바꾸는 따뜻한 금융》

사람을 돕고, 응원하고, 살리는 착한 금융을 만난다

김연희 | 미래엔아이세움 | 2022. 07.

🌿 손해 보는 장사를 한다고?

여러분, 우리 몸에는 많은 장기들이 있고 저마다 역할이 있습니다. 뇌는 생각을 책임집니다. 근육과 뼈는 우리 몸을 지탱해 줍니다. 위와 장은 음식을 소화하고 영양분을 흡수하지요. 몸의 각 기관들이 이렇게 제 역할을 하기 위해서는 영양분이 골고루 공급되어야 합니다. 골수에서 만들어진 피가 심장의 강력한 펌프질에 의해 몸 전체를 돌아다니면서 산소와 영양분을 우리 몸 구석구석 배달하는 것입니다.

인간 사회도 각 기관과 조직들이 제 역할을 하기 위해서는 영양분과 산소가 공급되어야 합니다. 몸속의 혈액과 같은 역할을 하는 것이 자본, 바로 돈입니다. 자본은 돌아야 합니다. 자본을 돌게 하는 기관이 금융입니다. 그래서 금융은 대단히 중요합니다.

금융은 원래 손해 보는 장사를 할 수가 없습니다. 왜냐고요? 자본주의 사회에서 손해 보면서 장사를 한다는 것은 망한다는 뜻이기 때문입니다. 자본주의란 이윤의 획득을 가장 큰 목적으로 하는 경제활동을 말합니다. 이윤이란 쉽게 말해, 돈을 남기는 것이죠.

그런데《세상을 바꾸는 따뜻한 금융》은 기존의 금융 개념을 완전히 바꾸어 버립니다. 티끌 모아 태산을 이루는 크라우드 펀딩, 무이자로 운영되는 은행, 사회적 문제를 해결하는 착한 투자, 친환경에 투자하는 녹색은행 등 이윤을 따지지 않는 따뜻한 금융을 소개합니다. 그래서 이 책을 읽고 있는 동안에는 자본주의의 이런저런 문제점들을 쉽게 해결할 수 있을 것 같아 기분이 좋아집니다.

여러분, 살맛 나는 세상을 위한 따뜻한 금융이 무엇인지 한번 살펴볼까요?

❧ 당신의 미래에 투자합니다

단순히 먹고 살기 위해서든, 사업을 하기 위해서든, 아니면 큰 병 때문에 수술을 해야 하는 경우든 사람들은 다양한 이유로 돈이 필요합니다. 돈이 부족하면 은행에서 빌려야 하는데 은행의 문턱이 높아서 좌절하는 사람이 너무 많습니다. 이런 사람들을 위해 필요한 게 크라우드 펀딩입니다.

크라우드 펀딩이란 소셜 미디어나 인터넷을 통해 여러 사람이 조금씩 돈을 모아 투자하는 방법입니다. 키바(KIVA)는 크라우드 펀딩 업체인데, 돈이 필요한 사람은 누구나 자신의 이야기를 키바 홈페이지에 소개할 수 있습니다. 빌린 돈을 어디에 쓸 것인지, 언제까지 돈을 갚을 것인지 계획을 설명해야 합니다. 사연을 본 많은 사람들이 돈을 빌려줍니다.

예를 들어 어떤 농사꾼이 유기농으로 맛있는 블루베리를 생산합니다. 농부는 농장을 더 크게 만들고 싶은데 새로운 농기계를 사거나 땅을 살 돈이 없습니다. 농부는 이런 사연과 함께 자신이 지금까지 키워 판매한 블루베리 사진을 키바 홈페이지에 올립니다. 어떤 투자자는 농부의 근면성을 보고, 어떤 투자자는 블루베리의 품질을 보고, 어떤 투자자는 유기농 농사가 마음에 들어 농부에게 투자를 합니다. 농부는 크라우드 펀딩 덕분에 새로운 사업을 구상하고 시작할 수 있습니다.

IT 기술이 발전하면서 모바일과 SNS, 빅 데이터 등 다양한 기술이 금융과 만나 모바일 뱅킹이나 앱 카드 등 새로운 형태의 금융기술로 발전했습니다. 금융과 기술이 합쳐진 것을 핀테크(Fin Tech)라 하는데, 크라우드 펀딩도 그중 하나입니다.

🌿 이자 없는 은행이 가능할까?

금융 나눔에는 무이자 은행도 있습니다. 은행은 사람들이 돈을 저축하면 그 돈을 필요한 사람이나 기업에 빌려주고 이자를 받습니다. 그중 일부는 저축한 사람에게 이자로 주고 나머지는 은행의 몫이 됩니다. 그러니까 은행은 결국 빌려준 돈의 이자를 통해 운영하는 것입니다. 이자는 결국 싸지 않습니다. 그래서 소시민들에게는 은행의 문턱이 높게만 느껴집니다.

어떤 가난한 사람이 은행에서 돈을 빌리려 할 경우, 그 사람은 갚을 능력이 낮기에 은행은 돈을 빌려주지 않거나 빌려주더라도 더 비싼 이자를 내도록 합니다. 그런데 기업이 은행에서 아주 큰 돈을 빌리는 경우에는 많이 빌릴수록 이자가 더 싸집니다. 여러분은 이해가 잘 안 되겠지만, 실제로 우리 사회는 이런 방식으로 돌아갑니다.

그런데 스웨덴의 야크은행은 이자를 받지 않는 무이자 은행입니다. 이게 어떻게 가능하냐고요? 야크은행은 저축한 사람에게 이자를 주지도, 돈을 빌리는 사람에게 이자를 받지도 않습니다. 기존의 은행들이 비싼 이자 장사를 하는 것을 보고 시민들이 분노하여 만든 협동조합 은행이거든요. 조합에 가입된 회원들은 자신의 돈을 무이자로 은행에 저축합니다. 그리고 자신 역시 돈이 필요할 때 언제든지 무이자로 돈을 빌립니다. 서로에게 좋은 일이지요.

협동조합이란 비슷한 목적을 가진 사람들이 모여 경제적 이익을 추구하기 위해 만든 단체입니다. 우리나라에도 여러 협동조합이 있습니다. 대표적인 것이 농협과 수협, 새마을금고 등입니다. 야크은행처럼 무이자는 아니지만 회원에게는 저렴한 이자를 받고 있습니다.

🌿 가난한 사람들을 위한 은행

"우리 은행에서 대출을 받으려면 가난하다는 것만 증명하면 됩니다."

세상에 이렇게 말하는 은행이 있습니다. 방글라데시의 그라민은행입니다. 가난하고 어려운 사람일수록 은행의 대출 이자는 더 높아지게 마련인데, 거꾸로 가난한 사람들에게 낮은 이자로 돈을 빌려줘서, 집을 짓고 교육도 받고 장사도 할 수 있도록 도와주는 것이죠. 이런 은행을 커뮤니티 개발 은행이라 하며, 그라민은행도 그중 하나입니다.

방글라데시는 세계에서 가장 가난한 나라 중 하나입니다. 가난한 사람들은 돈을 갚을 능력이 모자란다고 사람들은 생각합니다. 그래서 그라민은행의 실험을 보고 많은 사람들은 비웃었습니다.

그라민은행에서 돈을 빌리기 위해서는 전 재산이 우리나라 돈으로 2만 1,000원 이하여야 합니다. 최소 다섯 명이 한 팀이 되어 순서대로 한 명씩 돈을 빌립니다. 앞 사람이 잘 갚고 나면 다음 사람이 돈을 빌릴 수 있습니다. 매주 이자와 원금을 성실히 갚으면 다음에는 더 많은 돈을 빌릴 수 있습니다.

이 제도는 다섯 명이 서로에게 피해를 주지 않게끔 각자 빌린 돈에 대해 책임감을 가지게 됩니다. 실제로 대부분의 사람들은 돈을 착실히 갚았으며 수많은 사람들이 가난에서 벗어나게 되었습니다. 그라민은행을 만든 유누스는 이런 공로를 인정받아 2006년 노벨 평화상을 받았습니다.

미국의 사우스쇼어은행 또한 커뮤니티 개발 은행입니다. 사우스쇼어은행은 가난한 마을에 돈이 돌아야 사람들이 어려운 환경을 이겨낼 수 있다고 생각했습니다. 사람들이 자립해서 일어나면 사회가 안정되어서 결국 사회 전체에 이익이 될 수 있으니까요. 우리 사회에 '부자를 위

사회예술

한 은행'만이 아니라 이렇게 '가난한 사람들을 위한 은행'들이 더 많아진다면 참 좋겠습니다.

🌿 선한 투자의 영향력

펀드는 특정한 목적을 가지고 여러 사람에게 돈을 모으는 일입니다. 돈을 벌고자 하는 기업에 투자하면 투자형 펀드가 되며, 누군가를 돕기 위한 공익적 투자라면 기부형 펀드가 됩니다. 선한 영향력을 발휘하는 사회적 기업에 투자하는 펀드가 있는데 바로 '어큐먼펀드'입니다.

아프리카 탄자니아에서 모기에 의한 말라리아가 큰 문제였습니다. 특수 기술로 모기장을 만들면 말라리아 예방에 도움이 될 텐데, 그러려면 많은 자본이 필요합니다. 그래서 어큐먼펀드는 말라리아를 방지하기 위한 특수 모기장을 만드는 기업에 투자했지요.

이런 선한 투자는 환경 문제에도 큰 도움이 됩니다. 지구온난화 문제를 해결하는 것은 정부와 기업의 일만은 아닙니다. 은행들도 여기에 동참하는데 대표적으로 젤에스은행은 친환경 농업과 에너지에 투자하는 녹색은행입니다. 네덜란드의 트리오도스은행, 미국의 뉴리소스은행도 있습니다. '은행은 자본만 추구한다'는 생각을 이제 버릴 때가 된 것 같습니다.

굿캐피털은 취약 계층에게 일자리를 제공하거나 지역 사회에 공헌하는 사회적 기업에 투자하는 곳입니다. 사회적 기업은 다른 기업들처럼 이익을 내기가 쉽지 않아서 은행의 투자를 받기가 어렵습니다. 그런데 굿캐피털은 사회를 바꾸는 선한 아이디어가 있다면 어디든 투자를 합니다. 그리고 사회적 기업들이 수익을 내면 그 일부를 나누어 받습니다. 앞으로는 좋은 아이디어만 있다면 언제든 투자를 받아서 꿈을 실현할 수 있는 시대가 오는 것 같습니다.

🌿 시간을 저축하는 은행

여러분, 시간을 저축하는 은행을 들어 보았나요? 타임뱅크입니다. 시간을 어떻게 저축한다는 걸까요? 우리는 때로 시간이 넘쳐서 지루할 때가 있습니다. 그때 멍하니 시간을 죽이는 것이 아니라, 누군가를 도울 수 있다면 그건 시간을 버는 일일 테지요. 그러다 때로는 너무 바빠서 도저히 짬을 내기가 힘들 때도 있습니다. 누군가로부터 도움을 받고 싶다면 저축한 만큼 시간을 사용할 수 있습니다. 이번에는 누군가가 그 시간만큼 나를 도와주는 거지요.

인간은 참으로 복잡하고 다양한 측면을 가지고 있습니다. 어떤 사람은 돈과 이익 앞에 한없는 탐욕을 보이지만, 또 어떤 사람은 자신의 이익을 일부 포기하면서 다 함께 살아가는 지혜를 보이기도 합니다.

인류는 두 번의 거대한 세계대전을 치르면서 많은 것을 잃었지만 많은 것을 배우기도 했습니다. 서로 다른 사람들 사이에 일어나는 갈등을 막고 모두가 공존할 수 있는 세상을 만들어야 한다는 것을 말이죠. 그래서 공정한 제도를 만들어 세계를 함께 운영해 가고자 합니다. 물론 모두가 만족하는 것은 아닙니다. 그래서 인간은 다시 여러 가지 실험을 통해 새로운 기관과 제도를 만들며, 때로는 협의하고 때로는 경쟁하기도 합니다.

지금 이 순간에도 세계 곳곳에서 금융은 돌아가고 있습니다. 따뜻한 금융이 조금 더 많아지길, 그래서 모두가 더불어 살아가는 세상에 한발 더 가까워지기를 바랍니다.

• book 42 •

《내일을 바꾸는
작지만 확실한 행동》

지금 여기서부터 만드는
더 나은 세상

🌿 시릴 디옹, 피에르 라비 | 한울림어린이 | 2018. 03.

🌿 원숭이와 기린을 못 본다고?

〈네모의 꿈〉이라는 노래가 있습니다. 경쾌한 선율에 힘 있는 노랫말이 많은 생각을 하게 합니다.

"네모난 침대에서 일어나 눈을 떠 보면 네모난 창문으로 보이는 똑같은 풍경. …네모난 달력에 그려진 똑같은 하루를 의식도 못한 채로 그냥 숨만 쉬고 있는걸."

어떤가요? 우리가 사는 세상이 정말 그런 것 같지 않나요? 《내일을 바꾸는 작지만 확실한 행동》은 우리에게 '네모난 세상에서 아무 생각 없이 그냥 살아가는 것은 아닌가?' 하고 묻습니다. 결코 가볍지 않은 질문입니다.

사회예술

이 책은 지구에 찾아온 기후위기와 생태 환경의 변화를 주제로 합니다. 그 대가는 지금의 어른들이 아니라 30년 후, 바로 여러분에게 돌아올 수 있다니 보통 걱정스러운 일이 아닙니다.

여러분, 지난 40년 동안 척추동물의 절반이 지구에서 사라졌습니다. 2050년쯤이면 원숭이와 기린을 더 이상 볼 수 없을지도 모릅니다. 왜 인간은 자연을 오염시키고 자연을 파괴할까요?《내일을 바꾸는 작지만 확실한 행동》은 이 문제부터 출발해야 한다고 말합니다. 앞으로 30년 후 지구의 주인공이 될 여러분과 함께 고민해 봅시다.

❀ 네모난 세상에 갇힌 인간

모든 살아 있는 것들은 자신의 생명을 유지하기 위해 남의 생명을 희생합니다. 단, 인간은 예외입니다. 인간은 생명을 유지하기 위해서만이 아니라, 더 많은 돈을 벌고 더 많이 쌓아 두기 위해서 자연을 파괴합니다.

우리는 '사람은 어떻게든 자기 밥벌이는 해야 한다'라는 소리를 들으며 자랍니다. 그렇긴 하지요. 돈이 지배하는 자본주의 사회에서는 가만히 숨만 쉬고 살 수가 없거든요. 산에서 자연인으로 살 것이 아니라면, 우리는 살아 있는 한 끊임없이 무언가를 소비해야 합니다.

하루에 세 끼를 먹어야 하고, 심심할 때는 군것질도 하고 싶지요. 아프면 빨리 병원에 가야 하며, 먼 거리를 가기 위해 차를 타야 합니다. 밤에는 조명을 켜야 하고, 핸드폰 충전도 해야지요. 추운 겨울에는 난방을 하고 더운 여름에는 에어컨을 틀어야 합니다. 지금이야 부모님이 알아서 다 해주지만, 어른이 되면 그 모든 것이 나의 몫이 될 테지요. 그래서 우리는 항상 일을 해야 할 것 같아요.

그렇게 수십 억의 사람들이 오늘도 반복되는 하루를 살아갑니다. 다른 생각을 돌아볼 여유도 없이 말이죠. 생각해 보면 우리가 사는 이 네모난 세상은, 잠시만 멈춰 서도 모든 게 무너질 것만 같습니다.

🌿 마지막 나무가 베어지기 전에

어른들은 돈을 벌고 쓰기도 하면서 많은 가치를 만들어 내지만, 돈은 정작 몇몇 사람의 주머니로 들어갑니다. 2017년 연구 결과, 세계에서 가장 돈 많은 부자 여덟 명의 재산을 합치면 전 세계 하위 계층 36억 명의 재산과 비슷하다고 합니다. 한편에서는 6초에 한 명씩 어린이가 먹을거리가 없어 굶어 죽고, 7초에 한 명씩 치료를 받지 못해 죽어 갑니다. 전 세계의 굶주림과 빈곤 문제를 해결하고 자연을 회복시키려면 해마다 220조 원이 필요합니다. 그런데 전 세계 부자들이 세금을 내지 않기 위해 숨겨 둔 돈이 2경 2,000조 원이 넘는다고 합니다. 그 돈을 은행에 넣어 두고 세금을 잘 낸다면 이 문제는 해결됩니다.

"마지막 나무가 베어지고, 마지막 강물이 오염되고, 마지막 물고기가 사라지면 그제야 인간은 돈을 먹을 수 없다는 걸 깨닫겠지요."

아메리카 원주민인 아파치 부족의 추장, 제로니모가 한 말입니다. 마지막 물고기가 사라진 땅에서는 그 어떤 생물도 살 수 없을 것입니다. 인간은 사느냐, 죽느냐의 갈림길에서 선택해야 할 시점이 되는 거지요.

사회예술

과학자들의 설명에 따르면, 지구는 45억 년의 역사에서 다섯 번의 대멸종 시대를 겪었다고 합니다. 1차와 2차 대멸종은 빙하기 시대였고, 3차와 4차 때는 화산 폭발로 기온이 크게 상승해서 지구의 생물 97퍼센트가 멸종했습니다. 5차는 여러분도 잘 아는 백악기 시대입니다. 운석 충돌로 공룡들이 모두 멸종했지요.

그런데 6차 대멸종은 운석이나 화산 폭발 때문이 아니라, 인간이 스스로 자초할 수 있다고 합니다. 지구온난화로 인해 지구상의 생물 70퍼센트 이상이 멸종할 가능성이 있습니다. 현재도 이미 하루에 10여 종씩 멸종하고 있다고 과학자들은 경고합니다. 그런데도 인간은 끊임없이 만들고, 소비하고, 또 만듭니다.

🌿 두려움이 만든 세상

휴대전화 한 대를 만들려면 500개가 넘는 부품이 필요합니다. 금속, 광석, 희토류, 플라스틱, 유리 같은 재료를 전 세계 곳곳에서 가져와야 하지요. 휴대전화를 한 대 만들기 위해서는 금속을 채굴하고 광산을 파야 합니다. 아프리카의 광부들은 덥고 위험한 갱도 안에서 하루 종일 일하고 1,000원에서 5,000원 정도를 법니다.

아이폰 3G 화면은 일본에서, 카메라와 위성 GPS는 독일에서, 중앙처리장치는 한국에서, 기억장치와 오디오는 미국에서, 그리고 모든 부품은 중국에서 조립됩니다. 전 세계가 연결되어 휴대전화가 생산되는 것입니다. 이 과정 속에서 우리는 엄청난 화석연료와 여러 종류의 에너지를 사용합니다.

1초에 다섯 명의 아기가 태어나는데, 휴대전화는 47대가 팔려 나갑니다. 해마다 15억 대의 휴대전화를 만들려면 얼마나 많은 것들을 파괴해야 할까요? 시간이 지나면 언젠가는 우리의 소유물이 우리를 지배할지도 모릅니다. 인간은 필요에 의해서 물건을 만듭니다. 그리고 그 물건에 기능을 담고, 디자인을 담고, 가치를 담아 더 많은 의미를 부여합니다. 그 순간, 인간이 주인공이 아니라 물건이 주인공이 됩니다. 이런 현상이 지금 세계 곳곳에서 벌어지고 있습니다.

명품을 사기 위해 몇 년간 돈을 모으고 며칠간 줄을 섭니다. 왜 그럴까요? 어쩌면 두려움 때문일지도 모릅니다. 무리에서 뒤처질까 봐, 남들에게 무시당할까 봐 두려워서 유행하는 옷과 물건을 좇습니다. 혼자 될까 봐 두려워서 SNS에 올린 게시물에 '좋아요'가 몇 개인지 확인합니다. 가난이 두려워서 좋아하지 않는 일을 하고 삽니다.

평생 그렇게 살 수는 없습니다. 그럼 어떻게 해야 할까요? 방법은 있습니다.

여러분, 이런 경험 있을 겁니다. 학교 마치고 또 학원 가서 공부하는 게 힘들고 가끔은 너무 가기 싫습니다. 그런데 학교에서 축구대회가 열립니다. 아침 일찍부터 학교에 가서 친구들과 연습하고, 오후에도 모여서 틈틈이 연습을 합니다. 부모님의 성화도 이겨 내면서 주말에도 친구들과 시합을 준비하느라 몸이 녹초가 됩니다. 그래도 하나도 힘들지 않습니다. 오히려 기쁘고 설레지요. 어른들도 마찬가지입니다. 자신이 하고 싶은 일을 하면 두려움은 없습니다.

사회예술

그러니, 내가 뭘 좋아하는지를 생각해 보세요. 내가 좋아하는 일을 할 때 더 잘하게 됩니다. 혹시 실수하거나 실패하더라도, 좋아하는 일이라면 얼마든 다시 도전하고 더 좋은 결과를 얻을 수 있습니다. 그러다 보면 어느 순간 사람들도 내가 한 일을 좋아할 겁니다. 그런 걸 바로 성공이라고 하지요. 그러니까 우리는 미리 두려워할 필요가 없습니다.

✿ 개미가 힘을 합치면 코끼리도 들 수 있다

여러분에게는 누구나 저마다의 재능이 있습니다. 내가 무엇을 좋아하는지 알고, 하고 싶은 일을 할 때 네모난 상자에서 벗어나 더 나은 세상을 만드는 방법을 생각할 수 있습니다. 남들의 시선에 따라서, 두려움에 쫓겨서 소비지향적인 삶을 사는 태도를 바꾸어야 합니다. 더 나은 삶을 위해 우리의 생각이 바뀔 때 지구도 바꿀 수 있습니다.

더 나은 세상을 만드는 일은 가까운 곳에서 시작해야 합니다. 어렵지 않습니다. 일상생활에서 실천할 수 있는 작지만 확실한 행동이 세상을 바꿀 것입니다.

지구와 더불어 우리가 행복하게 살아가기 위해 생각의 전환이 필요합니다. 줄이기(Reduce), 재사용하기(Reuse), 고쳐서 쓰기(Repare), 재활용하기(Recycle)의 4R 운동을 들어 보았지요? 이것은 일상생활에서 지금 바로 할 수 있는 일들입니다. 샤워할 때는 유기농 제품을 씁니다. 가능하면 화석 연료로 움직이는 탈 것을 줄이고 자전거, 킥보드를 탑니다. 실내 온도를 19도로 낮추고 추우면 겉옷을 하나 더 입습니다. 이런 일들이 지구를 살리는 작지만 확실한 행동입니다.

여러분, 아프리카 부르키나파소에 '개미가 힘을 합치면 코끼리도 들어 올릴 수 있다'는 속담이 있습니다. 인간이란 일만 하다가 생을 마치는 동물이 아닙니다. 우리는 훨씬 훌륭한 존재입니다. 아름다움을 추구하고 풍부한 삶을 살 권리가 있습니다. 한 사람 한 사람이 생각을 바꾸면 사회가 바뀌고, 세계가 바뀝니다. 그리고 지구에 닥치는 위기도 바꿀 수 있습니다.

여러분, 지금 바로 행동합시다. 현재의 나를 위해, 30년 후 지구의 주인공인 여러분을 위해.

사회예술

book 43

《색깔 속에 숨은 세상 이야기》

'나라', '우리', '나'를
상징하는 다양한 색깔들

 박영란, 최유선 | 아이세움 | 2007. 11.

🌿 같음의 상징, 다름의 상징

"대~한민국! 짝짝짝 짝짝!"

정말로 대단했습니다. 그때 대한민국은 전 국민이 붉은색 축구 유니폼을 입고 한마음으로 대표팀을 응원했습니다. 2002년 한·일 월드컵에서 대한민국은 사상 최초로 월드컵 4강에 진출했습니다. 대한민국의 모든 광장에는 '붉은 악마'라 불리는 붉은 옷을 입은 사람들로 가득 들어찼습니다. 붉은색은 축구 경기에서 대한민국을 상징하는 색으로 전 세계에 강렬한 인상을 남겼습니다.

축구 경기가 열리면 각 나라는 자신을 상징하는 색과 무늬로 디자인된 유니폼을 입고서 경기를 하고 응원도 합니다. 누가 시킨 것도 아닌

데 수많은 사람들이 당연한 듯, 똑같은 색 옷을 입는 거지요.

《색깔 속에 숨은 세상 이야기》는 색깔이 한 사회의 문화를 보여 주고, 한 개인의 생각이나 감정을 나타낸다고 설명합니다. 여러분도 친구들에게 "넌 무슨 색이 제일 좋아?"라는 질문을 자주 하지요? 그만큼 색깔은 자신과 타인이 서로 다르다는 것을 말해 주는, '다름'의 상징이 될 수 있다는 이야기지요. 색깔은 거꾸로 '같음'의 상징이 되기도 합니다. 똑같은 교복이나 유니폼, 제복을 입으면 '우리는 서로 같다'는 의미가 되기 때문이지요.

여러분도 좋아하는 색이 있겠지요? 왜 그 색을 좋아하나요? 《색깔 속에 숨은 세상 이야기》를 읽고 나면 내가 좋아하는 색깔에 새로운 의미를 부여하게 될지도 모르겠습니다.

🌿 세상을 여는 색, 마음을 담는 색

"암흑 속에서 마고 할머니가 기지개를 켜자 세상이 쩍 갈라지면서 갇혀 있던 해와 달, 별들이 떠올라 세상에 빛이 생깁니다."

우리 전통 신화인 '마고 할미' 이야기에 나오는 내용입니다. 마고 할미의 기지개로 빛이 생겨나면서 오색구름이 피어나고 이 세계가 색을 가지게 되었다는 이야기지요. 실제로 빛이 없다면 색도 존재할 수가 없습니다.

처음 원시인들의 입장에서 생각해 봅시다. 원시인들 눈에 자연의 모습은 두렵고 경외스러웠을 겁니다. 하늘에 빛이 뜨고 짐에 따라 밝음과 어둠이 생기자 낮과 빛은 흰색으로, 밤과 어둠은 검정으로 표현하기 시작했지요. 동굴 벽화를 보면 붉은색도 등장합니다. 사냥을 나설 때의 긴장감, 성공했을 때의 기쁨을 표현하면서 동물의 피를 붉은색으로 그립니다. 이 붉은색은 용기와 힘을 상징합니다.

시간이 조금 더 흐르고, 사람들은 동서남북 방향도 색깔로 표현하기 시작합니다. 이를 오방색이라 해서 동쪽은 나무를 상징하는 파랑, 서쪽은 쇠를 상징하는 흰색, 남쪽은 불을 상징하는 빨강, 북쪽은 물을 상징하는 검정, 그리고 중앙은 땅을 상징하는 노랑으로 표현합니다. 음양을 대표하는 빨강과 파랑은 청사초롱과 태극 문양에, 오방색은 색동저고리와 오곡밥 등에서 볼 수 있을 만큼 우리 문화와 뗄 수 없는 색입니다.

600년 전부터는 빛을 과학적으로 이해하기 시작합니다. 그러면서 색깔은 새로운 변신을 합니다. 레오나르도 다 빈치는, 색이 바깥의 대상이 아니라 우리 눈으로 들어온 빛을 시신경을 통해 뇌가 인식하는 것이라 이해하고 이를 그림으로 남겼습니다. 또한 뉴턴은 프리즘을 통해 빛이 일곱 빛깔로 흩어진다는 것을 알아냈고요. 결국 우리 눈에 보이는 사물의 색은 모두 빛이 결정하는 거지요.

화가는 색의 마술사들입니다. 열정적인 화가 고흐는 태양을 닮은 해바라기를 온통 노란색으로 표현했으며, 가난한 화가였던 피카소는 슬프고 힘들었던 자신의 마음을 파란색으로 표현했습니다. 같은 빨간색이라도 이중섭 화가는 굳은 의지와 강한 생명력의 상징으로 사용했고, 뭉크는 분노와 공포의 분위기와 절망스러운 마음을 빨간색으로 표현합니다.

🌿 목적에 따라 사용하는 색

아이들의 유치원 버스나 학원 버스는 왜 노란색일까요? 병아리처럼 귀여운 아이들이라 노란색일까요? 알고 보니 어린이의 안전을 위해 사용한 색이라고 하네요. 노란색이 눈에 가장 띄기 때문이지요. 그러고 보니, 공사 현장이나 위험물 표지판에도 노란색이 많이 들어간 이유가 있었군요.

혹시 운동회 때 양 팀을 청군과 백군으로 나누는 이유가 궁금한 적 없었나요? 선생님도 어릴 때 운동회를 하면 목청 찢어지게 "청군 이겨라!", "백군 이겨라!" 외치며 응원했는데 문득 궁금할 때가 있었습니다. 청군의 반대는 홍군이고, 백군의 반대는 흑군 아닌가요? 왜 하필 청군과 백군일까요? 《색깔 속에 숨은 세상 이야기》에 그 이유가 나와 있습니다.

옛날 우리 조상들은 차전놀이나 줄다리기를 할 때 음양오행의 원리에 따라 동쪽은 파란색, 서쪽은 흰색으로 마을을 나누어 겨루었습니다. 그 전통이 지금까지도 이어져 운동회 때 학교 전체가 청색과 흰색으로 나누어 승부를 겨루게 된 거지요. 그러고 보면 색에는 사람들이 서로 '같음'과 '다름'을 표현하는 정치적인 목적이나 사회적인 기능도 숨어 있군요.

무엇보다 목적이 잘 나타난 색은 바로 검정색입니다. 검정색은 '죽음'을 상징합니다. 원래 우리 민족은 '백의 민족'이라 하여 흰옷을 즐겨 입었으며, 조상들이 죽었을 때도 흰 삼베옷으로 장례를 치렀습니다. 죽음은 끝이 아니라 새로운 시작이라고 보았기에 죽은 자에게도 흰 수의를 입혔습니다.

그러다가 일제강점기인 1930년대 우리나라도 서양 문물을 받아들이면서 장례식에 검정 상복을 입기 시작했습니다. 지금은 국가나 종교와 상관없이 전 세계적으로 장례를 치를 때 검정색 옷을 입습니다. 이렇게 전 세계가 하나의 색으로 통일되는 경우가 또 있을까 싶네요.

🌿 국가를 상징하는 색

붉은색은 예로부터 귀한 색으로 대접 받았습니다. 붉은색을 구하기가 쉽지 않았기 때문이죠. 나라마다 차이가 있지만 꼭두서니와 지초 식물의 뿌리나 홍화의 꽃잎, 단목의 껍질과 열매, 연지벌레 등에서 붉은색 염료를 얻었습니다. 그만큼 구하기 어렵기 때문에 왕이나 귀족들이 자신의 신분과 힘을 상징하는 색으로 이용했습니다.

국가를 상징하는 국기에서도 빨강은 전체 80퍼센트의 나라가 사용하는 색입니다. 빨강은 태양, 힘, 애국심, 독립 투쟁, 자유를 상징하기 때문입니다. 다음으로 많이 사용하는 노랑은 태양과 곡식, 땅, 지하자원을 상징하고, 파랑은 바다와 강, 하늘 등 자연을 상징하여 많이 사용합니다.

우리나라 국기인 태극기도 한번 볼까요? 태극기는 하얀색 바탕에 음양의 조화에 따라 빨강과 파랑의 태극 문양과 하늘(건)과 땅(곤), 물(감)과 불(리)을 상징하는 4궤로 이루어져 있습니다. 우리나라 축구 대표팀이 태극기를 유니폼에 달고 경기에 임하면 평소와는 다른 감정이 들면서 없던 힘도 솟구친다고 하던 인터뷰 내용이 기억납니다. 국가를 대표하는 선수로서 자긍심이 솟아난다는 소리지요.

🌿 우리 삶에 스며든 색

색의 또 한 가지 중요한 역할은, 우리가 일상에서 해야 할 것과 하지 말아야 할 것을 한눈에 알아보도록 해준다는 것입니다. 여러분 빨강, 초록, 노랑 세 가지 색깔을 보면 무엇이 떠오르나요? 대부분이 '신호등'이라고 답할 것입니다. 신호등은 세계인의 약속과도 같습니다. 세상에 신호등이 없다면 어떨까요? 아마 대혼란이 벌어질 것입니다. 초록색은 편안함을 주는 색으로, 운전자가 침착하게 출발할 수 있게 합니다. 노란색은 다른 색보다 크게 보이기 때문에 주의를 주는 신호이고, 빨간색은 정지 신호로 정해져 있습니다.

위급함을 알리는 경광등은 종류가 여러 가지입니다. 경찰 순찰차는 파랑과 빨강, 119 구급차는 초록, 소방차는 빨강, 도로공사 차량은 노랑, 경비업체 차량은 흰색을 경광등에 사용합니다.

색은 직업을 표시해 주기도 합니다. 공장이나 건설 현장에서 일하는 노동자들은 주로 푸른색 작업복을 입는다 하여 '블루 칼라', 사무실에서 일하는 노동자는 흰색 셔츠를 입는다 하여 '화이트 칼라'라고 칭하곤 합니다. '칼라(Collar)'는 영어로 '옷깃'을 뜻하지요.

병원에서 일하는 의사나 간호사는 청결을 상징하는 흰색 옷을 입는데, 수술할 때는 마음을 안정시키는 초록색을 입습니다. 또 법관의 경우 법 앞에서는 모든 사람이 평등하다는 사실을 보여 주기 위해 검정 옷을 입습니다. 검정색 옷은 부자든 가난하든 누구나 쉽게 입을 수 있는 옷이기 때문입니다.

즐거움을 표현할 때도 색을 빼놓을 수 없지요. 스페인의 산페르민 축제, 인도의 홀리 축제는 빨강의 물결로 화려한 축제의 장을 펼칩니다. 축제만 색이 화려한 것이 아니에요. 맛도 색깔이 좌우한답니다. 우리 전통음식인 비빔밥이나 떡국, 탕평채, 도미찜에 오방색에 따라 고명을 얹어 놓으면 보기에도 먹음직스러워서 군침이 절로 넘어가지요. 무엇보다도 우리 민족의 입맛을 사로잡는 것은 단연코 김치겠지요. 고운 다홍색 고춧가루 양념이 잘 밴 김치는 흰쌀밥에도 라면에도 찰떡궁합입니다.

🌿 나를 보여주는 색!

《색깔 속에 숨은 세상 이야기》는 색깔의 상징이 어느 한순간 갑자기 생겨난 것이 아니라 오래전부터 사람들의 삶 속에서 서서히 만들어졌음을 보여 줍니다. 책 중간중간 '재미있는 색깔 교실'은 정치나 사회, 종교적 이유로 색깔이 정해지는 예를 재미있게 설명해 주니 빠뜨리지 말고 읽어 보면 좋겠습니다.

초등학교 과학 시간에 물체는 빛을 받아 일부를 흡수하고 나머지는 반사한다고 배웁니다. 식물이 녹색으로 보이는 것도, 식물이 푸른색과 붉은색은 흡수하고 녹색 빛은 반사하기 때문입니다. 보이는 색이 그 대상을 상징하는 색 같지만 실상 그 색깔을 반사해서 나오는 거라니, 뭔가 거꾸로 된 것 같아 신기하기도 합니다. 어쨌든 결과적으로는 대상에서 반사되어 우리 눈에 보이는 그 색이 대상의 존재를 결정짓습니다.

우리에게도 저마다 자신만의 색깔, 자신만의 특징이 있습니다. 나의 색은 무엇인지를 잘 알 때 나만의 재미있는 이야기를 만들어 갈 수 있겠지요. 여러분의 색은 무엇인가요?

book 44

《딱 한마디 미술사》

다 빈치부터 피카소까지,
미술사의 흐름을 한마디로 알아보기

🌿 안소연 | 천개의바람 | 2021. 09.

🌿 아기 예수님이 왜 이리 못생겼어!

서양미술 중에서도 중세 시대의 작품들은 몇 가지 이상한 점이 있습니다. 중세라면 기독교가 중심인 시대인데, 아기 예수 얼굴이 좀 이상합니다. 너무나 딱딱하고 무섭게 그려 놓아서 마치 성인 남자 같습니다. 여기에는 이유가 있습니다. 신성한 예수는 태어날 때부터 완벽하고 근엄한 어른의 모습이어야 했기 때문이죠.

이상한 점은 또 있습니다. 중세 시대는 약 5세기부터 14세기까지 무려 1,000년 동안 이어졌는데, 이때 미술 작품을 그린 그 많은 작가들이 누구인지 대부분 모른다는 것입니다. 당시에는 그림을 소유한다는 것을 일반인들은 상상하지 못할 일이었습니다. 교회나 왕과 귀족들만이 그림을 주문하고 소유할 수 있었습니다. 그림을 그리는 화가는 중요하지 않았습니다. 화가는 자신의 생각을 작품에 담기보다, 주문에 따라 신성한 그림을 그려야 했습니다.

이후 15세기부터 시작된 인간 중심의 르네상스 시대를 맞으면서 회화에서 비약적인 발전이 이루어집니다. 이성과 과학이 중요해지면서 화가들도 그림에 자신의 생각과 감정을 불어넣기 시작합니다. 해부학적 지식을 바탕으로 인체를 사실대로 묘사했으며, 그림에 원근법을 적용하면서 더욱 입체적이고 생동감 있는 회화 작품이 탄생했습니다. 그리고 작가의 이름도 남기기 시작했습니다.

안소연 작가의 《딱 한마디 미술사》는 르네상스 미술을 대표하는 다빈치와 미켈란젤로를 시작으로 현대에 이르기까지 서양 미술사를 이끈 시대별 미술 사상(미술 사조)을 '딱 한마디'로 설명하지요.

미술 작품을 통해 그 시대 사람들의 생각과 살아가는 방식을 생생하게 들여다볼 수 있습니다. 책장을 함께 넘겨 볼까요?

🌿 인간의 아름다움을 그리는 화가들

레오나르도 다 빈치가 그린 〈모나리자〉는 아마 모르는 사람이 없을 것입니다. 눈썹은 없는데 알쏭달쏭한 미소가 신비롭게 느껴집니다. 또, 코를 중심으로 왼쪽과 오른쪽 입 근육이 달라 미소가 냉랭함과 따스함 사이를 오가는 듯 느껴진답니다.

다 빈치는 얼굴 근육 하나하나를 세심하게 표현하고자 했습니다. 그래서 '화가는 해부학을 알아야 한다'며 30구가 넘는 시신을 해부합니다. 뼈와 근육은 물론 사람의 장기까지 관찰하여 수백 장씩 인체를 그리면서 인간의 몸을 탐구했습니다.

같은 시기 미켈란젤로가 조각한 〈다윗〉은 인간 육체에 대한 아름다움의 극치를 보여줍니다. 균형 잡힌 몸, 강렬한 눈, 굳게 다문 입술, 팔뚝에 솟은 힘줄 등에서 강인한 힘이 느껴지며 분노를 절제하는 표정에서 이상적인 인간의 아름다움이 엿보입니다.

미켈란젤로 하면 빼놓을 수 없는 〈최후의 심판〉도 살펴봅시다. 〈최후의 심판〉은 바로크 미술의 시작을 알린 작품입니다. 르네상스 미술이 조화와 아름다움, 우아함 등 고전적인 정신을 중시했다면, 바로크 미술은 인물의 움직임을 역동적으로 표현하고 강렬한 색채와 명암 대비를 사용하는 것이 특징입니다. 미켈란젤로는 〈최후의 심판〉에서 표정과 동작이 모두 다른 391명의 벌거벗은 근육질의 신과 인간을 과감하게 묘사했습니다.

🌿 자연과 빛을 사랑한 화가들

어릴 때 이발소에 가면 항상 벽에 걸려 있는 평온하면서도 낯설지 않은 그림이 있었습니다. 추수가 끝난 논에서 이삭을 줍는 여인들, 늦은 오후 저 멀리 보이는 교회를 배경으로 기도하는 농부 부부의 모습은 우리 농촌 정서와도 많이 닮아 보였습니다. 나중에서야 그 그림이 프랑스 화가 밀레의 〈이삭 줍는 사람들〉, 〈만종〉임을 알았습니다. 평범한 사람의 모습을 예술로 끌어올린 밀레는, 본 대로 그리는 '사실주의'의 대표적인 작가입니다.

밀레가 자연과 함께 평범한 우리 주변 사람들을 있는 그대로 그렸다면, 모네는 자연의 빛과 아름다움을 어떻게 표현할지 고민했습니다. '빛은 곧 색채'라는 그의 생각은 어스름한 새벽, 항구에서 해가 뜨는 순간의 '인상'을 재빠르게 담아낸 〈인상: 해돋이〉 속에 잘 나타납니다.

인상주의란 자연을 하나의 색채 현상으로 보고 빛과 함께 달라지는 색의 변화를 묘사하는 화풍을 말합니다. 사실주의 화풍에 영향을 받았지만 사물을 있는 그대로 그리는 것이 아니라 자신의 느낌대로 자유로운 인상을 그리기 시작했습니다. 그래서 인상주의 작품에서는 물체의 윤곽이 뚜렷하지 않고, 간단한 명암 표현과 짧은 붓 자국으로 색채를 독특하게 표현하곤 합니다.

세잔은 이러한 인상주의의 화풍에서 한걸음 더 나아간 화가입니다. 세잔은 당시의 전통적인 회화 기법인 원근법과 명암법을 과감하게 버리고 사물을 기본적인 모양으로 단순화할 수 있다고 생각했습니다. 세상 모든 사물의 모양은 구, 원기둥, 원뿔로 표현할 수 있다고 본 것이죠.

세잔은 빛의 순간을 포착하면서도 모양이 잘 드러나게 하고 싶었습니다. 순간적으로 드러나는 겉모습 뒤의 변하지 않는 사물의 진짜 모습을 정확하게 보여 주려고 했던 거지요.

세잔처럼 인상주의에 영향을 받았지만 작가의 개성과 주관, 감정 등을 강조하며 독특한 작품 세계를 펼친 이들을 후기 인상주의라고 부릅니다. 인상주의 화가들이 풍경에 집중해 빛과 색을 담았다면 고흐는 자

사회예술

신의 감정과 느낌에 집중하여 짧은 선, 세심하면서도 힘 있는 붓질로 자신만의 그림을 그렸습니다. 고갱은 눈부신 타히티섬의 풍경을 과감한 색으로 그려내며 사랑, 영혼, 죽음과 같은 주제들을 상징적으로 표현했습니다.

🌿 현대 미술의 시작을 알린 화가들

마티스는 '세 가지 색이면 충분하다'며 평생을 선과 색을 탐구한 화가입니다. 마티스의 작품 〈모자를 쓴 여인〉을 보면 거칠게 표현한 모자와 옷, 파랗게 질린 여인의 얼굴 등에서 거침없는 강렬한 색채가 돋보입니다. 사람들은 이것이 마치 야수처럼 거친 그림이라며 '야수파'란 이름을 붙입니다.

마티스가 색감에 집중했다면 피카소는 형태에 집중합니다. 형태를 과감하게 생략하거나 파괴한 작품 〈아비뇽의 여인들〉은 입체주의의 출발점을 알립니다. 입체주의란 대상을 잘게 나눈 후 정육면체 조각을 쌓듯 대상의 모습을 표현하는 화풍입니다.

미술 시간마다 아이들에게서 가장 많이 듣는 이야기가 "선생님, 피카소 그림이 초등학생이 그린 것 같아요"입니다. 아이들 눈에는 충분히 그렇게 보일 법합니다. 평면인 회화를 파괴하기 위해 앞, 옆, 뒤를 하나의 그림에 동시에 표현했거든요. 〈아비뇽의 여인들〉에서 벌거벗은 여자들 다섯 명의 몸은 각이 져 있고 눈, 코, 입은 단순합니다. 오른쪽 두 여인의 얼굴은 가면을 쓴 것처럼 되어 있으며, 여자의 몸은 뒷모습인데 얼굴은 앞모습으로 그려져 있습니다. 그림 전체가 어지럽고 불편합니다. 그래서 한동안 이 그림은 전시를 하지 못했다고 하네요. 그러나 이 그림을 시작으로 피카소는 자신만의 예술 세계를 열게 됩니다. "창조의 모든 행위는 파괴에서 시작된다"고 했던 피카소는 어느 틀에도 갇히지 않는 그림을 그렸습니다.

🌿 추상주의와 초현실주의 화가들

몬드리안의 〈빨강, 파랑, 노랑의 구성〉 작품은 작가가 누군지, 제목이 무엇인지 몰라도 일상생활에서 많이 보았을 겁니다. 몬드리안의 작품들은 TV 광고나 가구, 주방용품 등 전 세계의 수많은 디자이너와 건축가들에게 영감을 주었습니다. 몬드리안의 그림은 직선과 빨강, 노랑, 파랑, 검정, 흰색의 다섯 가지 색으로만 이루어져 단순해 보입니다. "기본적인 것이 가장 아름답다"라는 그의 말처럼 기본적인 단순함 때문에 우리의 기억에 오래 남는 것 같습니다.

여러분, 서양 미술의 역사가 조금 이해가 되었나요? 미술 작품에는 그 시대의 상황과 역사가 녹아들어 있어요. 피카소가 그린 〈게르니카〉라는 작품을 예로 들어 볼까요? 스페인 내전 중 나치의 폭격으로 1,600명이 사망하고 도시 게르니카가 파괴된 참혹한 모습을 표현한 작품입니다. 피카소의 〈게르니카〉를 보면서 전쟁의 비참함과 가난한 서민들의 고통을 느낄 수 있습니다.

참, 피카소는 한국전쟁과 관련된 그림도 그렸는데, 혹시 알고 있나

사회예술

요? 피카소는 한국에 한 번도 온 적이 없지만 한반도에서 벌어진 전쟁 소식을 접하고는 〈한국에서의 학살〉이라는 그림을 그렸습니다. 캔버스 왼쪽에 벌거벗은 여인들과 아이들이 있고, 오른쪽에는 철갑 투구의 병사들이 총과 칼로 이들을 겨누고 있습니다.

한국전쟁의 참상을 그린 이 작품을 보며, 때로는 글보다도 한 점의 그림이 더 생생하고도 강렬한 이야기를 들려줄 수 있다는 생각을 해봅니다.

• book 45 •

《세상을 바꾼 위대한 책벌레들》

책을 통해서 한계를 벗고
꿈을 이룬 위대한 인물들

🌿 김문태 | 뜨인돌어린이 | 2006. 10.

🌿 하버드 졸업장보다도 소중한 것

"오늘의 나를 있게 한 것은 우리 마을 도서관이었다. 하버드 졸업장보다 소중한 것은 독서하는 습관이다."

독서광이었던 마이크로소프트 창업자 빌 게이츠의 이 말은 많은 사람들에게 독서의 소중함을 일깨워 주었습니다.

김문태 작가의 《세상을 바꾼 위대한 책벌레들》은 제목에서도 볼 수 있듯이 위대한 인물들의 독서에 대한 이야기입니다. 인류사에 등장하는 위대한 인물들 중에는 독서광이 많습니다. 이들의 공통점은 처음부터 뛰어났던 것이 아니라, 자신의 한계를 독서로 극복하여 위대한 인물이 되었다는 것입니다.

사회예술

세종대왕은 형 대신 왕이 되었다는 부담감, 이덕무는 지독한 가난과 서자 출신이라는 한계를 이겨내야 했지요. 이 책의 다른 주인공들도 한번 볼까요? 머리가 나쁜 바보라고 놀림을 당한 김득신, 학교도 제대로 다니지 못한 링컨, 학교에서 쫓겨나고 귀도 들리지 않았던 에디슨, 그리고 키 작은 식민지 촌뜨기라고 놀림 당한 나폴레옹, 보지도 듣지도 말하지도 못하는 헬렌 켈러가 바로 그들입니다.

주인공들은 1인칭 시점인 '나'로 등장해서 우리도 마치 주인공이 된 것처럼 책에 빠져들 수 있습니다. 또한 역사 이야기도 곁들여져 있어 읽는 재미가 쏠쏠합니다.

이들은 어떻게 책벌레가 되었을까요? 그리고 어떻게 독서를 했기에 세상을 바꾼 위대한 인물이 되었을까요?

🌿 책과 토론을 사랑했던 세종대왕

궁궐에 놀러 온 학동들이 어떤 책을 좋아하는지 묻자 세종대왕은 역사 공부를 좋아해서 〈춘추〉나 〈좌전〉 같은 책을 많이 읽었다고 말합니다. 심지어 〈사서삼경〉은 100번씩이나 읽었다고 답하네요.

세종대왕은 우리나라 국민이면 누구나 좋아하는 최고의 위인이자 한글을 창제한 조선 4대 임금님입니다. 세종대왕은 엄청난 독서광에 공부벌레입니다. 집현전에서 매일 경연을 열어 학자들의 강의를 듣고 토론을 했습니다. 경연은 조선시대 왕에게 유학의 경서를 강론하는 일로, 한마디로 왕과 신하가 모여 학문을 연구하고 토론하는 것을 말합니다. 세종대왕과 학자들은 함께 나라의 정책과 제도를 연구하고, 중국의 학문을 우리나라의 실정에 맞게끔 고쳐서 새롭게 책을 펴내기도 했습니다.

집현전에서 경연은 태조 때 7번, 정종 때 30번, 태종 때 12번이 전부였는데, 세종대왕 때는 무려 1,898번이나 열렸습니다. 세종대왕이 얼마나 학문을 사랑하고 공부를 좋아했는지를 잘 알 수 있습니다. 세종대왕이 책벌레가 아니었다면 위대한 우리 한글은 탄생하지 못했을 것입니다.

✿ 독서로 한계를 극복한 책벌레들

이덕무는 정조대왕 때 규장각 검서관을 지냈습니다. 규장각은 조선의 왕실 도서관이고, 검서관은 이곳에서 서사 일을 하는 관직입니다. 이덕무는 서자 출신이라는 한계를 뛰어넘기 위해서 어릴 때부터 남들보다 더 열심히 공부하고 엄청난 독서를 한 결과 학문과 시에 천재성을 발휘했습니다. 원래 조선 시대 때 서자는 관리로 등용될 수 없었지만, 정조대왕은 규장각을 설치하여 서자 출신의 우수한 학자들을 등용하게 됩니다.

이덕무에게 인사차 놀러 온 조카가 지금까지 몇 권의 책을 읽었는지 물은 적이 있습니다. 이덕무는 2만 권쯤 읽었다고 이야기합니다. 그러자 조카는 '가난한 사람이 먹고사는 일에 힘쓰지 않고 왜 책만 읽었느냐?'며 당황스러운 질문을 합니다. 이덕무는 이렇게 답합니다.

사회예술

"내가 책을 그렇게 많이 읽은 이유는 서자라는 설움과 가난을 잊기 위해서였단다."

이덕무는 며칠을 굶다 못해, 수없이 읽어 외우다시피 한 〈맹자〉 일곱 권을 팔아 저녁을 지어 먹기도 했습니다. 빌려 본 책은 한 자 한 자 직접 베낀 다음에 돌려주었습니다. 그리고 그걸 들고 다니면서 다시 읽곤 했습니다. 별명이 '책만 읽는 바보'였을 정도로 책을 많이 읽고, 또 좋아한 이덕무는 정조대왕의 사랑을 받으며 많은 저서를 남겼습니다.

이덕무 같은 천재는 아닐지라도, 글 읽기를 너무나 좋아했던 인물도 있습니다. 김득신은 자신이 총명하지 못함을 잘 알고 있었습니다. 머리가 나빠 글을 배워도 나아질 기미가 없자 주위에서는 글공부를 시키지 말라고까지 했습니다. 그래서 김득신은 한 번 읽었던 책도 읽고 또 읽었습니다. 만 번 이상 읽은 옛글만 36편이 될 정도였습니다. 결국 김득신은 23살 때 당시 최고의 시인 이식에게 시를 인정받아 이름을 떨치게 됩니다.

"재주가 남만 못하다고 스스로 한계를 짓지 말라. 나보다 어리석고 둔한 사람도 없겠지만 결국엔 이룸이 있었다. 모든 것은 힘쓰는 데 달렸다."

그가 직접 지은 묘비 글에서 그의 학문과 독서에 대한 기개가 돋보입니다. 정약용은 김득신을 가리켜 이렇게 칭찬합니다.

"글자가 만들어진 이전과 이후로 수천 년 동안, 또한 전 세계 3만 리를 통틀어서 독서에 부지런하고 뛰어난 이로는 당연히 김득신을 제일로 삼아야 할 것이다."

조선 최고의 학자 정약용에게서 이런 극찬을 받았으니, 얼마나 기뻤을까요? 김득신은 책 읽기로 머리의 한계를 뛰어넘은 위대한 책벌레입니다.

🌿 외톨이 책벌레, 황제가 되다

한 아이가 골방에서 울고 있습니다. 아홉 살의 어린 나이에 군사학교에 입학한 작은 소년입니다. 친구들에게 '너절한 촌놈'이라 놀림을 받고는 너무도 서러웠나 봅니다. 이 아이는 장차 세계를 평정하게 됩니다.

프랑스 식민지 코르시카섬에서 태어난 보나파르트 나폴레옹은 집이 너무 가난하여 10살이 채 되기 전에 학비가 들지 않는 브리엔 군사학교에 입학합니다. 코르시카섬은 오래전부터 이탈리아 영토였기에 이탈리아어를 사용했습니다. 어린 나폴레옹은 프랑스어를 서툴게 익히고 하루아침에 가족과 떨어졌습니다. 친구들의 놀림, 외로움과 두려움을 소년은 공부와 독서로 이겨냈습니다.

15살에는 파리 육군사관학교에 입학하지만 여전히 친구들과 어울리지 못하고 항상 도서관에서 혼자 시간을 보냈습니다. 그러나 그의 야망은 원대하고 컸습니다. 고향인 코르시카를 점령한 저들의 언어인 프랑스어를 정복하고 프랑스까지 정복하고자 했습니다.

도서관에서 《역사》, 《플루타르크 영웅전》, 그리고 자신에게 사상적 영향을 끼친 루소를 만납니다. 루소의 《인간 불평등 기원론》, 《사회계약론》 등을 읽으면서 민주주의 사상에 눈을 뜨고, 마키아벨리의 《군주

론》을 읽으면서 나라를 다스리는 법을 익혔습니다.

1795년 10월 왕당파가 반란을 일으키자 포병 장교였던 나폴레옹은 반란을 진압하고 이탈리아 전쟁에서 승리하면서 국민적 영웅이 됩니다. 마침내 1804년 프랑스 황제로 즉위하여 오스트리아, 프로이센, 로마, 스페인, 네덜란드를 정복합니다. 그리고 영국과 러시아를 제외한 전 유럽을 그의 발 아래에 놓습니다. 나폴레옹은 영국과 맞붙은 워털루 전쟁에서 패배하여 1815년 세인트헬레나섬에 유배되었고 1821년 세상을 떠납니다.

나폴레옹은 어릴 때 꿈꿨던 프랑스 정복을 넘어 더 큰 유럽을 정복했습니다. 나폴레옹 전쟁 시기에 프랑스혁명 이념인 자유와 평등사상이 전 유럽으로 확산되었으며, 나폴레옹 법전은 현대 민법의 초석이 되었습니다. 나폴레옹 전쟁으로 유럽에는 민주주의와 민족주의가 확산됩니다.

🌿 미국을 위대하게 만든 책벌레들

1863년 노예해방을 선언하며 그 유명한 '국민의, 국민에 의한, 국민을 위한 정부'라는 민주주의의 상징과도 같은 명언을 남긴 사람. 바로 링컨 대통령입니다. 링컨은 미국 켄터키주 산골 마을에서 가난한 농부의 아들로 태어납니다. 너무 가난해서 학교를 중도에 포기하고 15세가 되어서야 겨우 글을 읽을 줄 알게 됩니다. 링컨은 이때부터 독학으로 공부하며 책을 열심히 읽었습니다. 책은 시골 촌뜨기 링컨에게 세상의 전부였습니다.

링컨은 1860년, 마침내 미국의 제16대 대통령이 됩니다. 그리고 남북전쟁에서 승리하여 노예해방을 이끌어 냅니다.

미국의 또 다른 위인을 만나 볼까요? 에디슨은 학교에 적응을 못하고, 집에서 어머니와 함께 공부를 했습니다. 학교에서는 궁금증을 해결하지 못해 책에서 궁금증을 해결했습니다. 책을 통해 인생을 배우고 지식을 쌓은 에디슨은 뒷날 귀가 들리지 않자 더욱 책에 빠져듭니다.

이렇게 어려운 환경 속에서도 에디슨은 전신 기술을 배워 연구소를 세우고 전화기와 축음기를 발명합니다. 평생 1,093개의 특허를 얻었고 백열전등을 개발하여 온 세상을 대낮처럼 밝혔습니다.

어릴 때 뇌척수막염을 앓아 보지도, 듣지도, 말하지도 못하는 여자아이가 있었습니다. 여러분도 누구인지 알겠지요? 장애인으로서 처음으로 하버드대학교에 입학한 헬렌 켈러입니다. 헬렌 켈러는 설리번 선생님을 만나 세상과 소통하는 방법을 배우고 점자 책 읽는 법도 알게 되었습니다. 책을 읽으며 세상을 보고 들었던 헬렌 켈러에게, 책은 그야말로 세상과 만나는 유일한 통로였습니다.

헬렌 켈러 여사는 장애인들을 위해 강연을 하고 여성의 참정권을 위한 운동, 어린이 노동 반대 운동을 펼치며 많은 사람들에게 희망을 주었습니다.

여러분, 위대한 사람들은 역시 책을 많이 읽었군요. 책을 통해 세상을 배우고, 인생을 배우고, 자신을 일으켜 세운 위인들의 이야기가 감동적입니다.

책을 통해 우리는 나보다 앞선 이들의 지혜로운 생각을 공짜로 얻을 수 있습니다. 지금 여러분이 무엇을 해야 할지, 어디로 갈지 궁금하거나 고민이 된다면 책을 펼쳐 보세요. 책은 인생의 길잡이 노릇을 해줄 것입니다. 그 속에 천년의 지혜가 담겨 있으니까요.

초등 인문학 필독서 45

초판 1쇄 발행 2023년 6월 5일

지은이 김철홍
펴낸이 정덕식, 김재현

책임편집 임성은
디자인 Design IF
경영지원 임효순

펴낸곳 (주)센시오
출판등록 2009년 10월 14일 제300-2009-126호
주소 서울특별시 마포구 성암로 189, 1711호
전화 02-734-0981
팩스 02-333-0081
메일 sensio@sensiobook.com

ISBN 979-11-6657-106-0 (13590)

소중한 원고를 기다립니다. sensio@sensiobook.com